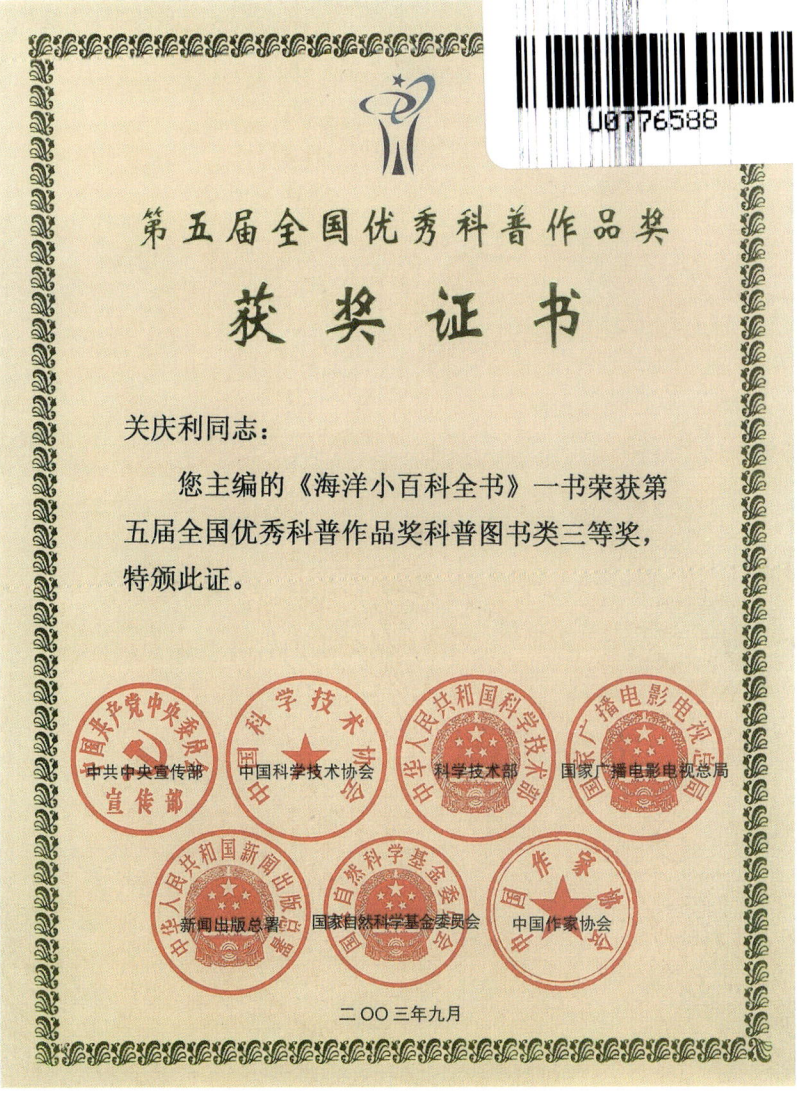

《海洋小百科全书》于2002年5月出版,2003年9月被中国共产党中央委员会宣传部、中国科学技术协会、中华人民共和国科学技术部、国家广播电影电视总局、中华人民共和国新闻出版总署、国家自然科学基金委员会、中国作家协会联合授予"第五届全国优秀科普作品奖科普图书类三等奖"。本书于2007年10月修订再版,现再次修订,由中山大学出版社出版。

《海洋小百科全书》荣获"第五届全国优秀科普作品奖"

海洋 小百科 全书

主　编　关庆利
副主编　丁玉柱　彭　垣

海洋动物

陈万青　尹　晖　编著

中山大学出版社
·广州·

版权所有　翻印必究

图书在版编目(CIP)数据

海洋动物/陈万青,尹晖编著.—广州:中山大学出版社,2012.1

(海洋小百科全书/关庆利主编)

ISBN 978-7-306-03566-0

Ⅰ.①海… Ⅱ.①陈… ②尹… Ⅲ.①水生动物:海洋生物–普及读物 Ⅳ.①Q958.885.3-49

中国版本图书馆 CIP 数据核字(2009)第 221845 号

出 版 人:	徐　劲
策划编辑:	蔡浩然
责任编辑:	蔡浩然
装帧设计:	杨桂荣　贾　萌
责任校对:	赵　婷
责任技编:	何雅涛
出版发行:	中山大学出版社
电　　话:	编辑部 020 - 84111996,84113349
	发行部 020 - 84111998,84111981,84111160
地　　址:	广州市新港西路 135 号
邮　　编:	510275　　传　真:020 - 84036565
网　　址:	http://www.zsup.com.cn　E-mail:zdcbs@mail.sysu.edu.cn
印 刷 者:	佛山市浩文彩色印刷有限公司
规　　格:	880mm×1230mm　1/32　10.25 印张　220 千字　4 插页
版次印次:	2012 年 1 月第 1 版
	2014 年 4 月第 4 次印刷
定　　价:	20.20 元

如发现本书因印装质量影响阅读,请与出版社发行部联系调换

海洋动物

▼ 美丽的蝴蝶鱼

▶ 海马

▶ 小丑鱼

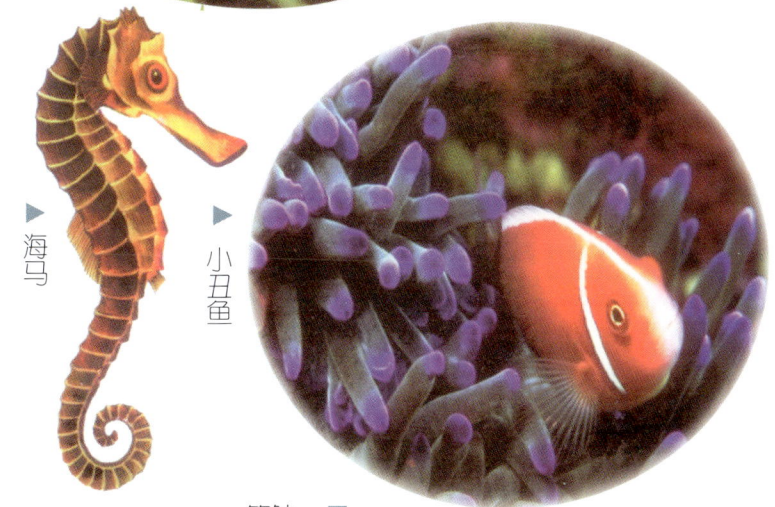

箱鲀 ▼

海洋小百科全书　海洋动物

▲ 神奇的海龟世界

海洋动物

◀ 鹈鹕展翅

▲ 南极企鹅

▲ 信天翁

◀ 黑脸鸟

海洋小百科全书　　海洋动物

▲ 海豹

▲ 海狮

欢乐的海豚 ▲　　▼ 虎鲸

▲ 叶海马

序言

　　海洋是人类的母亲,也是人类千万年来取之不尽、用之不竭的巨大资源宝库。在人类赖以生存的蓝色星球——地球上,蔚蓝色的海洋占有约71%的总面积。

　　雄踞在这颗蓝色星球的东方、浩瀚无垠的太平洋西岸上的中华人民共和国,不仅拥有960万平方千米的陆地国土,而且还拥有300万平方千米的海洋国土,有着1.8万千米绵延曲折的海岸线。在这浩瀚的蓝色国土上,珍珠般地镶嵌着大大小小6500多个美丽而富饶的岛屿。

　　勤劳勇敢的中华民族,在古代就凭着自己卓越的智慧和创造力,伐木成舟,劈波斩浪,牵星观月,远渡重洋,以举世瞩目的海洋文明跻身于世界航海强国的民族之林。

　　21世纪是海洋的世纪,21世纪的主人翁就是今天的青少年朋友。他们不仅是我国的未来和希望,而且必定是21世纪振兴经济和提升海洋科技的主力军。海洋将是青少年朋友报效祖国、振兴中华民族大显身手的辉煌舞台。只有帮助青少年及早地以科学的眼光认识世界的发展,科学地把握未来,早日加入到海洋开发建设的队伍中来,才能更好地发展我国的海洋经济,捍卫我国的海洋权益。未来是海洋的时代,只有让广大的青少年了解海洋、接近海洋、认识海洋,才能把握海洋、开发海洋、利用海洋和捍卫海洋权益,为祖国的海洋开发建设作贡献,为中华民族的子孙后代造福。为了提高中华民族的海洋文化素质,再铸中华民族海洋文明的辉煌,使我国成为21世纪的海洋强国,有识之士必须从现在做起,从青少年抓起,全面培养我国青少年的海洋意识,普及海洋科学知识,提高海洋科技技能,增强蓝色国土观念和捍卫海洋权益的责任感、使命感。从这个意义上说,在人类进入21世纪的伟大时代,在全球开始创造海洋经济的伟大时刻,在世界日益关注海洋权益的今天,出版这套经过缜密修订的全面、系统、科学地介绍海洋知识的《海洋小百科全书》,无疑是奉献给我国青少年朋友的一份珍贵礼物,是激发青少年的海洋兴趣、增长海洋知识、普及海洋文化、宣传海洋文明、提高海洋素质、促进海洋教育所做的一件功在当代、利在千秋的非常具有实践成就和指导意义的工作。

绚丽多姿的海洋召唤着青少年朋友们去探索和揭秘,无穷无尽的海洋宝藏等待着有志于海洋事业的青少年朋友们去开发和利用。这套图文并茂、深入浅出的《海洋小百科全书》,必将以丰富的知识性、深刻的思想性和高雅的趣味性,成为青少年朋友在蓝色海洋里成长、成才的良师益友。

祝愿青少年朋友读完这套书后能够早日成为大海的骄子,为把祖国建设成伟大的海洋经济强国和海洋科技强国贡献自己宝贵的青春和智慧。

国家海洋局局长:

2010年4月6日

目 录

一、奇妙的动物家族

1. 海洋生物知多少？ ………………………… (2)
2. 文昌鱼是鱼吗？ …………………………… (3)
3. "茶壶"里装着什么秘密？ ………………… (4)
4. 有八对眼睛的鱼吗？ ……………………… (5)
5. 究竟什么是鱼？ …………………………… (6)
6. 哪些动物叫鱼而其实不是鱼？ …………… (6)
7. 海洋里有哪些脊椎动物？ ………………… (7)
8. 鱼类有多少种体形？ ……………………… (8)
9. 鱼的体形为什么千姿百态？ ……………… (9)
10. 鱼鳞为什么多是圆形的？ ………………… (10)
11. 刀鲚鱼是带鱼吗？ ………………………… (11)
12. 带鱼是王母侍女腰带变来的吗？ ………… (12)
13. 比目鱼的两眼是让海龙王打歪的吗？ …… (13)
14. 比目鱼必须成对才能游动吗？ …………… (13)
15. 什么鱼被当作爱情的象征？ ……………… (14)
16. 过腊是什么鱼？ …………………………… (15)
17. 真鲷为什么有那么多美称？ ……………… (15)
18. 什么是童子鲷？ …………………………… (16)
19. 海里有刺猬吗？ …………………………… (17)
20. 鲨鱼是什么样的鱼？ ……………………… (17)
21. 鲨鱼比硬骨鱼原始吗？ …………………… (18)

22. 鲨鱼有多少种？ (19)
23. 什么是老板鱼？ (20)
24. 有长着象鼻子的鱼吗？ (21)
25. 什么鱼是忍饥挨饿的冠军？ (22)
26. 射水鱼为什么被誉为神射手？ (23)
27. 射水鱼是如何被发现的？ (23)
28. 鲥鱼为什么又称"三黎"？ (24)
29. 鳓鱼是如何勒人的？ (25)
30. 海马是海里的马吗？ (26)
31. 为什么说海龙不是龙？ (27)
32. 香鱼为什么会有香味？ (27)
33. 白小是什么鱼？ (28)
34. 有会在陆上行走的鱼吗？ (28)
35. 什么鱼称得上鳝王？ (29)
36. 石首鱼的头真是石头的吗？ (30)
37. 河鲀是豚吗？ (31)
38. 矛尾鱼是什么样的鱼？ (31)
39. 深海也有鱼吗？ (32)
40. 什么是鱼的洄游？ (33)
41. 地球上什么时候才有鱼类？ (33)
42. 海里有两栖动物吗？ (34)
43. 海龟种类有多少？ (35)
44. 玳瑁是最小的海龟吗？ (35)
45. 最大的海龟有多大？ (36)
46. 海中会有十里长蛇阵吗？ (37)
47. 海蛇喜欢在什么地方聚集？ (38)
48. 鳄鱼的画像会是什么样？ (39)
49. 海鬣鳞蜥是海里最丑陋的动物吗？ (40)
50. 什么鸟称得上是海鸟？ (41)

51. 哪里的海鸟数量最多？ ……………………（42）
52. 海鸟家族有些什么成员？ ………………（43）
53. 世界上有多少种企鹅？ …………………（44）
54. 企鹅的名字是怎么来的？ ………………（45）
55. 大海雀是何时灭绝的？ …………………（45）
56. 为什么称信天翁是风之骄子？ …………（46）
57. 为什么北半球没有企鹅？ ………………（47）
58. 企鹅能不能在北半球生存？ ……………（48）
59. 什么鸟和企鹅是近亲？ …………………（49）
60. 什么叫海兽？ ……………………………（49）
61. 鲸鱼是鱼吗？ ……………………………（50）
62. "鲸"字是如何产生的？ …………………（50）
63. 鲸与其他兽类有什么不同？ ……………（51）
64. 鲸类家族有哪些成员？ …………………（51）
65. 最大的海豹有多大？ ……………………（52）
66. 须鲸类个头都很大吗？ …………………（53）
67. 什么鲸洄游的距离最远？ ………………（53）
68. 为什么把白鱀豚比作水中的大熊猫？ …（55）
69. 什么是鳍脚类动物？ ……………………（56）
70. 海狮是海中的狮子吗？ …………………（56）
71. 海豹有哪些主要成员？ …………………（57）
72. 我国斑海豹为什么又称海狗？ …………（58）
73. 为什么说海獭是巧用工具的动物？ ……（59）
74. 北极的三霸是指什么动物？ ……………（60）
75. 北极狐为什么又称白狐？ ………………（61）
76. 海里的美人鱼是什么样的？ ……………（61）
77. 儒艮是什么样的动物？ …………………（62）
78. 什么是游泳生物？ ………………………（64）

二、高超的生存技巧

- 79. 没有上下颌的鱼是怎么进食的？ ………… (66)
- 80. 小瞎子如何吃大鱼？ ………… (66)
- 81. 鱼也会伪装吗？ ………… (68)
- 82. 剑鱼能刺死人吗？ ………… (68)
- 83. 鳗鲡身上有没有鳞？ ………… (70)
- 84. 什么鱼最漂亮？ ………… (70)
- 85. 鱼类的体色能够随环境而改变吗？ ………… (71)
- 86. 鱼类多彩的体色是如何形成的？ ………… (73)
- 87. 鱼的何种体色最能隐蔽自己？ ………… (73)
- 88. 鱼有什么样的体色令其他动物不敢靠近？ ………… (74)
- 89. 体色和花纹不同对鱼有什么好处？ ………… (75)
- 90. 什么鱼河里生海里长？ ………… (75)
- 91. 洄游鱼类有何艰难之处？ ………… (76)
- 92. 什么鱼海里生河里长？ ………… (77)
- 93. 为什么说金枪鱼是卓越的旅行家？ ………… (78)
- 94. 所有的鱼都是冷血动物吗？ ………… (79)
- 95. 鱼类也会唱歌吗？ ………… (79)
- 96. 鱼发出的声音有什么妙用？ ………… (79)
- 97. 鱼唱歌有什么作用？ ………… (80)
- 98. 鱼有耳朵吗？ ………… (81)
- 99. 什么是鱼体侧线？ ………… (81)
- 100. 深海鱼的声感情况如何？ ………… (82)
- 101. 鱼的眼睛有什么特点？ ………… (83)
- 102. 鱼的眼睛靠什么保护？ ………… (83)

103. 鱼的视力是多少？	(84)
104. 有四只眼睛的鱼吗？	(85)
105. 鱼的立体视觉与人有什么区别？	(85)
106. 鱼能嗅到味道吗？	(86)
107. 鱼为什么要集群生活？	(87)
108. 鱼类集群有什么好处？	(88)
109. 集群的鱼类是如何保持联系的？	(88)
110. 金枪鱼为什么也集群？	(89)
111. 什么鱼游的速度最快？	(90)
112. 鱼也会飞吗？	(91)
113. 什么鱼喜欢钻入海参肛门里居住？	(92)
114. 鱼的年龄是怎么知道的？	(92)
115. 有用肺呼吸空气的鱼吗？	(93)
116. 什么鱼一生都将身体装进箱子里？	(94)
117. 鱼为什么喜欢跃出水面？	(94)
118. 为什么鱼游泳时总是背部朝上？	(95)
119. 海水鱼为什么不会变咸？	(95)
120. 淡水鱼是如何补充盐分的？	(96)
121. 鲨鱼肉有什么特殊异味？	(97)
122. 为什么鲨鱼的渗透压调节方式与硬骨鱼不同？	(98)
123. 鱼的尾鳍有什么用处？	(98)
124. 胸鳍对鱼的活动有什么作用？	(99)
125. 鱼的腹鳍是否可有可无？	(99)
126. 鱼的骨骼有绿色的吗？	(100)
127. 鱼的血有白色的吗？	(100)
128. 什么是拟色或保护色？	(101)
129. 比目鱼的两眼在左侧还是在右侧？	(102)
130. 比目鱼一出生两眼就长在一起吗？	(103)
131. 什么鱼被称作"免费旅行家"？	(103)

132. 为什么南极鱼不怕冻？……………………(104)
133. 世界上有"煮不死"的鱼吗？……………(105)
134. 鱼也睡觉吗？………………………………(106)
135. 鲨鱼为什么被称做"游泳的鼻子"？……(106)
136. 鲨鱼也有耳朵吗？…………………………(107)
137. 鲨鱼是近视眼吗？…………………………(108)
138. 鲨鱼有电感觉吗？…………………………(108)
139. 鲨鱼的牙齿有多大威力？…………………(109)
140. 射水鱼为什么还要射人呢？………………(110)
141. 射水鱼是如何在水下瞄准目标的？………(111)
142. 射水鱼还有多少不解之谜？………………(112)
143. 弹涂鱼离水为什么不会死？………………(113)
144. 弹涂鱼为什么又叫"泥猴"？……………(113)
145. 有能发电的鱼吗？…………………………(114)
146. 鱼发电的威力有多大？……………………(114)
147. 鱼身上有发电机吗？………………………(115)
148. 鱼是怎么放电的？…………………………(116)
149. 鱼为什么要放电？…………………………(116)
150. 发光的鱼类有多少？………………………(117)
151. 发光鱼的光是哪里发出来的？……………(118)
152. 发光鱼是如何借光求生的？………………(119)
153. 为什么许多深海鱼的眼睛特别大？………(120)
154. 为什么深海盲鱼多？………………………(121)
155. 为什么深海鱼能耐高压？…………………(122)
156. 海龟是如何导航的？………………………(122)
157. 小海龟是怎样找到大海的？………………(123)
158. 小海龟的死亡率为什么非常高？…………(124)
159. 龟为什么能长寿？…………………………(125)
160. 海蛇身上有鳞吗？…………………………(125)

161. 海蛇是如何游泳的？……………………（126）
162. 海蛇能上陆吗？…………………………（126）
163. 为什么海蛇多喜欢在河口附近活动？…（127）
164. 鳄鱼是远视眼吗？………………………（128）
165. 海鸟的喙为什么多种多样？……………（128）

三、神秘的自然之谜

166. 海蛇潜水为什么不会被淹死？…………（132）
167. 海蛇能潜水多长时间？…………………（132）
168. 海鸟是如何游泳的？……………………（133）
169. 南极海鸟为什么不怕冷？………………（134）
170. 海鸟也要迁徙吗？………………………（134）
171. 迁徙距离最远的海鸟是哪一种？………（135）
172. 海鸟迁徙是靠什么导航的？……………（136）
173. 为什么海鸟的体色比较单调？…………（137）
174. 海鸟的飞行方式有哪几种？……………（138）
175. 什么样翅膀的海鸟飞翔能力最强？……（138）
176. 为什么海鸟的尾巴形状不同？…………（140）
177. 海鸟中谁是潜水冠军？…………………（141）
178. 会飞的海鸟为什么不会太大？…………（141）
179. 最小的海鸟是哪一种？…………………（142）
180. 滑翔中的海鸟为什么不会掉下来？……（142）
181. 什么是海鸟的一个滑翔周期？…………（143）
182. 海鸟飞翔为什么排成"V"字形？………（144）
183. 海鸟为什么可以喝海水？………………（145）
184. 企鹅的祖先会飞吗？……………………（145）

185. 什么是动物的"伯"、"阿"法则？ …………………… (147)
186. 为什么说蓝鲸是地球上最大的动物？ ……………… (147)
187. 为什么蓝鲸能成为体重冠军？ ……………………… (148)
188. 鲸为什么头顶上会喷水？ …………………………… (149)
189. 为什么海豚只有一个鼻孔？ ………………………… (150)
190. 蓝鲸的力气有多大？ ………………………………… (150)
191. 鲸和鱼的尾鳍有什么不同？ ………………………… (151)
192. 鲸为什么要跳跃？ …………………………………… (151)
193. 座头鲸为什么被称作"歌星"？ ……………………… (152)
194. 须鲸是如何觅食的？ ………………………………… (153)
195. 仔鲸是如何吃奶的？ ………………………………… (154)
196. 抹香鲸为什么被称作"潜水冠军"？ ………………… (155)
197. 鲸长时间潜水的奥秘在哪里？ ……………………… (156)
198. 为什么鲸不患潜水病？ ……………………………… (157)
199. 什么是动物的反流式热交换系统？ ………………… (157)
200. 海豚是什么样的动物？ ……………………………… (158)
201. 海豚是怎样变来的？ ………………………………… (160)
202. 海豚快速游泳的奥秘在哪里？ ……………………… (160)
203. 海豚的声呐是谁发现的？ …………………………… (161)
204. 海豚声呐的神奇功能如何？ ………………………… (162)
205. 海豚也会打电话吗？ ………………………………… (163)
206. 鲸为什么要"自杀"？ ………………………………… (164)
207. 江豚是懒妇变来的吗？ ……………………………… (165)
208. 江豚能预测天气变化吗？ …………………………… (166)
209. 海豚受伤后怎么办？ ………………………………… (166)
210. 海豚内部也有等级之分吗？ ………………………… (167)
211. 独角兽的长牙有什么神秘之处？ …………………… (168)
212. 海豹宝宝为什么不怕冷？ …………………………… (169)
213. 为什么把海象称为"用牙齿走路的动物"？ ………… (169)

214. 为什么海象上陆后身体颜色会变红？……（170）
215. 为什么海獭爱梳理打扮？……（171）
216. 白狐也能"深挖洞，广积粮"吗？……（171）
217. 北极熊的毛里有什么秘密？……（173）
218. 动物以什么方式运动最省力？……（174）

四、复杂的生存关系

219. 什么叫生物圈？……（176）
220. 什么是热水生态系？……（176）
221. 什么是海洋食物链？……（177）
222. 鱼吃多少食物才能长一千克肉？……（179）
223. 食物链能缩短吗？……（179）
224. 鱼有什么样的捕食口味？……（180）
225. 食浮游生物者如何进食？……（181）
226. 肉食性鱼类有什么特点？……（182）
227. 带鱼真的会自相残杀吗？……（183）
228. 什么鱼被称作"挖掘工"？……（184）
229. 羊鱼下颌的触须有什么用处？……（185）
230. 烟管鱼是如何捕食的？……（185）
231. 什么鱼爱吃珊瑚？……（186）
232. 你知道什么是广盐性鱼类吗？……（186）
233. 鱼"大夫"是如何行医的？……（187）
234. 鲨鱼有什么饮食特性？……（189）
235. 大鲨鱼一定最凶猛吗？……（190）
236. 鲨鱼为何自相残杀？……（190）
237. 什么鱼能置鲨鱼于死地？……（191）

238. 比目鱼能打败鲨鱼吗？ …………………… (191)
239. 海豚是鲨鱼的天敌吗？ …………………… (192)
240. 鲨鱼的残忍是不是天生的？ ……………… (193)
241. 弹涂鱼如何与敌斗智？ …………………… (193)
242. 你听说过鱼用光自卫的办法吗？ ………… (194)
243. 有发光器的鱼就不会被发现吗？ ………… (194)
244. 发光鱼是如何用光捕食的？ ……………… (195)
245. 鱼是如何用光作为联系信号的？ ………… (196)
246. 双锯鱼为什么能和海葵友好相处？ ……… (196)
247. 为什么深海鱼能吞下比自身还大的食物？ …… (198)
248. 有能吃下比自身大三倍食物的鱼吗？ …… (199)
249. 鮟鱇鱼捕食的"三诀"是什么？ …………… (200)
250. 海蛇是怎样捕鱼的？ ……………………… (201)
251. 为什么说海鸟都是贪食家？ ……………… (202)
252. 海鸟是如何在飞翔中捕食的？ …………… (203)
253. 什么海鸟能耕海谋鱼？ …………………… (203)
254. 海鸟如何在水面游泳时捕食？ …………… (204)
255. 企鹅为什么喜欢潜水捕食？ ……………… (204)
256. 鸬鹚为何被称作"鸟鬼"？ ………………… (205)
257. 鲣鸟是什么样的海鸟？ …………………… (206)
258. 鲣鸟为什么喜欢从高空俯冲潜水？ ……… (207)
259. 海鸟也有空中打劫的强盗吗？ …………… (208)
260. 军舰鸟如何巧捕飞鱼？ …………………… (209)
261. 为什么把贼鸥称作"南极之鹰"？ ………… (209)
262. 鞘嘴鸥是如何趁火打劫的？ ……………… (211)
263. 海鸟也能合作捕食吗？ …………………… (211)
264. 海豚是如何捕捉食物的？ ………………… (212)
265. 虎鲸为什么被称作"嗜杀成性"？ ………… (213)
266. 抹香鲸为什么与大王乌贼搏斗？ ………… (215)

267. 北极熊是如何捕捉食物的? ……………… (216)
268. 白狐为什么愿意跟踪北极熊? …………… (216)
269. 北极狼如何围捕麝牛? …………………… (217)

五、多彩的情爱生活

270. 什么鱼繁殖时一妻多夫? …………………… (221)
271. 什么鱼一夫多妻? …………………………… (221)
272. 鱼也角斗吗? ………………………………… (222)
273. 什么鱼既当爸又当妈? ……………………… (222)
274. 什么鱼先做母亲后做父亲? ………………… (223)
275. 什么叫"阴阳鱼"? ………………………… (224)
276. 什么鱼用嘴孵化小鱼? ……………………… (224)
277. 什么鱼能在头上生小鱼? …………………… (225)
278. 雄鱼能生小鱼吗? …………………………… (225)
279. 鱼也能胎生吗? ……………………………… (226)
280. 鱼类产卵也筑巢吗? ………………………… (227)
281. 有上陆产卵的鱼吗? ………………………… (228)
282. 为什么不会发生"鱼口"过剩的现象? …… (228)
283. 什么是浮性卵? ……………………………… (229)
284. 鱼类也能杂交吗? …………………………… (230)
285. 鲨鱼是如何交配的? ………………………… (230)
286. 鱼卵之最是哪种鱼的杰作? ………………… (231)
287. 鲨鱼也有胎生的吗? ………………………… (231)
288. 鲨鱼什么时候性成熟? ……………………… (232)
289. 鲸鲨生殖之谜是怎么解开的? ……………… (233)
290. 鳗鲡是不是有雌无雄? ……………………… (233)

291. 鳗鲡究竟在哪里生儿育女？ ……………………（233）
292. 哪种鱼雄鱼咬住雌鱼一辈子不松口？ …………（234）
293. 海龟在什么地方产卵？ …………………………（236）
294. 海龟何时产卵？ …………………………………（236）
295. 海龟产卵时为什么那么胆小？ …………………（237）
296. 海龟如何选择产卵的地点？ ……………………（238）
297. 海龟产卵要花多长时间？ ………………………（239）
298. 小海龟能否出现一色的男儿国或女儿国？ ……（240）
299. 海鸟是如何给它们的宝宝喂食的？ ……………（240）
300. 海蛇能在海里生小海蛇吗？ ……………………（241）
301. 企鹅是怎样找到配偶的？ ………………………（242）
302. 企鹅夫妻彼此是否忠心？ ………………………（243）
303. 帝企鹅是怎样孵化小企鹅的？ …………………（244）
304. 为什么小企鹅要进幼儿园？ ……………………（245）
305. 雄海鸟为什么要向雌海鸟进贡？ ………………（245）
306. 雄军舰鸟的红色大喉囊有什么用处？ …………（246）
307. 什么是生殖群？ …………………………………（247）
308. 海狮的繁殖场上为什么总是吵吵嚷嚷的？ ……（247）
309. 海豚怎么生宝宝？ ………………………………（248）
310. 海豚出生时是先出头还是先出尾？ ……………（249）
311. 海豚是个好妈妈吗？ ……………………………（250）
312. 海豚也给宝宝喂奶吗？ …………………………（250）
313. 儒艮是如何喂奶的？ ……………………………（251）
314. 白狐为什么要控制产仔数量？ …………………（251）
315. 北极熊是怎样生儿育女的？ ……………………（252）

六、狰狞的危险动物

316. 鲨鱼人臂谋杀案是怎么回事？ …………………（254）

317. 鲨鱼真的吃人吗？ (254)
318. 鲨鱼攻击人之前是什么样子的？ (255)
319. 什么鲨鱼最凶猛？ (256)
320. 为什么称双髻鲨是鲨鱼王国的美妇？ (257)
321. 鲨鱼在何处攻击人最多？ (257)
322. 鲨鱼在什么天气最爱攻击人？ (258)
323. 哪些鲨鱼最厉害？ (259)
324. 鲨鱼何时最危险？ (259)
325. 在海上遭遇鲨鱼怎么办？ (260)
326. 人吃了哪些鱼会中毒？ (261)
327. 吃鱼中毒是什么滋味？ (261)
328. 河鲀鱼的毒性有多大？ (262)
329. 吃河鲀中毒是什么感觉？ (263)
330. 治疗河鲀鱼中毒的妙方是什么？ (263)
331. 河鲀有毒还能吃吗？ (264)
332. 什么是刺毒鱼类？ (265)
333. 鱼身上的毒刺能刺死人吗？ (266)
334. 鲉科鱼类都有毒吗？ (266)
335. 什么是海蝎子？ (267)
336. 吃草的鱼类也能伤人吗？ (268)
337. 海蛇都是毒蛇吗？ (269)
338. 人被海蛇咬伤有什么反应？ (269)
339. 海蛇毒的毒性有多厉害？ (270)
340. 鳄鱼曾如何教训了日本侵略者？ (271)

七、友善的人类朋友

341. 文昌鱼属名贵海味吗？ (274)

342. 什么鱼被乾隆皇帝称作"天下第一鱼"？……………(274)
343. 什么鱼让人着迷得弃官不做？………………………(275)
344. 加吉鱼是唐朝皇帝命名的吗？………………………(276)
345. 为什么称鲨鱼是"癌症的克星"？……………………(276)
346. 鲨鱼也需要保护吗？…………………………………(277)
347. 鲥鱼的历史身价有多高？……………………………(278)
348. 香鱼与王昭君有什么历史渊源？……………………(279)
349. 如何巧捕弹涂鱼？……………………………………(279)
350. 什么时候能捕到凤尾鱼？……………………………(280)
351. 为什么刀鲚鱼被称作"江南珍品"？…………………(281)
352. 什么鱼用锯当武器？…………………………………(281)
353. 鳗鲡鱼名是怎么来的？………………………………(282)
354. 什么鱼能将死人变成活人？…………………………(282)
355. 吃海鳗能治什么病？…………………………………(283)
356. 黄花鱼的用处有多少？………………………………(284)
357. 为什么说鲳鱼不娼？…………………………………(284)
358. 为什么翻车鱼会让新娘流泪？………………………(285)
359. 鱼发光对人有什么用处？……………………………(286)
360. 矛尾鱼是如何被发现的？……………………………(287)
361. 什么是环境荷尔蒙？…………………………………(288)
362. 海龟也需要保护吗？…………………………………(289)
363. 海龟也能救人吗？……………………………………(290)
364. 海蛇能做药用吗？……………………………………(291)
365. 我国的湾鳄是谁消灭的？……………………………(291)
366. 为什么把鲣鸟称为"导航鸟"？………………………(292)
367. 海鸥为什么被称作"清道夫"？………………………(293)
368. 信天翁也能吃人吗？…………………………………(295)
369. 为什么说鲸是价值连城的重要资源？………………(295)
370. 海豚能帮助治疗儿童自闭症吗？……………………(296)

371. 海豚也能服兵役吗? ……………………… (297)
372. 海豚是人类的远亲吗? …………………… (298)
373. 海豚也攻击人吗? ………………………… (299)
374. 海豚为什么救人? ………………………… (299)
375. 海豚能做领航员吗? ……………………… (300)
376. 海豚也喜欢交际吗? ……………………… (301)
377. 海豚能爬上房顶为人辟火减灾吗? ……… (301)

编后记 …………………………………………… (303)
《海洋小百科全书》分类目录 ………………… (304)

海洋动物

奇妙的动物家族

1. 海洋生物知多少？

海洋是生命的摇篮,在39亿年至34亿年前的古老海洋里,就诞生了最原始的生命,那就是还没有细胞核的原核生物——细菌,它在地球上统治了24亿年。10亿年前,生物又向前迈进了一大步,出现了具有细胞核、结构复杂的真核生物。以后,历经沧桑,使生物发展成5界,即原核生物界、原生生物界、后生动物界、植物界和真菌界。海洋里到处都充满了生命,如气势磅礴的巨鲸、随波

逐流的水母、匍匐海底的虾蟹、川流不息的鱼群等等。一般认为,现存生物包括陆地生物,已记录的至少有200万种,其中,海洋生物就占了21％,有42.4万多种,一般都说海洋生物约50万种。实际上,海洋里的动物种类远比陆地丰富得多,特别是一些深海生物和珊瑚礁生物还远远没有搞清楚呢！有的科学家根据调查情况估计,仅海洋底栖生物就超过100万种。还有的科学家认为,珊瑚礁是海洋中的热带雨林。而深海斜坡的生物多样性可能要比珊瑚礁多得多,生活在深海沉积物中的线虫也可能有1亿种,约占全球物种的75％。只是它们身体太小,需要用显微镜才能看清。

海洋动物

辽阔的中国海洋里生物种类也很多,现今已记录的就有20278种,其中原核生物界229种,原生生物界4956种,真菌界189种,植物界1203种(包括海藻790种,维管束植物413种),动物界13711种,其他793种。其中黄渤海4200种,东海11300种,南海12900种。由此可以看出,我国的海洋是富饶的海洋。

2. 文昌鱼是鱼吗?

文昌鱼虽然叫作鱼,又有点像鱼,但却不是真正的鱼。这是一种身体侧扁,两头尖尖,长约40毫米,半透明的动物。它没有头与躯干之分,也没有鳞、脊椎骨,仅有一根棒状的脊索从前到后纵贯全身,所以人们把它划归脊索动物。又因为这条脊索向前延伸到最前端,超过了背部的神经管,即脊椎动物脑的位置,所以又叫它头索动物。那么,为什么又称它为鱼呢?据《漳州府志》记载:"文昌鱼状如鳗,细如筋,长二三寸,其行以阵,味甘美。郡城文昌阁前有之,余处不可得也。故俗呼为文昌鱼,甚贵之。"也就是说,文昌鱼身体细长像鳗鱼,只在郡城文昌阁可以得到,其他地方没有,所以得名文昌鱼。另外有一个说法认为,"文昌"二字源于"文昌帝君"。《同安县志》中记载:"文昌鱼,似鳗而细如丝,产西溪近海处,俗谓文昌诞辰时方有,故名。"当然,这是误解,文昌鱼并不是只在文昌诞辰时才有。脊椎动物是由无脊椎动物演变来的,而文昌鱼则是处于两者之间的过渡类型。如它的摄食、排泄等方式都像无脊椎动物,而血管系统、神经系统等又像脊椎动物,所以它对研究脊索动物的系统发育有着重要的意义。达尔文曾说"文昌鱼的发现是最重要的发现之一"。现在,人们一直把文昌鱼作为头索动物亚门的典型代表动物。半个世纪以来,美英及东南亚许多国家的学者都远渡重洋,到厦门对文昌鱼进行观察研究,采集标本,使它享誉世界。在海洋中生活的文昌鱼,平时将下半身埋在沙中,仅前端露出沙外。它晚间比较活跃,以螺旋形的方式向前游动,摄食水流带来的硅藻等食物。文昌鱼一年能产卵3次~4次。

3. "茶壶"里装着什么秘密?

海洋里有一类动物,样子很像一把茶壶,它身体的最上端有一个开口,相当于茶壶的壶口,这是它的入水口;在身体的一侧还有一个开口,相当于茶壶的壶嘴,这是它的出水口。你知道这类动物叫什么吗?它就叫海鞘。人们若在养有海鞘的水族箱里放上一点带颜色的粉末,就会看到水流不断地从它的入水口进去,又不断地从出水口喷出来。这实际上是它在呼吸。若是用手戳它一下,它身体的肌肉会猛然收缩,将体内的水突然从出水口挤出来,喷出一股高高的水柱,所以有人又称它为"水枪"。若是从它身体的外表粗略一看,它根本不像是个动物,倒像个植物。因为它们过着固着生活,和海藻一起附着在许多舰船的底部,或水下的锚链上、海底礁石上,同时,它的身体外面还包有一层被囊,被囊的化学成分和植物纤维素相类似,所以人们也称它被囊类。本来这是些令人讨厌的动物,因为它们没有什么食用价值,舰船还会由于它们的附着而大大降低航行的速度,水下建筑物也会缩短寿命。但是,动物学家却对它很感兴趣。你知道这是为什么吗?原来,它的幼体身上长有脊索,虽然其貌不扬,但在动物进化史上却是高于无脊椎动物的脊索动物,是脊椎动物和无脊椎动物之间的过渡类型,对研究动物进化可起着重要的作用呢!海鞘的种类还很多,有2000多种,从浅海到深海都有。当然,它们的外形和生活方式也是多种多样的。

4. 有八对眼睛的鱼吗?

一般来说,鱼有两只眼。可是,八目鳗的身体两侧各有8个小孔,早期人们以为这是它的眼睛,加上它身体是鳗形的,所以就称它为八目鳗。后来人们逐渐搞清楚了,原来它每侧的8个小孔中,有7个是它的鳃,只有一个是

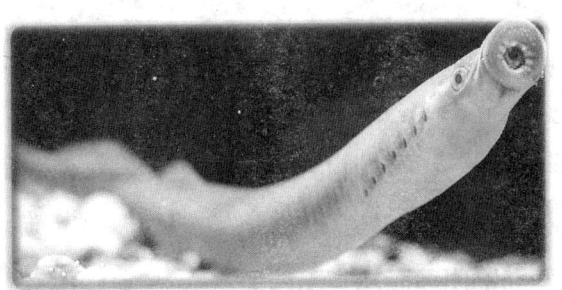

七鳃鳗

真正的眼睛,以后就改称七鳃鳗。七鳃鳗有很多种,多数都生活在海里,也有的生活在淡水中,如我国东北的松花江、黑龙江都有。它们有的长1米多,有的约40厘米。它不喜欢光,爱聚集在黑暗的场所。它过着寄生生活。但它不是钻进鱼的肚子里,而是用漏斗状的口吸附在大鱼的身上,用舌上的齿锉破鱼体,撕裂、吮吸鱼的血和肉。

它的口腔腺能分泌出一种黏液,这种黏液能防止鱼的血液凝固。这样,它就可以慢慢榨干鱼的血和肉,对鱼的危害是很大的,素有"海狼"之称。不过七鳃鳗可供人类食用,肉中含有大量的维生素A,有明显的滋补强身功效。

5. 究竟什么是鱼?

鱼,人们似乎已经司空见惯了。因为,江河湖海、池塘小溪中都有鱼,人人都见过鱼,在一日三餐中也吃过鱼。所以,这个问题似乎有点故弄玄虚。但实际上,许多动物人们习惯上叫它鱼,却并不是真正的鱼。而有些真正的鱼,习惯上又不叫鱼。所以,还是有必要从科学上搞清楚什么是真正的鱼。鱼,必须是水生的,陆地生活的不算;必须用鳃摄取水中的氧气,用肺呼吸空气的动物不算;必须是变温的,恒温的动物不算;必须是靠鳍游泳的,用四肢走路的动物不算;必须是有脊椎骨的,无脊椎的动物不算;而且,一般身体都长着鳞。用这几点就可以把真正的鱼识别出来了。因此,头形像马的海马不是马,身体细长的海龙不是龙,河豚也不是豚,而是真正的鱼。

6. 哪些动物叫鱼而其实不是鱼?

许多动物人们习惯上叫鱼,其实并不是真正的鱼。如体色艳丽、人一触摸就能中毒而死的蛞蝓鱼(即海兔),能喷云吐墨、临场变色的墨鱼、乌贼(即头足类),属八珍之一的鲍鱼等,虽然都生活在水里,但都是软体动物,还没有脊椎骨;那蹒跚而雅步的甲鱼或团鱼(即鳖),那像蛇而有足、悍目利齿的鳄鱼,虽有脊椎骨,但是它们用四肢行走或游泳,用肺呼吸空气,它们属于爬行动物,也不是真正的鱼;那鼓浪成雷、喷沫成雨的鲸鱼以及有"美人鱼"雅号的海牛,虽然用鳍游泳,但都是体温恒定的哺乳动物;那满身长棘的星鱼(即海星),是棘皮动物;那声音好似小孩啼哭,俗称娃娃鱼的鲵是两栖动物;那外形奇特、血液发绿的鲎鱼是节肢动物;那同鱼很相似的文昌鱼,也是仅有脊索的头索动物。这些习惯叫法可能也是受古人的影响,许多古书像宋代的《尔雅翼》等都是把它们当鱼对待,放在"鱼部"一起记述下来的。这说明古人对动物的认识也经历了一个发展过程。

7. 海洋里有哪些脊椎动物?

生活在海洋里的脊椎动物是以鱼为主体的,全世界的鱼类约24618种～30000种。不同的科学家对鱼类总数的估计有所不同,这是因为有些鱼雌雄颜色不同、成体与幼体样子也不同;还有些鱼,特别是深海鱼还远远没有被搞清楚。鱼类中海产的品种就占60%。我国的鱼类有3187种,其中淡水鱼约800种,是世界上鱼类最多的国家之一。明代屠本畯所著的《闽中海错疏》是我国一部较早的地方动物志,它记录了当时福建一带的海产动物有200多种。书中认为水生动物之中,论种类谁都不如鱼多,论名称谁也不如鱼那样千差万别,论大小谁也不如鱼大(当然是指最大的鱼),论味道谁也不如鱼鲜美,花样多得数都数不过来。全世界有两栖动物约4200种,我国约有284种。两栖动物中只有一种海蛙可以生活在海湾,还算不上真正的海洋动物。爬行类7000种、鸟类9600种和哺乳类4450种,它们是真正的陆生动物,其中都有一部分成员重返海洋生活,成为海洋脊椎动物的一部分。它们中海洋爬行类59种,海鸟350种,海洋哺乳类约130种,我国约35种。

8. 鱼类有多少种体形?

鱼类的60%生活在海洋中,它们有多少种体形呢?实际上,多数鱼类的身体是纺锤形。由于海洋环境的多样化,各种鱼类的生活方式不同,也使鱼的形态变得多种多样,如鳗鱼细长像一条蛇,鲆鲽类扁平得如一块木板,刺鲀体圆得像一个皮球,箭鱼嘴长得似弓箭,燕鳐鳍大如飞鸟,海马头形像骏马,须鲀形如

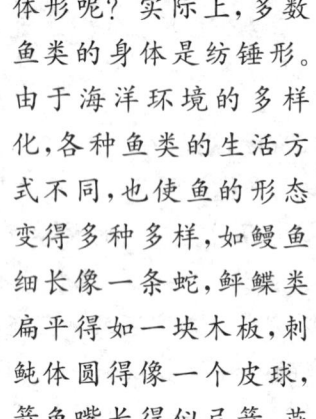

鱼的不同体形

海草,旗鱼背鳍高如船帆,蝴蝶鱼美如彩蝶,箱鱼体形像装甲,鲔鱼颇像炮弹,躄鱼怪模怪样如枯枝败叶,鮟鱇鱼更像扁平的大嘴蝌蚪,鳝鱼侧面体形如立柱,银鲳体呈菱

形,鲷鱼好似长方形,眼镜鱼像个三角形……真称得上是五花八门、千姿百态。尽管如此,科学家还是把它们归纳成5种基本体形,即标准体形纺锤形或流线形、平扁形、侧扁形、球形和鳗形。

9. 鱼的体形为什么千姿百态?

不同的海洋环境,造就了不同体形的鱼;反过来,体形不同的鱼,也适应于生活在不同的海洋环境中。一般来说,沿岸浅海,由于千条江河汇入大海,带来了大量营养盐类,使这里水质肥沃,浮游生物极为丰富,所以这里鱼的种类和数量也最多。有成群结队的鲱鱼、青鳞鱼、鲥鱼和著名的凤尾鱼,有水面游弋的鲐鱼、鲛鱼、飞鱼,有栖

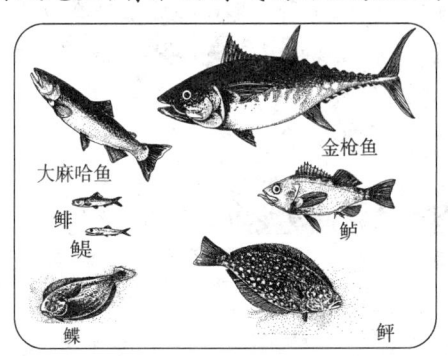

重要经济鱼类

于近岸浅水的鰕虎鱼、鲻鱼,有我国盛产的大黄鱼、小黄鱼、带鱼,有喜欢温水的蝴蝶鱼和隆头鱼,有耐寒的鳕鱼和高眼鲽,还有栖身于礁石中的鲉和篮子鱼等。纺锤形体形的鱼,身体的横截面呈椭圆形,身体最宽的部位是在身体的前三分之一处,由此向后身体逐渐变窄,能将水流的摩擦力减少到最低限度,这样,它们游泳中受到的阻力

也最小,运动时的速度就会快,灵活敏捷,适合生活在海洋的中、上层。很多鱼都具有这种体形,如金枪鱼、鲐鱼、鲅鱼、旗鱼、剑鱼、鲣鱼等,它们活跃在各大洋中,活动力强,分布广泛,而且凶猛,追逐猎物,到处游弋。平扁形的鱼适合匍匐在海底生活,它们有埋身泥沙中的鲆、鲽类、鳐和魟类等,有喜欢隐身礁石中的鲂鮄、鲬、毒鲉,有躲在岩洞或石缝中的笛鲷、海鳝和石斑鱼等。一般来说,它们的游泳速度都不快,动作也不太灵活,活动力弱,移动范围不大,或伏在海底匍匐而行,或较长时间将身体半埋在泥沙里,伺机捕食各种底栖生物。常在水深流缓的中、下层生活的鱼类多为侧扁型体形,如鲫鱼、银鲳等,这种体型也不适合于快速游泳。鳗形鱼类身体细长,适合在珊瑚礁中穿缝入穴、钻泥过草,如海鳗、带鱼等。球形的鱼如河豚,当连着食道的气囊吸足空气后,身体鼓得像个大气球,就只能漂浮在水面上了。

10. 鱼鳞为什么多是圆形的?

多数鱼的身体上都披着鳞片,排列得像房顶上覆盖的瓦,它就好比是鱼身上的盔甲,保护着鱼体不受伤害。所以《说文解字》上说:"鳞,鱼甲也。"李时珍在《本草纲目》中也说:"鳞者鄰也。鱼产于水,故鳞似鄰;鸟产

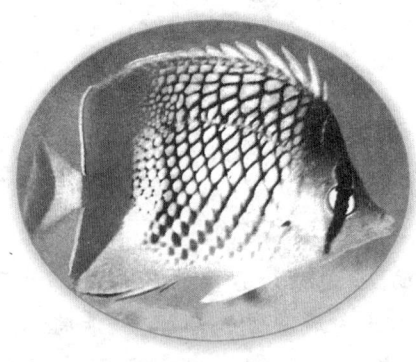

蝴蝶鱼

于林,故羽似叶;兽产于山,故毛似草。鱼行上水,鸟飞上风,恐乱鳞羽也。"意思是说,生活在水中的鱼类,鳞片就像照在水中的粼粼波光;鸟生活在树林中,羽毛像树叶;兽生活在山上,毛长得像草;鱼喜欢逆着水流而上,鸟爱迎着风而飞,就是怕顺流顺风活动,因为那样容易搞乱它们的鳞片或羽毛。其实,各种鱼的鳞片都不尽相同,也不都是圆形,有的就是椭圆形或方形,称作圆鳞;有的鳞后缘呈锯齿状,称作栉鳞。有的鱼鳞片很大,如大海鲢的鳞片直径有6厘米长。而有的就很小,几乎看不出来。就整个鱼类来说,鳞片可分为3种,一是鲨鱼的盾鳞,二是像鲟鱼等软骨硬鳞鱼的硬鳞,三是多数硬骨鱼身上的骨质鳞。还有些鱼的鳞片衍生出许多其他结构,如海马的骨质环片,箱鲀的甲板,鱼的鳍条甚至触须等。

11. 刀鲚鱼是带鱼吗?

刀鲚鱼因为身体侧扁,形状似刀,我国古书上称它为刀鱼,但实际上它并不是带鱼。刀鲚俗称凤尾鱼,是我国南方地区著名的经济鱼类,虽然它的身体不算长,雄性一般10厘米～13厘米,雌性15厘米～18厘米,属于小型鱼类,但它的味道鲜美,自古就颇受赏识。刀鲚鱼的种类

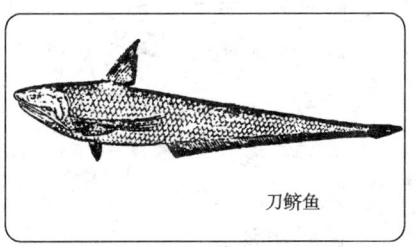

刀鲚鱼

很多,全世界有20多种,我国有4种,除刀鲚鱼外还有凤鲚鱼、七丝鲚鱼和短颌鲚鱼,早在先秦时代的典籍中就有

记载。如《山海经》中就说:"鲎鱼狭薄而长头,大者尺余,太湖中今饶之,一名刀鱼。"《尔雅翼》中也说它的头很长,身体很薄,背腹两侧薄得像刀刃,大的有一尺多长。到了元代和明代开始有鲚鱼和刀鲚之称。刀鲚鱼的背部是青石板色或金黄色,或青黄交杂,所以也有"青背"、"黄背"和"花背"之称。

12. 带鱼是王母侍女腰带变来的吗?

带鱼的名字是古人定的。清朝乾隆年间《镇海县志》上说这种鱼:"无鳞,身带长可四、五尺。"所以把它叫带鱼。书上还说带鱼是王母侍女腰带变来的。如明代胡世安《异鱼赞闰集》上也说:"带鱼,佩带谁遗,皑如曳练,奇其说者,原始仙媛。带鱼生深海中,阔二三寸,长可数尺。色白如银,无鳞刺。骨中有珠者名珠带,小者名带丝,皆因其状似。而或云西王母度东海,侍女飞瑶腰带,为大风所飘,化此鱼。"也就是说,带鱼就像是谁遗失的佩带,宛如飘逸的白色丝带,或者说是西海之神王母渡东海的时候,她侍女的腰带被大风吹落了,变成了带鱼。当然,这是神话传说。无论如何,带鱼银光闪闪,非常漂亮,它那披满全身的银膜还是一种少有的药品呢。据专家们分析,它除含有丰富的蛋白质以及磷、铁、碘等人体不可缺少的元素以外,还含有20%~25%的磷脂。这种磷脂中含有多种

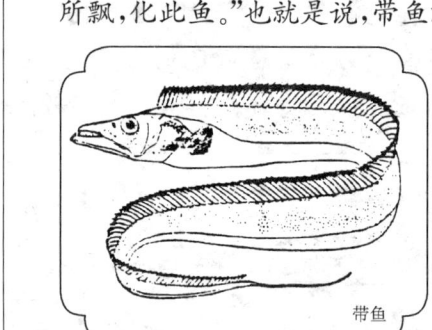

带鱼

不饱和酸,具有良好的降低胆固醇、防止动脉硬化、预防冠心病,使人长寿的作用。据我国医学记载,如果内服带鱼鳞能补五脏,使人皮肤红润,而外敷可止创伤出血呢!

13. 比目鱼的两眼是让海龙王打歪的吗?

提起比目鱼,人们首先会注意到它的两只眼睛的位置非常特殊。它两眼的位置不是在身体的两侧,而是都偏到身体的一侧去了,不是左侧就是右侧,这要根据种类的不同而定。那么,比目鱼为什么会长成这种样子呢?相传当年海龙王的三女儿招亲,大脑袋短身子的梅童鱼虽然长得貌不压众,却是癞蛤蟆想吃天鹅肉,妄图做海龙王的女婿,于是就托比目鱼去提亲。龙王一听,勃然大怒,觉得梅童鱼太自不量力了,一巴掌就把比目鱼的眼睛打歪了,竟然歪到身体的一边去了,从此,再也无法恢复正常了。当然这是神话传说,不足为凭。实际上,这也是它对底栖生活的一种适应。比目鱼喜欢匍匐在海底生活,它的身体非常侧扁,经常把身体埋在海底的泥沙之中,隐蔽自己,也是为了伺机捕捉食物,这两眼位于身体一边可就方便多了。

14. 比目鱼必须成对才能游动吗?

比目鱼的两只眼睛均位于身体的一侧,这种不寻常的位置,曾经引起过人们的不少误会。据考证,早在2000多年前,人们就开始把这类鱼叫作比目鱼了。比如,对后世影响很大的我国第一部词典《尔雅》中就说:"东方有比目鱼,不比不行,其名曰鲽者,是也。"这里的"比"即"并"的意思,就是说比目鱼必须两条鱼并在一起才能活动。李时珍在《本草纲目》中解释道:"比,并也。各眼一目,相并而行也。"就是说每条鱼各有一只眼,单独无法活动,须两条鱼合在一起并驾而行才能行动,否则就难以存活。这就是比目鱼一称的来源,并一直沿用至今。而且,从汉代到明代,历代都认为它不"比"不行。如郭璞的《比目鱼赞》中说:"比目之鳞,别号王余。虽有二片,其实一鱼。协不能密,离不能疏。"更离奇的是《异闻记》中称:"东城池有王余鱼,池决,鱼不得去,将死。或以镜照之,鱼看影,谓其有双,于是比目而去。"就是说,当池水决口时,比目鱼自己是逃不掉的,但让它照一下镜子,它看到自己的影子后,竟觉得还有伴,于是,它才游走了。这种错误的看法一直延续了1000多年。一直到清代有个叫郭柏苍的人,在1886年写成的《海错百一录》一书中才纠正了人们对比目鱼的误解。

15. 什么鱼被当作爱情的象征?

古代人们认为比目鱼是两条形影不离的鱼,因此,这种特性也被人们用来形容男女之间那形影相随的忠贞爱情,甚至民间还流传有所谓"凤双飞、鱼比目"的谚语呢!在杨慎的《异鱼图赞》中也称:"王余孤游,比目双逝,水既有之,陆亦相俪。"就是说王余(一种鱼的古称,有的指鲟鱼)都单独活动,而比目鱼则是双双齐游。水里既有这种形影不离的动物,陆上也会有不离不弃的忠贞伴侣。《管子》中还说:"东海致比目之鱼,西海致比翼之鸟。"这里的比目之鱼和比翼之鸟都是爱情的象征。唐代诗人卢照邻在《长安古诗》中写有:"得成比目何辞死,愿作鸳鸯不羡仙。"意思是说,若能变成比目鱼死而无憾,宁愿做鸳鸯,也不羡慕当神仙。看来,尽管古人没有弄清比目鱼的生活属性,可也没有影响他们习文作诗的雅兴。

16. 过腊是什么鱼?

过腊是一种鱼的名称,也就是生活在海里的真鲷。真鲷在福建沿海是每年10月下旬至12月上旬来到近岸产卵生殖,产卵后向东洄游,进入越冬场。也就是腊月来,春天走,因此称它为"过腊"。真鲷头的样子像鲫鱼,身体的样子像鳜鱼,又像鲢鱼。它的肉红而味美。口中的牙齿锋利得像锯一样,正好适合捕捉底栖的甲壳类、软体动物以及节肢动物等为食。当然,它在其他海域并不都是腊来春去。如,山东的莱州湾是真鲷产卵场之一,它的生殖期就是每年的5～7月。还有一支真鲷是在海州湾产卵,它们是10～11月就都去济州岛西南海区越冬了。真鲷是名贵的海产鱼类,它的身体全长可达84.5厘米,最大个的体重达10千克。背部鲜红色,其间还布满了鲜蓝色的小斑点,像一颗颗宝石。它的腹部是灰白色,尾鳍边缘处围有一个黑圈,在水中游泳时格外艳丽。它大大的头部长着小口,两眼之间高高隆起,样子非常逗人喜爱。

17. 真鲷为什么有那么多美称?

真鲷的异称很多,如北方称它是加吉鱼、加须鱼,江浙称它是铜盆鱼,福建称为赤鯮、过腊等。要说真鲷为什么有那么多的美称,这都是根据它那鬣的颜色和强度等特征而取的。清代郭柏苍《海错百一录》中称:"过腊按福州呼棘鬣,以其鬣如棘也。兴化呼桔鬣,以其鬣红紫也。泉州呼髻鬣,又呼奇鬣。味丰在首,首丰在眼,十月蒸葱酒尤珍。"这里的"味丰在首"是说,真鲷的头部最好吃,所

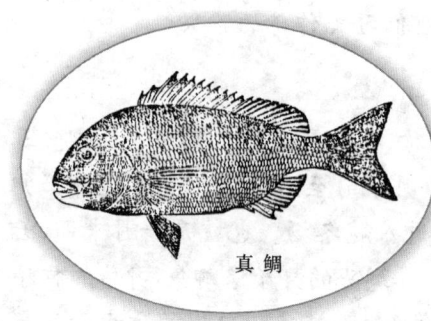

真鲷

以民间有"加吉头、鲅鱼尾、带鱼肚子、蟳蜅（即斜带刺鲈）嘴"之说，而头部又数眼睛最好吃。真鲷的分布很广泛，我国的南海、东海及黄渤海均有，日本、朝鲜、东南亚各国沿海均有分布。真鲷为近海暖水性的底栖鱼类，喜欢栖于岩礁、砂砾及沙泥质的海区，尤其喜欢在海底凹洼处结群生活。

18. 什么是童子鲷？

大家已经对真鲷有了初步了解，那么，什么叫童子鲷呢？所谓童子鲷，就是指体重约500克，尚未产卵的一龄真鲷鱼。这种鱼尤以山东龙口沿海水域所产的最为有名，被当地渔民称为龙王嘴里的金银珍珠。但若从资源保护的角度来讲，还是不要食用童子鲷为好。平常人们所能见到的真鲷多在2岁~10岁，可你知道吗？它的最高年龄能活到30岁呢。真鲷甚至被誉为海鱼长寿之冠。真鲷的营养价值很高，每100克肉含蛋白质19.3克、脂肪4.1克、钙64毫克、磷175毫克，以及维生素B_1、B_2等。在食用方面，无论红烧、清蒸、清炖都很好吃。清代宋婉有诗称赞道："银钩才脱已充盘，渔父烟蓑五月寒。弹子窝边明月好，十年空负钓鱼竿。"除了美食以外，真鲷还有清热消炎、补气活血、养脾、祛风、运食的功效，可用于治疗产后气血虚弱或小儿脾胃不健、消化不良等症。

19. 海里有刺猬吗?

刺猬本是浑身长刺的陆生哺乳动物,并不生活在海里,这是大家都知道的。那么,海里是不是也有刺猬呢?这倒不是,但海里确实有一种鱼也是浑身长刺,它的刺还很长,最长的达5厘米。它的这种刺是由鳞片变来的,非常坚硬,平时这种刺总是向后平躺着的。这种鱼就叫斑刺鲀,能长到1米多长,属于河豚类。当它遇到敌害时,就会迅速地吸入海水,身体膨胀得圆圆的,全身的刺立即都竖立起来,像个带针的皮球一样,这时它就和陆地上的刺猬很相

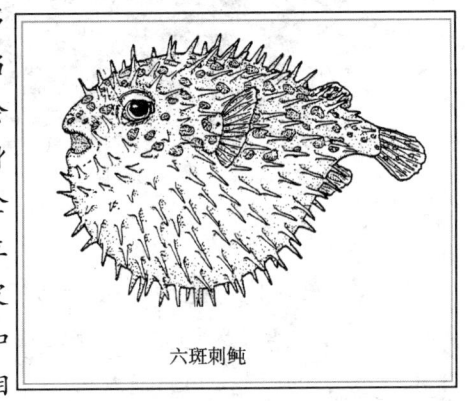

六斑刺鲀

似了,所以人们称它为"海刺猬"。它的这个样子不仅使敌人无法下口,而且还会被它的样子吓跑呢。若有人突然将它提出水面,它也会把空气吸入体内,使身体膨胀起来,当危险过后再慢慢地"消气",使身体恢复正常。若长时间不消气,刺鲀自己也会被"气"得气绝身亡。

20. 鲨鱼是什么样的鱼?

提到鲨鱼大家并不陌生,但是你能说出它是什么样的鱼吗?其实,鲨鱼全身的骨骼都是软骨,所以,人们叫它软骨鱼类。因为它的全身又披着盾鳞,这种鳞的结构像牙齿一样,细小如沙,故得名"鲨鱼"。鲨鱼有鳃孔5

个,鳃都呈板状,所以鲨鱼又被称为板鳃类。雄鲨鱼的腹鳍里侧有一部分转化为交接器,称鳍脚,是鲨鱼的交配器

鲸鲨

官,所以鲨鱼是体内受精,卵生或卵胎生。我国约有鲨鱼166种。鲨鱼多数为海产,少数还可以入淡水,大的有20米长。鲨鱼的性情凶猛,能吃人。人们常见的有灰星鲨、鼠鲨、真鲨等。广东潮安的贝丘遗址中,发现有巨大的鲨鱼类鱼骨,据此推断,我国捕捞鲨鱼已经有4000多年的历史了。在我国历史上,到明代时,记录的鲨鱼种类就已经很多了。明代的《山堂肆考》中说:"鲨鱼中有犁头鲨,头似犁而长,尖锐刺人;有香鲨,体有香气;有熨头鲨,头如熨斗;有丫髻鲨,头如丫髻;有剑鲨,长嘴如剑,对排牙棘,人不敢近;又有名狗鲨者,狗头鱼身,声如狗吠。"由此可见,我国对鲨鱼的研究历史是相当长久的。

21. 鲨鱼比硬骨鱼原始吗?

从上面的介绍中大家已经知道,鲨鱼的内骨骼全是

软骨,这种软骨常会钙化,但绝没有真骨的组织,由于它的外骨骼退化或不发达,所以也称它为软骨鱼类。一般来说,按照生物的进化规律和动物的胚胎发育过程,它们的顺序应该是先形成结缔组织,再由结缔组织发展到软骨,然后,再由软骨到硬骨。因此,软骨应该是硬骨的早期阶段,比硬骨还要原始呢!但是,软骨鱼是否就比硬骨鱼原始,这一点还有待科学家们去进一步证实。因为,鲨鱼在化石记录中出现的历史时代要稍晚于硬骨鱼类,鲨鱼的许多特征如卵胎生、胎生等的生殖方式,还是比较先进的,因此还不能说鲨鱼比硬骨鱼更原始。

22. 鲨鱼有多少种?

在海洋中鲨鱼的种类并不算多,全世界的软骨鱼类约有760种,其中鲨鱼有250种~370种,我国海域就有166种。它们的大小相差非常悬殊,小的仅有10厘米长,而身体最大的要算鲸鲨了。鲸鲨约有20米长,也有报道说,它长的有25米,重15万千克,堪称鱼类之冠,可与世界上最大的海洋哺乳动物鲸鱼相媲美,因此就得名鲸鲨。在鲨鱼中,有185种体长

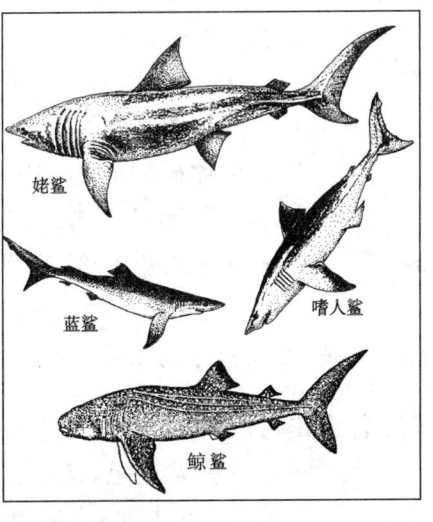

鲨鱼

不足1米,约有60种体长在2米以上,实际上,只有18种体长可超过4米。鲨鱼分布于世界各大洋里,以热带、温带海域中的种类最多。在寒冷海域中鲨鱼的种类虽少,但每个种的个体数量却都很多,也有少数种类生活在南美和东南亚地区的淡水中。在我国的各个海区里都有鲨鱼分布,以南海中的种类最多,如鲸鲨、姥鲨及虎鲨等。科学家们通过标志放流实验发现,不少鲨鱼每年都是有规律地进行范围广泛的洄游。如南海的鲸鲨和姥鲨等都向东海、黄海海域洄游。多数鲨鱼生活在海洋中,也有少数生活在淡水里。如尼加拉瓜湖中的食人鲨,我国长江里的长江鲨等。看到鲨鱼那比砂纸还要粗糙的皮肤,你能想像出它与人们的美容还有密切的关系吗?实际上,鲨鱼的肝中可以提取大量的鲨烯,这是一种不饱和碳氢化合物,是治疗烧伤的良药。又因为它的凝固点可以低到零下60℃,所以,可作为飞机的润滑油和不冻性的精密机械油。含有鲨烯的润肤霜,具有使皮肤滋润、肌理细腻、增强丰满度和美感的作用,是妇女们最爱使用的化妆品之一。鲨鱼的鳍又是著名"海洋八珍"之一,历来与猴头、燕窝并列为三大佳肴,在国内外的宴席上、餐馆里都颇受欢迎,在亚洲市场上每500克110美元。

23. 什么是老板鱼?

软骨鱼类不全是鲨鱼,还包括身体扁平的鳐和鲼等鱼类。由于鳐的身体扁平如板,因此,人们就给它个雅称"老板鱼"。实际上,它的整个体形就像夏天扇风的蒲扇一样。它的胸鳍和身体是合在一起的,构成了宽大体盘的一部分。当它靠波浪式摆动两侧的胸鳍,从海底向上游动时,犹如飞燕展翅,穿云驾雾,极其优美动人。鳐类的种类很多,体形也不完全一样,有的身体好似菱形,如孔鳐;有的体圆如扇,如团扇鳐;有的身体就像耕地的犁

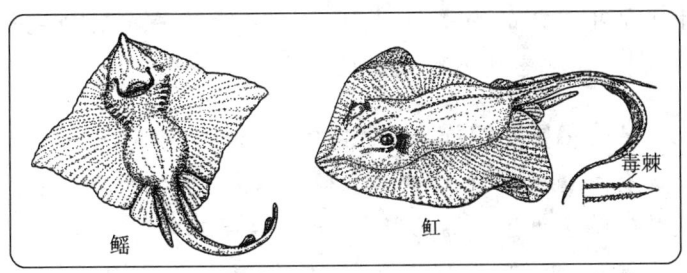
鳐　　　魟　　毒棘

头,如犁头鳐;还有的吻长似剑,边缘上还带有锋利的锯齿,相当厉害,如锯鳐;身体最宽的要算蝠鲼了,如双吻前口蝠鲼,它的体盘有 6.7 米宽,宛如一架水下飞机。若乘船在南海航行,在那烟波浩森的大海上,人们常会出其不意地看到,从海里窜出一个庞然大物来,它会擦过人们的头顶,向前冲去,然后"嘭"的一声巨响,又落入水中,激起层层浪花,这就是蝠鲼了。

24. 有长着象鼻子的鱼吗?

我国特产的白鲟,是一种软骨硬鳞鱼类,它的头特别长,超过它体长的一半,吻也很长,突出如剑,长的同大象的鼻子一样,仅它的鼻子就占去头长的五分之三,古时候就有"鲟鳇龙喙"之说。它的俗称也不少,如象鱼、象鼻鱼、剑鱼、琵琶鱼、鲟鳇鱼、柱鲟鳇等。它的体形似梭,身体有 2 米～3 米长,重 10 千克～30 千克,大的长有 7 米,重 500 多千克。它虽然有着一双小小的眼睛,但却有一

张大而能伸缩的嘴,上下颌上有尖细小齿。白鲟的身体上无鳞,歪形尾,上叶长于下叶。它的身体背面是灰黄色,腹部是白色的,古时候还把它叫"黄鱼"呢。唐代杜甫诗中就写到"日见巴东峡,黄鱼出浪新"。白鲟大约起源于1亿年以前的白垩纪末期,在学术上有重要的研究价值,我国已把它列为一级保护动物。

25. 什么鱼是忍饥挨饿的冠军?

你知道吗?在海洋中除鲨鱼以外,最大的鱼类就是软骨硬鳞鱼类了,也就是鲟鱼类。鲟鱼类我国有8种,如史氏鲟、达氏鳇、俄罗斯鲟等,中华鲟也是其中的一种。对于中华鲟来说,大家已经熟悉了,因为它是我国的一级保护动物,它的名称也不少,如鲟鱼、大癞子、黄鲟、着甲、黄腊子等。中华鲟的体形是长而亚圆柱形,腹部较平。它的个体较大,平均体长有2米,重86千克;雌鱼一般比雄鱼大,平均体长2.7米,重217千克,最大的重560千克,四川就流传有"千斤腊子万斤象"之说。它的头大平扁,吻是长长的、尖尖的,嘴在身体腹部,但却没有牙齿。它的身体光滑无鳞,背面青灰褐色,腹面白色。它的寿命很长,最多可以活40岁,群体的平均年龄是15岁,雌性平均22岁。它主要分布在长江干流、赣江、珠江、洞庭湖、钱塘江,黄河中也有。它属于半洄游的底栖鱼类,平时生活在海里,到了秋季就溯河而上产卵。从它进入长江到产卵后返回海洋,需要长达2年左右的时间。它的惊人之处是2年里可以一直不吃食物,堪称为海洋鱼类里耐饥饿的冠军。

海洋动物

26. 射水鱼为什么被誉为神射手？

射水鱼被人们誉为神射手，你知道这是为什么吗？这主要是因为，无论是沿水面疾驰而过，还是静卧在水边树枝或草叶上小憩的昆虫，一旦被它发现，它就会立即从口里射出一股水流，像水枪一样，准确无误地将昆虫射落在水中，然后再张口擒来，吞而食之。它的这种奇特的功能，在鱼类中可是独一无二的。这种本领真是令人拍手叫绝，也引起了人们的极大兴趣。射水鱼共有5种，体长一般在30厘米左右，它们的主要食物就是在水面游泳或漂浮的小型水生动物。但在饥饿时，射水鱼能射落趴在水面以上植物茎或叶上的昆虫。一尾成鱼一般都能射下水面以上2米高处的昆虫。人们曾经实验过，它喷出的未射中目标的水流，最高能射出5米远。若从它体重的大小和射水距离的比例来看，几乎和高射炮打飞机不相上下，只是它比高射炮打得还要准确呢！如果它首次射水未击中目标，还会紧接着连续发射好几次呢。

27. 射水鱼是如何被发现的？

说起射水鱼的发现，还有一段有趣的故事呢。射水鱼主要分布于印度、马来半岛、澳大利亚及菲律宾一带的海边红树林带，生活能力很强，海水淡水中都能生活。早在200多年前，人们就注意到它了，但却经历过为时不短的误会。射水鱼最早（公元1765年）是由爪哇首都医院的一名院长发现的。他是荷兰籍人，想把这种好玩的鱼介绍到欧洲。于是，他将活鱼并附上他的详细说明寄往欧洲。不料在匆忙之中他竟错误地送去了一尾长吻蝴蝶鱼。欧洲的学者仔细地研究了他的报告,并兴致勃勃地观察起活鱼标本来,想看看它到底有多么高超的射水本领,结果却发现这条鱼根本就不会射水。后来,人们认出了那条鱼原来是长吻蝴蝶鱼,所以,人们无不感到奇怪,这种鱼怎么能射出几尺高的水柱呢?再说,它是生活在珊瑚礁里,那里根本就不会有昆虫飞舞,也用不着射水。从此,人们再也不相信有什么射水鱼的话了。直到1902年,一位俄国科学家获得了几条射水鱼的活标本,并把它养在了水族馆里,才证实了它的确能射水。就这样,经过了137年的漫长历史,才消除了人们的疑虑。

28. 鲥鱼为什么又称"三黎"?

海洋中的鲥鱼,有着长而侧扁的身体,6龄时的雌鱼身体长约60厘米,雄鱼50厘米,体重一般在0.5千克～1千克,大的有3千克。它那尖而上翘的嘴巴,背绿而腹白的体色和在海与江之间的洄游习性,使它成为美丽而又受人欢迎的经济鱼类。平时它生活在海里,以滤食浮游生物为生。每年的农历4～6月是它的生殖时期,每当这个时候,它们就会成群结队,怀着满腹的希望,浩浩荡荡地由海洋溯河而进入珠江、钱塘江及长江等水域产卵生殖。产卵前的鲥鱼,丰腴肥硕,含脂量高达18%～21%,属鱼中上品,历来受到人们的赞誉,并将它与太湖银鱼、黄河鲤鱼、松江鲈鱼并列为中国四大名鱼。鲥鱼甚至被誉为鱼中之王。难怪当年苏东坡、郑板桥等历史名人称它为"南国绝色之佳"。苏东坡赞鲥鱼"芽姜紫醋炙鲥鱼,雪碗擎来二尺余。尚有桃花春气在,此种风味胜鲈鱼。"

这里既道出了吃鲥鱼的季节，又盛赞它的味美，甚至说它超过了松江鲈鱼。因为鲥鱼来去都很准时，所以给它取名为鲥鱼。鲥鱼在广东叫三黎鱼。按广东话，"来"和"黎"的发音相同，意思相近。由于在广东珠江中下游，每年从初夏起，都有三次大群鲥鱼游来。三次来也常说成"三来"，按标准广州西关语，"黎"与"来"同音，所以，鲥鱼又有"三黎"之称。鲥鱼的味道十分鲜美，是名贵的食用鱼之一。连当代大诗人郭沫若吃过后也称赞说："鲥鱼时已过，齿颊有鱼香。"可见其味道之美了。

29. 鳓鱼是如何勒人的？

鳓鱼，各地的叫法略有不同，北方人叫它白鳞鱼，广东称曹白鱼，福建称白力鱼，江浙则称鲞鱼。古时候也叫它雪映鱼。它那侧扁的身体可达45厘米长，有1千克重。它的口大而上斜，身体是银白色的，一身银装素裹，非常漂亮。

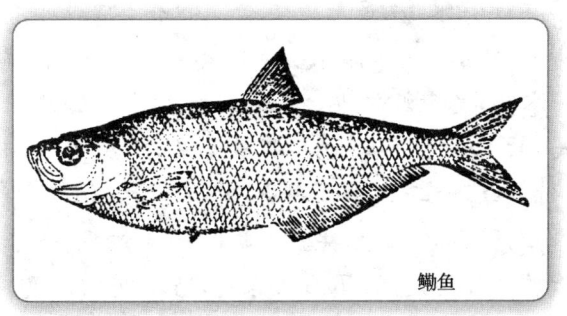

鳓鱼

因为它的腹部有锯齿状的棱鳞能勒人，所以叫它鳓鱼。我国人民早就喜欢食用鳓鱼。山东胶县三里河遗址之墓中四次发现鳓鱼骨，废坑中又有成堆的鳞片，这说明鳓鱼在新石器时代就成为主要的经济鱼种。当时的人们，活着时爱吃鳓鱼,死后还用它来陪葬呢!在世界的渔业史上,鳓鱼是最早的捕捞对象之一,至今已有5000多年历史,现在鳓鱼仍为我国主要经济鱼种之一。鳓鱼是近海洄游性中上层鱼类,游泳迅速,以鱼和头足类动物为食。鳓鱼在生殖期以前最肥,而到了夏天味道就渐减了。在渔业生产上除鲜鱼销售外,主要是制成咸干品,广东曹白鱼鲞、浙江的酒糟鲞均负盛名。

30. 海马是海里的马吗?

海马是鱼还是马?等你看完了这里的介绍,自然就能悟出道理来。海马的体长可达6厘米～20厘米,看那样子就非常特殊,侧扁的身体向前突出,大大的肚子,细长的尾巴常卷曲成螺旋形,样子像马的头向前弯曲,与身体的躯干部成直角,吻是管状的,七棱形的躯干部外包骨质环,没有鳞片。雄性海马尾部的腹面有一个育儿囊。它生活在近海水域,虽然没有食用价值,但却可以药用,我国古书上记载得非常详细。明代李时珍在《本草纲目》中说:"水马,是鱼虾类也,状如马形,故名。海马出南海,形如马,长五六寸,虾类也。其首如马,其身如虾,其背伛偻,有竹节纹,长二三寸。海马,雌者黄色,雄者青色。主治妇人难产,带之于身,甚验。临时烧末饮服,并手握之,即易产。"也就是说,海马形状像马,所以叫它海马。但说它身体像虾,认为它是虾类,这就是误解了。它是鱼,而不是虾。还说它能治疗妇女难产,这是真的,但说只要将它带在身上,或握在手里就有效,未免有些言过其实了。海马一般不能鲜食,加工成干品后,为名贵的中药材,有

"南方人参"之称。据现代药理分析,海马确实有补肾壮阳、镇静安神、散结消肿、舒筋活血的功能,现仍用于治疗阳痿、不育、虚烦不眠、跌打损伤、难产、乳腺癌等症。

31. 为什么说海龙不是龙?

这里的海龙并不是人们平常所说的海龙王,而是一种鱼类。不过它和其他的鱼略有不同,不太有鱼的样子。它那细长的身体,很像一根海草,全身包着一层膜质骨片,细长的头上有一个小口,吻突出呈管状。它还没有腹鳍,雄性体的腹面有一个育儿囊,卵就在囊中孵化,一年可以繁殖2代~3代。海龙的种类很多,广泛分布于世界各处,大都生活在沿海海藻丰富的水域。它有一个与其他鱼不同的游泳方式,那就是,它在海里是身体垂直游泳的。在我国南海就分布有较多的品种,常见的如低海龙、蓝海龙、冠海龙、刁海龙等。海龙的重要作用就是可作药用,它有明显的强身补肾、消炎、止痛等作用。据现代的试验证明,它在治疗难产的效果上确实比海马好。

32. 香鱼为什么会有香味?

香鱼,古时候称为记月鱼,它身体不大,长一般18厘米~25厘米,长的有30厘米,重0.5千克。它有着一张大大的口,细细的鳞,大大的鳔,发达的伪鳃,也叫假鳃。它的身体背面是青灰色,腹部是银白色的。它爱吃底栖硅藻、蓝藻等食物。9~10月由海里溯河进入淡水产卵,在它生殖以后亲鱼就死亡了,它的生命周期仅仅一年,真是来去匆匆,俗称年鱼。它的独特之处就是肉细、味美,具有特殊的香味。那么,它身上的香味到底是怎么产生的呢？原来,在它的背部细鳞的下面有一个充满香脂的腺体,经过烹调后香气就会从这里释放出来,因此而得名。明代万历年间就有"雁山出香鱼,清甜味有余"的诗句,被誉为雁山五珍之一。它的价格昂贵,素有"斤鱼斗米"之说,足见它的经济价值有多高了。

33. 白小是什么鱼?

白小就是大家熟悉的银鱼,古时也称脍残鱼、王余鱼等。因为它的形状像面条,身体又是银白色的,上海人称它为面条鱼。银鱼的种类也不少,有尖头银鱼、白肌银鱼、短尾新银鱼等。它身圆如筋,洁白无鳞,身体半透明,体长9厘米～17厘米,非常可爱,历来受到人们的赏识。唐代的大诗人杜甫在《白小》的诗中写到:"白小群分命,天然二寸鱼。细微沾水族,风俗当园蔬。"宋代的高承在《事物纪原》中写道:"越王勾践之保会稽也,方斫鱼为脍,闻有吴兵,弃其余于江,化而为鱼,犹作脍形,故名脍残,亦曰王余鱼。"也就是说,越王在江上航行时,突然听说吴兵杀到,立刻将没吃完的脍鱼倒进了江里,就变成银鱼了。

34. 有会在陆上行走的鱼吗?

当大海退潮或落潮以后,海水渐渐远去,岸边露出一片宽大辽阔的泥泞海底,人们称它滩涂。若乘小船进入这片滩涂,常会惊起一群群蹦蹦跳跳的小鱼,这就是有名的能在陆地上跑跳的弹涂鱼。弹涂鱼的分布很广,南起福建、广东,北到山东沿海均有。常见的有弹涂、大弹涂和青弹涂3种,尤以弹涂鱼为最多。这种鱼并不大,长而侧扁的身体不超过15厘米,重也就50克,蓝色的身体上

布满淡蓝色的小星点。它的胸鳍基底颇长,就像是两条臂膀,而且肌肉发达,可以在陆地、滩涂上支撑起身体,一

弹涂鱼

张一缩地匍匐而行,它在滩涂上行走或跳跃,在水草间或岩石上能捕捉昆虫,能像蜥蜴一样活泼运动,它的行进速度有时竟比人还要快几倍。在发现食物或遇到敌害攻击时,还可以靠有力尾部的弹力高高弹起,向远处跳去,跳的距离可以达到它身长的3倍。

35. 什么鱼称得上鳝王?

有一种鱼叫花鳗鲡,古时候也称芦鳗。它那圆柱状的细长身体有2米长,30千克~35千克重,是鳗类中最大的一种,俗称鳝王。它的身体是灰褐色的,有许多形状不规则的黑褐色斑。它的性情凶猛,通常以鱼、贝甚至蛇为食。它的分布很广,东海及长江以南各水域均有。每年的3—9月在山涧溪流和水库乱石洞中穴居,10—11月再从河里洄游入海。清代时就有这样的记载:"芦鳗,有两耳,

身有花纹。伏深潭中,夜则上山食芦笋,形短而肥。土人以灰掺土,俟下山擒之。冬则以杨梅枝为篮取之。"也就是说,芦鳗白天潜伏在深水潭中,夜间上山吃芦笋,当地群众将草木灰掺上土撒在芦鳗下山经过的路上,一旦它身上沾上土和灰,由于发涩就爬不动了,只好束手被擒。它的肉极为鲜美,是珍贵的食用鱼,可作为滋补食品。

36. 石首鱼的头真是石头的吗?

"首"就是头,石首也就是石头脑袋的意思。在地球上整个头是石头的鱼是不存在的,但头中有石头的鱼可是很多的,实际上,那石头就是鱼耳中的耳石。所有的鱼类耳中都有耳石,但有一类鱼的耳石特大,即石首鱼。石首鱼种类很多,我国有记录的就达37种之多,居世界首位。常见的如黄花鱼、鮸鱼、黄姑鱼、叫姑鱼、梅童鱼等。它们都因头中耳石很大而得名。但据古书记载,石首鱼一称还有一段不寻常的来历呢。唐代末期(公元876年)陆广微撰写的《吴地记》一书中说,早在公元前505年,东方的敌人入侵,吴王入海御敌,在沙洲上,坚持一个多月以后,因风浪太大,粮草运不上去,吴王便焚香祷告求救,随后立刻刮起了东风,只见一片金黄色的海水滚滚而来,围绕吴王所占踞的沙洲有上百圈,待捞上来一看,发现都是金色的鱼,一吃味道很美,不知鱼叫什么名字,只见脑袋里有两块石头,因此取名叫石首鱼。石首之称一直沿用至今。石首鱼体稍长而侧扁,全部生长于海水中。石首鱼的许多种类是我国最重要的经济鱼类,产量可达全国年总渔获量的40%之多。

海洋动物

37. 河鲀是豚吗?

河鲀不是豚,而是鱼类,有些还是最常见的,也是最危险的剧毒鱼类,俗称廷巴。在鱼的分类上它属于鲀形目,全世界有329种之多。有全身光滑无鳞的圆鲀,满布小刺的刺鲀,体被骨甲的箱鲀等。全世界有毒的品种有约100种,我国有约40多种,如东方圆鲀等。河鲀的身体肥胖臃肿,腹内多有一富有弹性的气囊。在受惊、遇敌或发怒时,通常是将气体吞入气囊,使肚子鼓得像个气球,仰浮水面,装死躺下,等到危险过后再"消气"。它的口很小,牙齿像门齿,非常锋利。据说日本有一位厨师在剥一条活河鲀鱼的皮时,不慎竟被它咬掉了一根手指头。河鲀非常喜欢吃虾蟹、牡蛎、海胆、乌贼和其他鱼类,是贝类养殖中的重要敌害,北方称它为"海老虎"。

38. 矛尾鱼是什么样的鱼?

鱼是两栖动物的祖先,它是怎么来的呢?一般认为,它是由总鳍鱼演变而来的。总鳍鱼不仅有内鼻孔和肺,而且鳍的骨骼还比较特殊,和现代鱼的鳍条状结构不同,但它骨骼的排列方式和陆生脊椎动物的肢骨有很大的相似之处,肌肉也发达,所以称它总鳍类。总鳍鱼在地质史上的泥盆纪时期分为两支,一支是骨鳞类,后来发展为两栖类;另一支是腔棘类,一直生活在海洋里,大部分已经灭绝,而矛尾鱼——这腔棘类的后裔却一直生活到现在,所以被人们称作"恐龙时代遗留下来的活化石"。当时,矛尾鱼的发现可轰动了整个世界。为了对它作进一步的了解,直到1952年才在科摩罗岛附近捕到了第二条。到1975年,先后捕到80条,长度为1.28米~1.8米,重30千克~80千克。它们生活在200米~400米的海底,安静地居住在海底的洞穴里,洞穴是相连的,每个洞里生活着20条鱼,彼此和睦相处。白天它们安静地伏在洞中养精蓄锐,直到夜幕降临时才纷纷出洞。它们很善于沿海底爬行。它的代谢率很低,一条重95千克的个体,每昼夜仅吃10克~20克食物就够了,而一条同样大小的其他鱼类至少要吃几千克食物。

39. 深海也有鱼吗?

时至今日,人们在3000米深的海里发现的深海动物已经有3万多种,其中深海鱼就有2700多种。这些鱼往往被分为游泳鱼类和底栖鱼类。而这些深海鱼类,主要有七星鱼科、钻光鱼科、灯笼鱼、黑巨口鱼、银斧鱼、宽咽鱼、圆罩鱼、蝰鱼、长尾鳕、杜父鱼科、狮子鱼科等,还有黑缘刺鲨、角鲨等鲨鱼。生活在3000米深的鱼类中,种数和个体数最多的是有300多种的巨口鱼类。这

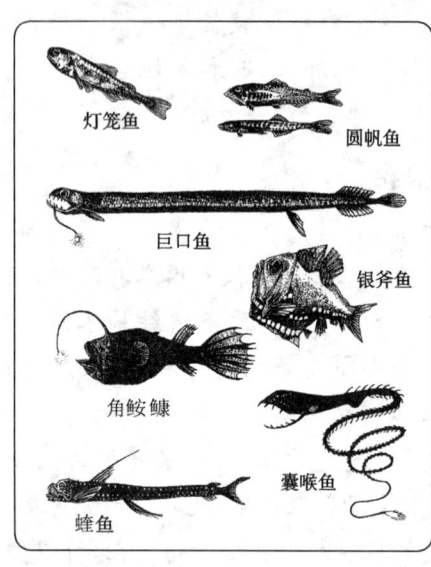

奇形怪状的深海鱼

类鱼类多数都长有很大的嘴巴,颌上生有很多大牙。人们还在7595米深的海沟里捕到了深海狮子鱼。

40. 什么是鱼的洄游?

海洋中有许多鱼类每年都在大体一定的时间,沿着一定的路线,成群结队地从一个生活环境游往另一个生活环境,这活动就叫洄游。按照鱼洄游的目的,一般将鱼的洄游分成三种类型。一是产卵洄游。每年到了生殖季节,性成熟的鱼都聚集起来,浩浩荡荡向产卵场游去,或逆流而上从海里向河中游去如七鳃鳗、大麻哈鱼等,或相反顺流而下由河向大海游去如鳗鲡等,或由深海向沿岸浅海游去如黄花鱼、带鱼等,或相反由浅海向深海游去如有些鲆鲽类等,寻找适于产卵的场所,交配产卵,生儿育女。二是索饵洄游。鱼类产完卵后,身体消瘦,疲惫不堪,都不约而同地纷纷向着食物丰富的地方游去,到那里努力加餐,养精蓄锐,生长发育。三是越冬洄游。冬天来临了,天气变凉,水温降低,为了度过寒冬,它们又向深水区或南方暖水区游去。当然并不是所有鱼类都洄游,有些鱼终生过着定居性生活。

41. 地球上什么时候才有鱼类?

你知道地球有多大年龄吗?科学家们估计大约有45亿年。那么地球上何时才有生命的?虽然说法并不完全一致,大体说来约在34亿～39亿年间。最早出现的是原核生物,这是些还没有细胞核的最原始的生物。以后生物以锐不可当之势向前发展,由单细胞发展到多细胞,再由低等生物发展到高等生物。人们从大约4亿年前的地质史上的泥盆纪地层中发现的鱼类化石推断,鱼类就是在那个时候出现的。鱼类出现以后,用了近1亿年的漫长岁月才逐步扩展到整个海洋。

42. 海里有两栖动物吗?

大家都见过青蛙吧,在纳凉的夏日晚上,人们常常会听到青蛙的大合唱,它就是典型的两栖类动物。两栖动物是一类原始的、最早登陆的、具有五趾型的四肢动物,像蛙、蟾蜍和鲵等都是。我国人民6000年前就对这些动物有了一定的认识。在河南安阳殷墟小屯村西北部发掘的商王武丁的王妃"妇好"墓中,发现有许多玉制的小动物,其中就有鱼、蛙及鳖,这说明商周时代人们已对这些动物相当熟悉。西汉司马迁撰写的《史记》中记载秦始皇的葬礼,就是用鲵之膏为烛,当时称"人鱼"。已知世上现有的两栖类动物有4200多种,我国约有284种,分布在除海洋和沙漠以外的平原、丘陵、山溪、高山等各种环境中。由于两栖类动物在海里不能排除进入体内的过剩的盐类,所以它们不能生活于海洋。只有一种蛙,还只能栖于咸水或半咸水中,人们称它为海蛙。海蛙喜欢吃小型蟹类,所以也叫它食蟹蛙。这种蛙主要生活在东南亚,在我国产于海南岛海口和文昌县等地。它的身体有6厘米~8厘米长,是目前所知唯一生活在海水中的两栖动物。它的渗透压调节方式与鲨鱼相似,体液中含尿素很多,可达每升480毫克。体液的渗透压与外界海水相接近。这种蛙的蝌蚪比成体耐盐性强,但在含盐高的水中会推迟变态,实际上,它的卵子受精和蝌蚪变态还是离不开低盐水甚至是淡水的。

43. 海龟种类有多少?

龟类属于爬行动物,种类很多,全世界有400多种呢。但是,这么多的龟类中仅有8种栖于海洋,称作海龟。它们的祖先约在2亿年前就出现在地球上了,所以,龟又有活化石之称。它们以海洋为家,披着笨重的背腹甲漫游于热带、亚热带的茫茫大海之中,游速可达每小时32千米,潜水20米～30米,深的达50米。海龟到成年时大小相差很大。在我国辽阔的海域,已记录有5种海龟,即绿海龟、蠵龟、玳瑁、棱皮龟和俪龟,主要分布于海南、广东、福建、台湾、浙江和山东沿海。海龟与陆地龟不同之处,就是头和四肢不能完全缩进壳内。数量最多的首推绿海龟。它身体很大,足有1米多长,400千克重,雄性要比雌性大。背甲是短卵形,排列成铺石状。四肢像船上的桨。它们喜欢生活在热带、亚热带海洋中,我国江、浙、台湾及南海数量很多。它们常群游到海滨地带,在那里寻找各种海藻等植物为食。绿海龟以食草为主,偶尔也食用软体动物和小鱼等动物。在产卵期,它一次产卵可达120枚～200枚。它的肉鲜美,龟板可制成龟胶板,有滋阴潜阳的功效,并对肾亏精冷、健忘失眠、胃出血、肺病、高血压、肝硬化有疗效。龟掌能润肺、健胃、柔肝、明目。龟油、龟血能治哮喘、气管炎。龟卵还能治小孩痢疾呢!

44. 玳瑁是最小的海龟吗?

玳瑁是海龟类中的一种,它成年的体长约85厘米,重约60千克,是个体最小的海龟。它吻长而扁,颌呈钩状。它四肢桨状,前肢大,尾巴短。它卵圆形的背甲呈现暗红色或黄褐色光泽，杂有黑色斑点，犹如覆盖屋顶的琉璃瓦一样，光泽美丽，非常好看。我国商汤时南海诸侯就进贡玳瑁，这说明先秦时代对它就有所了解。汉书《淮南子》中形容玳瑁的甲和珍珠、翡翠一样贵重而光彩。玳瑁甲与动物的角质相似又硬于角质，纤维少，脆性大，有油脂光泽，呈半透明甚至微透明。它的工艺饰品光彩夺目，晶莹剔透，色彩经久不退。汉乐府《孔雀东南飞》就有"足下蹑丝履，头上玳瑁光"之说。唐代的女皇武则天就用玳瑁制作梳子、扇子、发夹及琴板等用品，以显示其高贵。到了唐代人们就相信玳瑁甲能解毒了，它的解毒清热功能可与犀角相比。玳瑁是国家二级保护动物，主要分布于太平洋东南亚海域和印度洋等热带和亚热带海域，我国以南海、西沙群岛等地数量最多，在江苏、浙江、山东等沿海都有发现。它喜欢在珊瑚礁中生活，所以南海较多。它以软体动物、甲壳类等动物为食。它的肉可食，盾壳为有名的工艺品原料，也可以作药，俗称十三鳞。

45. 最大的海龟有多大？

你已经知道玳瑁的成体最小的重60千克，那么，最大的海龟是哪一种，它又有多重呢？个头最大的海龟要算棱皮龟，大的个体长有3米，重700多千克，堪称海龟之"王"了，也是世界上存活的最大爬行动物。它没有笨重的背腹甲，取而代之的是皮革。它主要以海洋表层的水母为食，却能潜水1000米深，可以在水下呆48小时之久。它的头部有两个巨大的排盐腺，排出液体的盐度是海水的2倍，是龟血盐度的6倍。它的脑很小，一只27千克重的个体脑重

海洋动物

仅有4克,而一只小老鼠的脑重还可以达8克呢。但它却能记住往返产卵场的漫长路程。它们是在热带海岸产卵的,必须经过漫长的旅行。据科学家调查,棱皮龟是在深海底,沿着海底山脉和大陆斜坡的轮廓线进行长途旅行的,就像鸟沿着丛山峻岭的峰顶飞翔一样。它们也是游泳能手,每天能以每小时14千米的速度前进。多数海龟生活于热带海域,而棱皮龟却能游到较寒冷的海域。据科学家们的观察,它能从南美洲游到北美洲,最远还能到北极海域。它的寿命可达60岁,但被捉后监禁饲养的棱皮龟就没有那么幸运了,它们常常一而再地撞击池壁,很少有存活2年以上的。我国海域还有另一种海龟称俪龟,但为数很少。它们在海里能以每小时32千米的速度向前推进,一般潜水20米~30米,深者达50米,每5分钟~15分钟就浮出水面换一口气。你知道海龟同陆地龟有什么明显的区别吗?海龟同陆地龟的不同之处,就是海龟的头和四肢不能完全缩进壳内。

46. 海中会有十里长蛇阵吗?

在1932年5月4日,一位博物学家在乘船从科伦坡向马来西亚的槟榔屿行驶中,发现平静的海面上漂流着一条巨大的延伸有六七千米远的"长绳",与船的航线相平行,谁也想像不出那是什么东西。他回到船舱午休了4个小时后回来,发现那"长绳"依然还在,只是马上就要和船的航线相交。随着航船慢慢地与"长绳"靠近,人们才发现那"长绳"原来是无数条海蛇形成的一条长蛇阵。它们纵横交织,密集地聚拢在一起,多数海蛇像人的手腕一

样粗,大一些的像人的大腿一样,体色桔红或黑色。这是

些什么海蛇呢?是棘鳞海蛇。这条"长绳"足有3米多宽,绵延90多千米,一直伸向遥远的天际,估计有数百万条海蛇。这毫不夸张,类似的壮观场面在其他地方也出现过,如在巴拿马海湾,就曾经出现过成千上万条海蛇形成的几千米长的漂流线。

47. 海蛇喜欢在什么地方聚集?

海蛇是海洋中生活的爬行动物,全世界约有50种,在2500多种蛇类中所占比例很小,可以说,它们是蛇类中少有的冒险家。它们主要分布于热带太平洋和印度洋里,从东南亚到澳大利亚北部的温暖海域中。很奇怪的是,在大西洋却从来不见海蛇的踪影,不知这是什么原因。它们很怕冷,在水温降到10℃时,它们就不吃不动了;降到8℃时,时间长了就会死亡的。在自然环境中,水温低于18℃时,它也停止摄食。当然各种海蛇的分布范围互不相同,其中分布范围最广的要算长吻海蛇,从非洲东海岸,跨过印度洋、太平洋到美洲西岸,从西伯利亚到塔斯马尼亚都有它

的踪迹。有的分布范围则很小,仅限于菲律宾的吕宋岛塔尔湖中。黄腹海蛇分布也很广,从好望角到巴拿马,从印度洋到太平洋都有发现。我国海域已记录的有23种,几乎占世界海蛇品种的一半,常见的如长吻海蛇、平颌海蛇、龟头海蛇、青环海蛇、海蝰等,主要以南海为多,东海、黄海次之。海蛇的体长一般都在1米多,短也有半米左右,最长的青环海蛇,可长达2.75米呢。

48. 鳄鱼的画像会是什么样?

鳄鱼在地球上已生活了2亿年左右,世界上现有鳄鱼的种类并不太多,只有25种,它们大部分生活在淡水中,如我国的扬子鳄,南美巨鳄,还有产于印度、缅甸的长吻鳄,北美密西西比河的短吻鳄,产于尼罗河体长有10米多长的非洲鳄,等等。可是你知道吗?在这些鳄类中,只有一种分布在海湾中,也就是说,只有一种可以生活在海洋里。它就是湾鳄,欧美人称之为海鳄、咸水鳄或港湾鳄。我国古代还称它为忽雷、骨雷呢。

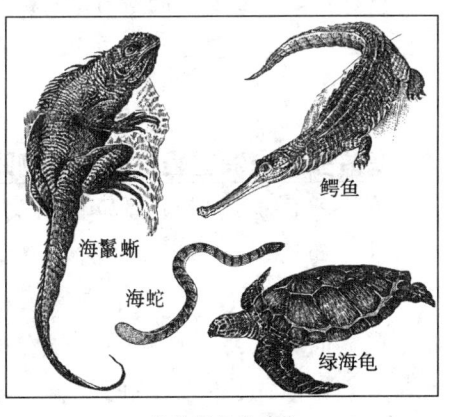

海洋爬行类动物

湾鳄是鳄类中最大的一种,大的长10米,以长6米~7米的为常见。明朝以前,我国南方地区的湾鳄数量曾经很多,历史上也有颇多记载。鳄鱼的嘴巴像龙,皮像虎,眼像蟹。像扬子鳄，尾巴很长，人走近了，它用尾巴攻击，就像大象使用它的鼻子那么熟练。的确，鳄鱼四肢粗壮，尾长，性情凶暴，动作敏捷，能以尾巴袭击大型动物，它能将一头和它体重相当的水牛拉下水吃掉，能对付世界上除人以外的任何对手。它也很能忍饥挨饿，半年不吃东西，也不致饿死。它的头略呈三角形，前狭后阔，它平时潜伏在水下，只露出方向朝上的鼻孔呼吸空气，待机伏击猎物；它也可以关闭鼻孔潜入水底，在水下能坚持10个小时之久。它不仅能预测三五天内将要发生的地震、火山爆发和暴风雨等灾害，以便尽早逃离，而且还能预知当年的旱涝情况，并总是把卵产在不会被洪水淹没的安全地方。不过，鳄鱼也有突出的弱点，那就是，它的鼻子特别脆弱，有经验的人万一被鳄鱼捉住，只要猛击它的鼻子，它就会落荒而逃。鳄鱼的生长非常缓慢，但它的寿命却很长，有人估计，它能活300年以上呢。

49. 海鬣鳞蜥是海里最丑陋的动物吗？

在太平洋赤道附近的加拉帕戈斯群岛上，生活着世界上唯一的海洋大蜥蜴，它就是海鬣鳞蜥。它的身长为91厘米～1.8米，重约10千克。黑褐色的皮肤上披着低而基部宽的锥状鳞，项、背和尾部有连续的矮棘及弯曲的棘鳞。它那长而扁平的尾巴就占了身长的三分之二。它游泳时四肢贴近身体，靠尾巴和身体的蛇形摆动前进。在水中游泳迅速，但在陆上活动却较迟钝。平时生活在岸边岩石上，喜欢群居，常常几十、几百只聚在一起晒太阳，觅食时才下海。它的牙齿是三裂状，主要以海藻和岸边的植物为食。它的眼眶中有排盐腺,又有长爪子,在海底取食时能抓住海底的岩石。它的潜水能力很强,在水下能呆 30 分钟,潜水时心搏变慢,可以延长潜水时间。以后科学家又发现,它能自我调节心律,在水下预感有危险时,心脏能立即停止跳动。曾经有人在一只海鬣蜥身上安装了一个微型遥控探测器,再将它放进海里,当在远处发出危险信号时,发现它的心脏停止跳动竟达 45 分钟之久。1835 年达尔文乘"贝格尔"号巡洋舰作环球考察时,也曾在该岛上做过实验,将海鬣蜥捆上重物沉入海底,1 个小时后提上来,发现它仍然活着。他推断海鬣蜥是热带蜥蜴在新环境下的变种。它在陆上繁殖,体内受精,雄性间也进行激烈的争雌斗争。它头上有角质长鳞,争斗时用头做武器,以迫使一方后退。它可以在沙滨掘出 30 厘米~45 厘米深的坑,卵就产在坑内,靠自然孵化。

50. 什么鸟称得上是海鸟?

出海航行,极目远眺,常会发现形形色色的海鸟活跃于碧海蓝天之间。洁白的海燕,乌黑的鸬鹚,体魄很大的巨鹱,小巧玲珑的海鸠,长有巨嘴的鹈鹕,生有长翅的军舰鸟,或舒展双翅,像巡航的战机翱翔于蓝天之上,或戏波弄涛,似漂泊的叶舟,沉浮于碧海之中。鸟类自 1.4 亿年前由爬行类动物演变出来以后,逐步把生活范围扩大到地球的各个方面,有些取食于海,以海为生,把海洋当作它们漂泊游泳的用武之地,水下当作潜水觅食的乐园,这便形成了海鸟。海鸟共有 350 多种,占世界现有鸟类种数的 3%。当然它们对海洋的适应能力并不完全相同。有些品种不畏狂风,不惧险浪,除生殖期以外几乎不着陆,整年荡游在苍茫大海上,这是真正的海鸟,叫大洋性鸟,约150种。另一些是以距岸40海里以内的沿海为生活圈,称作沿岸性海鸟。我国海域有海鸟62种,在我国繁殖的也有33种。

51. 哪里的海鸟数量最多?

海鸟的数量在有些区域相当集中,如秘鲁的钦查群岛,仅其中一个小岛就聚集海鸟600多万只,那里享有世界鸟岛之称。新地岛竟被200万只海鸟占据着,其中以海雀、三趾鸥、贼鸥为主,人们称那里是世界的鸟市。它们的密度很大,在繁殖季节里,每25平方米面积上会有500个鸟蛋。西印度洋上的塞舌尔群岛中,有一个小岛面积近0.4平方千米,岛上就生活着350多万只海燕,那里被称作海燕岛。马尔维纳斯群岛是企鹅的天堂,全世界的18种企鹅中就有5种生活在那里,总数有1000多万只。在鸟岛上,成群海鸟飞翔时蔽天盖日,落在海中栉比鳞次,在陆上比肩接踵,它们那嘈杂的鸣叫声,数千米以外都能听到。我国南海的西沙群岛上,鸟的数量也很多,那里也素有鸟岛、鸟天下之称。如其中面积仅有1.4平方千米的东岛,已知鸟类有40多种,主要有燕鸥、红脚鲣鸟等,估计红脚鲣鸟有5万多只。它们在岛上追逐嬉闹,竞唱争鸣,落在树上密密麻麻,远远看去,雪白的羽毛像万绿丛中的点点碎玉,群鸟飞舞时,漫天皆白,蔚为壮观。再如广东南澳县境内的鸟岛,长250米,最宽处150米,生活着100多种鸟类,数量之多难以计算,那里被称作鸟的天堂。有人估计全世界的海鸟有30多亿只呢。

52. 海鸟家族有些什么成员?

鸟类专家们在对海鸟分类时,主要把它们分成4个目,即鹱形目、鸻形目、鹈形目和企鹅目。其中鹈形目是一群较为复杂而多样的海鸟,对海洋的依赖程度也各不相同,它们或觅食近岸,或偶尔涉足大海,或季节性飞向海洋,或基本上不以海为食。这其中也包括人们相当熟悉或略有点声名狼藉的如贼鸥等一类海鸟,共约120多种。鹱形目约98种,多是些真正的大洋性海鸟,飞翔能力都很强。它们中有些体魄很大,也有些种较小,如雪海燕,全身白色,像一只鸽子,但它却不畏南极的狂风,能在风速每小时60海里的暴风天气中飞得轻松自如。信天翁以极大的体魄和惊人的飞翔能力而著称于世。它不惧严寒,冰冷的南极似乎是它们的乐园。13种信天翁中就有9种生活在寒冷的南极水域中,3种分布在北太平洋,仅有1种信天翁虽然

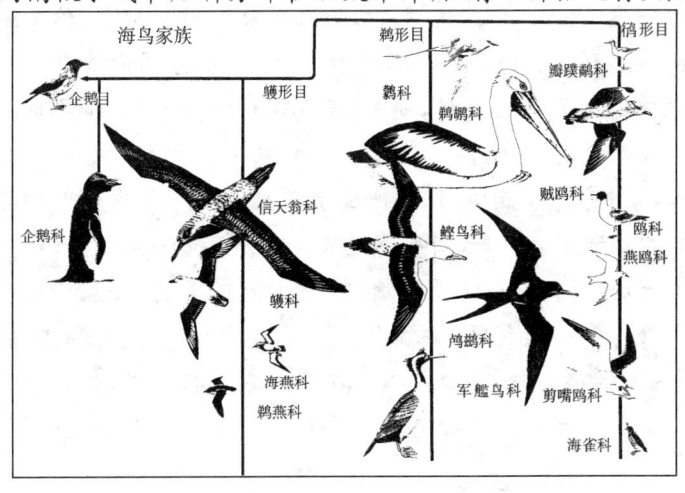

海鸟系统图

生活在赤道,但却摄食由秘鲁海流的冷水域漂来的食物。鹅形目共54种,它以喙特大而著称,长达半米,下半部悬挂着一个很大的有弹性的黄色喉囊,里面可以盛13.6升水。它有着洁白的羽毛,2米长的宽大翅膀,10多千克重的笨拙的身躯,但它却有优美的飞翔姿态。鸬鹚则是体长,脖子也长,能潜水10米深的捕鱼能手,常被人养作鱼鹰帮人们捕鱼。军舰鸟虽称作海鸟,但它久在海面飞,却从来不湿毛,你知道这是为什么吗?因为它从来就不下水,只是靠高超的飞翔能力飞行在海洋的上空,以拦路打劫为生。

53. 世界上有多少种企鹅?

企鹅可是自然界中最令人喜爱的动物之一,以它人格化的站立姿态,绅士燕尾服似的体色,摇头摆尾的行走动作,温文尔雅的举止,傲霜斗雪的本领,争强好斗的习性,翔游浅底的能力及养育子女的艰辛,像滑稽而笨拙的小人国的公民,使人感到十分亲切可爱,兴趣盎然。那么,你知道世界上有多少企鹅吗?它只有18种。在这18种企鹅中有两种是真正的南极种,如帝企鹅和阿德利企鹅,涉足世界上最寒冷的区域,甚至成为南极的象征。有5种是亚南极种,6种分布于南温带,4种属于亚热带种。其中最大的要算帝企鹅了,它体长有122厘米,重23千克～45千克,最小的是小鳍脚企鹅,体长只有40厘米。最美的是冠企鹅,头上长着美丽的黄色羽冠,犹如京剧演员头上戴的锦鸡翎。它们大部分以虾为食。尽管在陆上它们行动蹒跚,但一到水里就宛如一条条活蹦乱跳的鱼,动作敏捷,游泳迅速。

54. 企鹅的名字是怎么来的？

说到企鹅的名字，它可是有一个中文名字和一个英文名字。企鹅的中文名称是由它的站立姿态而得的。因为它是适于海洋生活而不会飞翔的海鸟，在水中游泳时，两个后肢位置靠后比较有利，这样它身体的重心就向后移了。而到了陆地上，它必须像人一样站立着，身体的重心才能保持在两只脚上，才能站得稳。当它伫立在海边、雪地上时，总像是昂头远望，在企望什么，所以取名企鹅。它的英文名

南极企鹅

是"Penguin"，一种说法是来自拉丁语"肥胖"的意思；另一种说法是它本来是北方大海雀的名字，15世纪西班牙船员在南非好望角首次看到了企鹅，误以为是北方大海雀，所以也叫它这个名字。后来大海雀灭绝了，这个英文名字就专指企鹅了。

55. 大海雀是何时灭绝的？

大海雀是海雀的一种，海雀共有22种，常见的如小海雀、北极海雀、刀海雀等。它们都生活在北半球冷水域，是善于游泳和潜水的大洋性鸟类，和南半球企鹅分布的位置遥相对应。它们体型中等，躯干部伸长，身体的背部黑色或暗灰色，腹面白色，腿很短，足接近尾部，通常具三趾，走起路来颇像企鹅，翅膀很小，紧贴于躯干部。北极海鹦，就

大海雀

是海雀的一种,它们在峭壁上做窝繁殖。有些种如北方大海雀,和南极企鹅颇为相似,最大的海雀体高1米多,能潜水却不会飞翔,生活在纽芬兰沿岸外北大西洋的孤岛上。它是1534年才被发现,但仅在300年的时间里就被斩尽杀绝了。最后一只大海雀也于1844年6月3日在福克岛上被杀。

56. 为什么称信天翁是风之骄子?

你能想到信天翁伸展狭长的双翅后,能有多长吗?它足有4.2米长呢!它1米多长的身体披着洁白的羽毛,显得英姿飒爽。信天翁是最大的能飞翔的海鸟,个头大的体重可达12千克,像巨型飞机一样可以环绕地球飞行。有人从澳大利亚西岸发现一只从克罗泽岛飞来的信天翁,它飞行的距离达48000千米,每天平均向东飞进96千米。还有的12天飞行3000海里,平均每天飞行250海里。更出奇的是,有的1小时之内就能飞行60海里。它们是著名的翱翔

信天翁展翅翱翔

能手,可以在1年内绕南极飞行数次,常常是在海上度过四

五个春秋之后,才返回它的生身故乡去养儿育女。我国海域常见的有重达7.5千克的短尾信天翁。信天翁喜欢生活在大海远洋里,终年以海为家。它们常舒展双翅,在大洋上空,巧妙地驾驶长风进行滑翔。有时在低空随着气流的上下,身体一会儿左倾,一会儿右斜,宛如滑翔机,画着锯形作矫健的飞翔。有时一下子能冲上云天,又一下俯冲下去。在飞翔中只要把脚放下去,展开或闭合脚蹼,就可以像舵一样自如地改变飞行方向。它是鸟类中杰出的滑翔冠军。它双翼不振,一任强风吹送,可滑翔一个小时之久,并且可以不停地连续飞行好几百里。在狂风怒吼、惊涛骇浪的天气里,常使远洋船员都感到胆战心惊,但它们却飞得洋洋得意,孤傲清高,使人肃然起敬。它们向往着风暴,在南纬40度几乎常年刮着猛烈的西风,人们称那里是"咆哮的40度",但那里却是信天翁的天堂,它的大半生就是在这狂风怒吼的海面上度过的。因此,它被人们称作风之骄子。但当信天翁一旦落水或落地后,再起飞倒有些困难。所以若有船朝水面漂游的信天翁驶去,它宁可迅速游开而不能立即飞走。若把它抓来放在甲板上,它就会束手无策,来回徘徊。它在海里起飞时需要借海浪的推动。在陆上起飞,有风时常是吃力地起跑30米～40米才能飞起来。若在海岸的陡坡上,常是先展双翼,利用海风,跑上几步后才能悠然地翩翩而起。

57. 为什么北半球没有企鹅?

　　大家已经知道,世界上所有的企鹅都分布于南半球,除加岛企鹅分布在近赤道地区以外,其他企鹅都只分布于赤道以南。这是为什么呢？因为它们的祖先管鼻类动物就是在赤道以南发展起来的。从历史上看,在地质史的中新世,企鹅还是温带区的动物,后来它们分别从那里向南和向北扩展开。为什么它们不继续向北挺进到北半球呢？这可能是它们忍受不了热带暖水的温度的原因。它们分布的北方界限,与年平均气温20℃区域的连线是颇为吻合的,它们似乎在南半球的温带海域出现以后就被隔离在那里,温暖的赤道水和较高的气温形成一个物理屏障,使它们不能游过它而北上,它们必须呆在由来自南极的冰雪融化水或由深海涌上的较冷的水流流经的区域。

58. 企鹅能不能在北半球生存？

从企鹅生存的条件看,北大西洋和太平洋也应该是企鹅生存的理想之地,再加上大海雀的灭绝,在大西洋留下一个空缺,从理论上说是可以由企鹅来填补的。当然也有人确实作过尝试。如1936年10月,自然协会的成员在挪威的芬马克等地释放了9只王企鹅,2年以后又放了一些长冠企鹅和斑嘴环企鹅,其结果都不好。北方的居民似乎不打算让这些外来户加入到那里的动物区系中去。几只王企鹅都落得了可悲的结局,有的在鱼钩上找到了归宿,有一只被一名妇女消灭了,她认为它是一个妖魔。虽然有的活了8年,但没发现它有生殖行为。不过,企鹅的生物钟和生活规律一旦调节得和北方的冬夏季节同步(因为南北两半球的季节刚好相反),这个区域的气候是有利于它们繁殖的。

59. 什么鸟和企鹅是近亲?

有人说企鹅和大海雀是近亲,因为大海雀也不会飞,而且最像企鹅。还有人说它和鸭的关系近,也有的说和象鸟关系近。1888年,动物学家弗滨格经仔细研究之后提出,企鹅与管鼻类中的鹱形目才是近亲,这一目包括信天翁、鹱、海燕等,它们以高超的飞翔技巧在太空自由翱翔,而企鹅可能由于某种奇特的命运被限制在陆地上。这个理论今天已经逐渐被鸟类学家们所接受。1933年在阿根廷发掘出的企鹅化石的许多特征与管鼻类都相似。在繁殖季节的求偶炫耀中,二者也有很多相似之处。如信天翁是手舞足蹈,头后仰,翅展开和身体成直角,企鹅也是如此。二者的雄性都用石头或其他筑巢材料作为晋见礼品等。大约1亿年前企鹅的祖先可能就是鹱形鸟,在以后的3000万年里它们逐渐丧失了飞翔能力而演变成企鹅。

60. 什么叫海兽?

在哺乳动物由爬行类演变出来以后,它就以恒定的体温,胎生的繁殖方式,打破了环境的束缚和限制,以它那顽强的生命力和强有力的竞争能力,把生活范围扩大到地球上的几乎各个角落,如蝙蝠展翅凌空,鼹鼠穴居地下,马鹿驰骋草原,虎豹隐身山林,骆驼游弋沙漠,猿猴攀援树木,朝着各个方向适应辐射,形成许多地区性特有的动物,如澳洲的袋鼠、非洲的羚羊、北极的白熊、美洲的猎豹、我国的熊猫等。在辽阔的海洋这远比陆地大得多的生活领域中,不仅有丰盛的鱼虾贝藻,而且有广袤无际的水域为它们提供了活动场地,对哺乳动物是不会没有吸引力的。所以生存竞争驱使已经上陆的哺乳类动物又在世界的不同地点,在不同的类群中出现一批批冒险家,不畏涛惊浪险,闯进这海水的王国,成为后来居上的佼佼者,逐渐适应海洋生活,成为大海的骄子、水族界的重要成员。这就是体形似鱼的鲸类,四脚如鳍的鳍脚类及以海草为食的海牛类等共130多种,它们被通称为海兽。

61. 鲸鱼是鱼吗?

鲸,体形像鱼,俗称鲸鱼,但它确实不是鱼,而是海兽的重要成员。当然,在古代曾把它当鱼看待。宋代罗愿所著的《尔雅翼》中说:"鲸,海中大鱼也。其大横海吞舟,穴处海底。出穴则水溢,谓之鲸潮。或曰出则潮下,入则潮上,其出入有节,故鲸潮有时。"意思是说,鲸是海中大鱼,住在海底的洞里。它一出洞,海水就会涨潮;它一进洞海水就会落潮。它每天按时出和入,所以,潮水涨落也很有规律。当然这是误解。潮水的涨落是一种自然现象,并不是因为鲸鱼的出没而形成的,这里主要用它来形容鲸有巨大的躯体罢了。古代还把它看做鱼中之王,称"鸟有凤,而鱼有鲸"。由于它具有胎生哺乳的特点,人们才逐渐弄清楚它们属于哺乳类动物。

62. "鲸"字是如何产生的?

若把鲸字分解一下,大家就可以看出,它是由"鱼"和"京"两个字组成的。用鱼字做偏旁是许多鱼名的一个组成规律,如鲤、鲢、鲐、鲅等。过去把鲸看做鱼,如《古今注》中说:"鲸鱼者,海鱼也。"所以,鲸字包括鱼字偏旁也就很自然了。京字在古代有"大"的意思。如《尔雅翼》中说:"鲸从京,京大也亦。"还说"绝高谓之京",就是说鲸是海中最大的鱼。反过来,鲸又被用来形容其他大的东西,如把海称为鲸海,"鲸海无风白日闲,天门当面险难攀"(王安石),大河称鲸川,大浪叫鲸浪、鲸波或鲸涛,"三面鲸涛连碧天,金汤形势尚依然"(行端),"万顷鲸波朝日赤,沧州四望无穷极"(戴敏);大船叫鲸舟,大盗叫鲸盗,甚至声音洪亮也叫鲸音;等等。

63. 鲸与其他兽类有什么不同?

由于鲸要适应海上生活,它的身体结构和习性都发生了很多变化。适于陆地生活的粗壮四肢在海里已无用武之地,所以鲸的前肢变成了鳍状,后肢在游泳中的用处不大,索性也慢慢地抛弃了,而在尾末却长出一个很大的水平尾鳍来,这是它的主要游泳器官。兽的毛在抵御严寒、保持体温上起着重要作用,但在海里不仅起不到保温作用,反而会增大游泳的阻力,所以也渐渐消失了。最后,它的全身光滑裸露,皮下却长有一层厚厚的脂肪,像全身裹着一层保暖的脂肪被一样,保持着鲸的恒定体温。鲸在海洋里信步万里海浪,遨游千米水底,出没自如,从近海到远洋,从温热带到两极海区,到处都有鲸的踪影。鲸的鼻孔长在头顶上,出水呼吸最方便。由于适应海洋生活,体形变得像鱼。须鲸口中还有鲸须,这是它的滤食器官。

64. 鲸类家族有哪些成员?

鲸的个头称得上海洋动物之冠,可它到底有多少种类呢?鲸的种类很多,全世界有80余种,我国海域有30多种。一般都将它们分为两类,一类口中有须无齿,称为

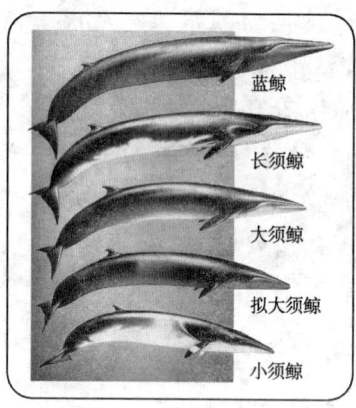

须鲸

须鲸,共11种;须鲸的种类虽少,但个头都很大,最小的种体长也大于6米。另一类口中有齿无须,叫作齿鲸。齿鲸的种类较多,有70多种,体长从1米多至30多米都有。其中既有形如蝌蚪、长达20米的巨大抹香鲸,又有狡黠诡诈、凶猛无比的虎鲸,更多的则是灵巧而聪明、龙腾虎跃、种类最多的海豚。

65. 最大的海豹有多大?

在无边的海洋中只有18种海豹,在这18种海豹中,个头最大的要数南象海豹,雄海豹的体长有6.5米,重4000多千克,雌的略小,有3.5米长,1000多千克重,按大小来说,居于鳍脚类之冠。这种海豹生活在南半球的亚南极海域,它的突出特点是鼻子长得很长,像鸡冠一样,而且随着身体的增长而延长,有的可长达40厘米。当它兴奋或发怒时,鼻子会膨胀起来。它的鼻子与大象的鼻子有些相似,并能发出很响的声音,所以取名象海豹。它不仅相貌丑陋,而且体色

南象海豹

欠佳,黄褐色中杂以灰色,看上去污秽不堪。虽然它身躯肥胖笨拙,但却很柔软,头可以向后弯90度。在生殖上是一雄多雌类型。到繁殖季节雄性间经常为争夺雌性而进行搏斗。搏斗时挺起前身,全力扑向对方,并用牙刺伤对方。由于它躯体巨大,产油多,被捕数量也很多。直到受到保护后,它们的数量才得以恢复。

66. 须鲸类个头都很大吗?

大家都知道须鲸的种类不算多,共有11种,我国海域就有8种。其中最大的首推蓝鲸。长须鲸也不算小,长可达27米,重95吨;能歌善舞,鳍肢特别长的座头鲸长有18米,重65吨;体短身胖,栖身北极海域的北极露脊鲸长18米多,重可达114吨呢;嬉游近岸的灰鲸也长15米,重16吨;小须鲸虽然属强中之末,但体长也达10米多,重约5吨。这都是些人类重要的猎捕对象,经济价值很高。蓝鲸、长须鲸、座头鲸及灰鲸等鲸类由于被滥捕,数量锐减,国际捕鲸委员会不得不先后宣布它们为保护对象,禁止猎捕,但日本等国,仍然以研究为名,多年来一直在大量猎捕小须鲸。

67. 什么鲸洄游的距离最远?

每年夏季须鲸都要到两极海域索饵觅食,冬季洄游到暖海产仔。当然南北半球季节不同,两半球鲸的洄游步调也不一致。灰鲸是须鲸中洄游距离最远的一种,又因为它们多是靠近岸活动,也是被人们观察较多的一种。每年晚春,当白令海和北极海域冰消雪融,日照时间渐长时,灰鲸纷至沓来,迫不及待地潜入浅水海底,搜捕食物。

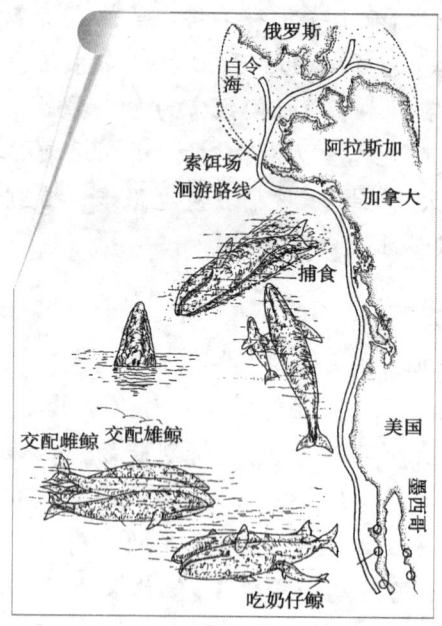

灰鲸的洄游

它和其他须鲸不同,主要是以底栖生物为食。它捕食时是沿着海底侧身而游,头来回摆动,将动物搅起来后再吞而食之。所以它的须是须鲸中最短的一种,而且它口中一侧的须因捕食磨损总是比另一侧的短。在此期间,灰鲸抓紧时机,日夜忙碌捕食,每天要吃进一吨多食物,饱食终日,并逐渐长得膘肥体胖。但随着时光的流逝,好景不长,到了9月浮冰侵来时,索饵场被隔断,加上孕鲸又要临产,它们开始了行程6000多千米的南下洄游。在洄游途中,它们沿着北美海岸行进,浩浩荡荡,前呼后拥,时而抬头探望,时而腾空雀跃,日夜兼程要达3个多月,平均日行达185千米。最后到达温暖的墨西哥下加里福尼亚的泻湖之中。不久孕鲸开始产仔,一个个5米长、1吨重的小灰鲸就会相继问世。在产仔以后的2个月里,母鲸会精心地喂养着小灰鲸。到早春时节,小灰鲸长到6米~8米长,每天增重100千克,已有足够能力和母鲸一起洄游了。于是,带仔的母鲸和受孕的雌鲸,又开始了为期3个月的北上索饵场的洄游。

68. 为什么把白鱀豚比作水中的大熊猫?

白鱀豚为我国特产,是全世界5种淡水海豚之一。它的体形呈纺锤形,长1.5米～2.30米,重135千克～239千克。它眼小如盲,喙极狭长,前端上翘,喷气孔位头顶偏左,背鳍、尾鳍都为三角形。它的体背是蓝灰或灰色,而腹部是白色,鳍

白鱀豚

也是白色的,所以又称白鳍豚。它生活在我国长江中下游,洞庭湖及鄱阳湖、钱塘江内也有发现。古时候称它为"鱀",在《尔雅》中这样写道:"鱀大腹。喙小,锐而长。齿罗生,上下相衔。鼻在额上,能作声。少肉多膏。胎生。健啖细鱼。大者长丈余。江中多有之。"也就是说,白鳍豚肚子大,嘴巴小,但又尖又长,它的嘴里密密麻麻地长着牙齿,牙齿上下衔接。鼻孔生在头顶的额部,能发出叫声。身体肥胖,脂肪很多,肌肉较少。它是胎生,爱吃小鱼。宋代的《江豚诗》中也写道:"黑者江猪,白者白鱀。状异名殊,同宅大水,渊有群鱼,掠以肥己……"这里生动地描述出了白鱀豚和江豚的生态习性。由于白鱀豚属于濒危珍稀动物,几乎相当于海洋中的大熊猫,对研究动物进化有重要的科学价值,我国把它列为一级保护动物。

69. 什么是鳍脚类动物？

鳍脚类动物就是它们的四只足都呈鳍状，以适合在水中游泳而得名，它们共包括14种吼声如狮、头上长有耳壳的海狮类，18种后肢永远朝后、不能朝前弯曲、无外耳壳的海豹类和1种巨齿獠牙的海象。它们的身体都呈纺锤形，多数种体表都披有一层密密的短毛。我国海域种类不算多，共5种，除一种斑海豹数量较多外，其他4种即髯海豹、环斑海豹、北海狮和海狗，只是偶尔捕到。

70. 海狮是海中的狮子吗？

海狮，听它那吼声如狮的叫声，看那雄兽颈部长长的鬃状长毛、魁梧彪悍的体魄，粗野的习性，与陆地狮子颇为相似，因此取名海狮。当然，这是一类动物的统称，海狮共

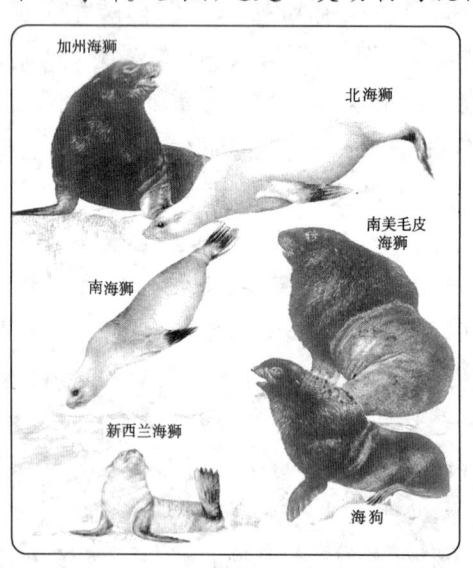

海狮

有 14 种之多。其中,既有身体密被绒毛、分布于北半球的海狗和南半球的毛皮海狮,又包括体魄很大,常能破坏鱼网、危害渔业生产的北海狮,以及常被人们训练作各种表演的加州海狮等。海狮以北太平洋和南极海域为主要分布区。它们每年以三分之二的时间分散在海上漂泊巡游,索饵觅食,主要吃鱼和乌贼。每到生殖季节,就都陆续返回它的生身故乡去,开始由海登陆,交配繁殖。与鲸类相比,海狮,也包括其他鳍脚类,对海洋的适应程度比较低,它们必须在陆地上生育后代。虽被称为海兽,但尚未完全和陆地脱离联系,实际上应算是两栖性海洋动物。它们具有"认祖归宗"的拟人性质,在哪个岛上出生,成熟以后,一定再回到它的出生地去繁衍生息,年年如此,代代相传。

71. 海豹有哪些主要成员?

我们已经知道海豹和海狮都是鳍脚类动物,那么,你知道海豹与海狮最大的区别在哪里吗?海豹与海狮的不同点是海豹的后腿永远朝后伸,不能向前弯曲,在陆上不能像海狮那样步行、跳跃,只能像虫子一样向前蠕动。18 种海豹中,斑海豹体色斑驳,髯海豹触须多而长,鞍纹海豹黑斑像鞍,带纹海豹黑斑如体被白色绶带,僧海豹头形宛似僧头,象海豹囊鼻如象,豹形海豹性凶猛似豹,食蟹海豹因爱吃磷虾而得名,威德尔海豹和罗斯海豹生活于南极,还有的因生活于淡水湖贝加尔湖而被称为贝加尔海豹。海豹中最大的要数南象海豹,它的雄性体长 6.5 米,重 4000 千克,按大小来说,它居于鳍脚类之冠。潜水最深的要算威德尔海豹,能下潜 600 米,持续 73 分钟。

最凶猛的要算豹形海豹,它的头像蛇一样,口很大,能吃企鹅、其他海豹,甚至噬食鲸体。分布最广的要算斑海豹,在太平洋、大西洋都有它的踪迹。

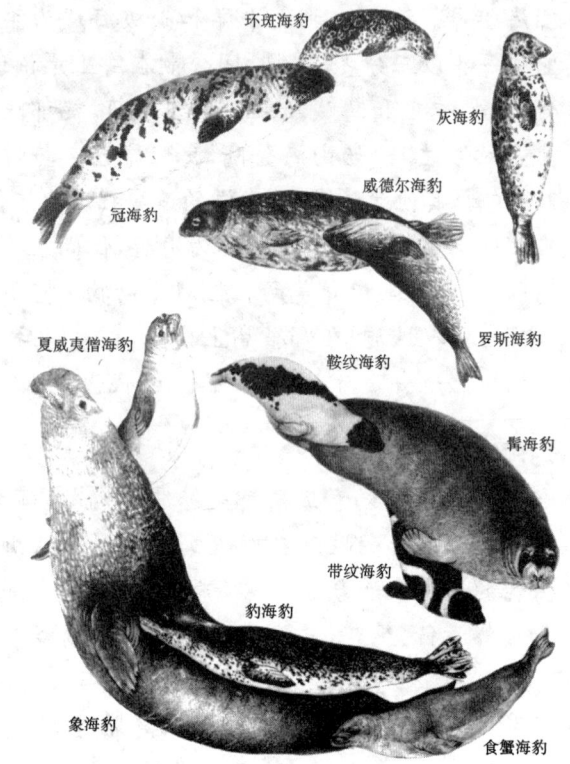

海豹

72. 我国斑海豹为什么又称海狗?

斑海豹是我国鳍脚类中数量最多的一种,主要见于渤海与黄海北部,它的头形和狗相似。我国东北地区至今仍俗称它为海狗。它的体表是黄色,形状像狗,经常成群的游动,看到船后会远远地就潜入水下去,渔民捕它就是为了它的肾。海豹与狐狸、鹿相似的地方是它的毛色,与狗相似的地方是它的脚,像鱼的地方是它的尾巴。斑海豹身体粗壮,长可达 2 米,重 120 千克。它也有很强的潜水本领,最大能潜到 300 米深,持续 23 分钟,以鲐鱼、黄花鱼及乌贼等为食。渤海是它的繁殖区之一,每年冬季,它们纷纷游向渤海湾北部辽河口一带,爬上浮冰。立春前后,小海豹在凛冽的北风中降生,身披白毛,这使它在冰雪背景中不易被发现。约一个月后,随着天暖冰融,小海豹也就下水独立谋生了。

73. 为什么说海獭是巧用工具的动物?

你知道海兽中最小的一种是什么吗?它就是海獭。

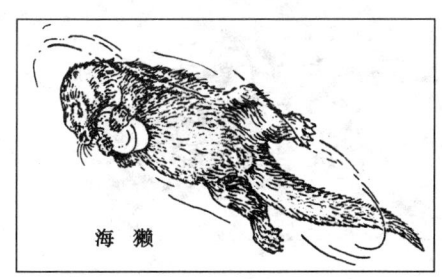
海獭

海獭是最小的海兽,它的体长只有 1.4 米,体重约 45 千克,身后却拖着一条长 30 多厘米的又扁又宽的尾巴。它是水獭的同宗兄弟,样子像只老鼠。海獭的食物很广,张牙舞爪的蟹是它们爱吃的美味,牡蛎、海胆及各种贝和螺更是它的主食之一,珍贵的鲍鱼它们见了也绝不放过,鱼来了它也会饱餐一顿,饿的时候甚至还吃海星呢!海獭的牙齿虽然尖锐,但对贝和螺那坚硬的外壳它是咬不动的,但它自有妙法。它会用它那小而裸的前肢把捕到的食物夹在腋下,从海底拣回一块石头,仰浮水面,把腹部当餐桌,用石头当砧,将海螺等带壳的食物用力往石头上猛击,等到壳破肉出时,它就可以吞而食之了。有人统计过,它一小时能吃掉50个贻贝,在石头上敲击达2000多次。所以,海獭被称作巧用工具的动物。

74. 北极的三霸是指什么动物?

北极狐、北极熊和北极狼,往往被人称为北极三霸,它们都生活在冰封雪盖、气候寒冷的北极地带,生活条件

北极熊

相当艰苦,但相比之下,北极狐在三者之中属于弱者,生活难度就更大了。尽管如此,聪明的北极狐自有一套巧妙的生活本领,使它能应付各种不测风云,竟能成功地与北极熊周旋,一代一代的在那片冻土上繁衍生息。正是由于北极狐的聪明和智慧,自古民间就流传着许多有关北极狐的神话故事。

海洋动物

75. 北极狐为什么又称白狐？

北极的冬天，千里冰封，万里雪飘，到处一片白雪茫茫，任何其他颜色的物体，在白色的背景上都会显得格外突出，非常容易被发现。这时，聪明的北极狐就把全身的毛都变成白色，所以，北极狐又称白狐。这使它在白色雪地上活动时不易被发现，而且毛长得很长很厚，虽然看上去显得有些笨重，但这犹如穿上一件厚厚的皮大衣，能抵御风寒。一到夏天，冰消雪融，地面上露出了黑色的泥土、褐色或其他颜色的石头，身披白色外衣的北极狐在这种环境中活动，犹如鹤立鸡群，非常显眼。每当这时，它又会摇身一变，背上的毛变成淡灰色到黑褐色，腹下黄白色，又和周围环境颜色协调一致，很利于它隐藏和伪装。在有些地方，如西格陵兰，沿岸和岛上冰雪很少，那里的白狐的毛终年都是浅蓝灰色，被称作蓝狐。白狐的身体略小，体长只有50厘米～70厘米，体重2.5千克～9千克，尾巴倒不短，有25厘米～30厘米长。但白狐的鼻子短，耳朵也短，头圆圆的，看起来样子很像猫。因为鼻子、耳朵这些身体上的突出部分，容易散热挨冻，缩短以后就可以减少身体的表面积，减少散热。这使得白狐很能耐寒，能在零下50℃的冰原上生活。根据实验证明，白狐能忍受零下70℃～零下80℃的严寒。此外，它还有更特殊的地方，那就是它的脚底也长着长毛，使它在冰上走路十分方便，不打滑，又有隔寒的功效。

76. 海里的美人鱼是什么样的？

2000多年来，民间广为流传着美人鱼的传说。说是在海里有一种神秘的动物,上半身像女人,下半身似鱼,取名美人鱼。它出没于大海,时沉时浮,能破惊涛如履平地,驾骇浪似乘扁舟。我国古书上也有颇多记载。南朝《述异记》中说,南海有鲛人,身为鱼形,能纺会织,哭时会掉泪。宋朝的《祖异记》中甚至说有个叫查道的人还亲眼见过美人鱼。

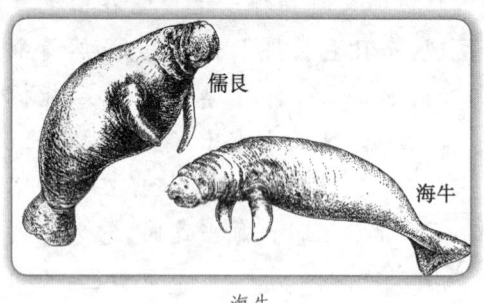

儒艮　海牛

《正字通》中说:"海中人鱼,眉耳口鼻手爪头皆具,皮肉白如玉,无鳞有细毛,五色,发如马尾,长五六尺,体亦长五六尺。临海人取养池沼中,牝牡交合与人无异,亦不伤人。"意思说,海中的美人鱼,长得和真人差不多,眼睛、耳朵、嘴巴、鼻子都有,而且皮肤洁白如玉,没有鱼鳞,只有五颜六色的汗毛,头发像马尾一样,有五六尺长,身体也有五六尺长。同样,国外也有很多类似的传说。其实,这海洋中的美人鱼就是指海牛类。全世界现存的共4种,包括生活在西半球的北美海牛、西非海牛,生活在亚马逊河流中的亚马逊海牛及分布在我国南海及印度洋、太平洋周围的儒艮。它们均以海草等植物为食,而且它的肉也颇似牛肉,也可能这就是把它称作海牛的最大原因吧。

77. 儒艮是什么样的动物?

我们已经知道儒艮就是海牛的一种,它的名称是根

海洋动物

据马来语音译而来的。它虽然有美人鱼的雅号,但却是天生一付丑陋的面孔。它的头小吻钝,唇厚而上翘,口似马蹄,周围触须满布,眼小无光,鼻孔几乎被挤到头顶上。它的体魄倒不小,长可达3米,体重有400多千克,整个身体轮廓倒颇似海豚。但粗糙多皱的皮肤,遍布全身的稀疏刚毛和呆钝怯懦的个性,又使它与活泼的海豚迥然有别。它虽然是海兽,但后肢已经退化消失,前肢呈鳍状,尾末出现一水平尾鳍,这是它的主要游泳器官。儒艮性情安静,行动缓慢,白天总好像是昏昏欲睡,饱食以后大部分时间潜入30米～40米深的海底,伏在岩礁等处,

儒艮

消磨时光。它那苍灰色的体色使它不易被发现。它喜欢生活在近岸浅海,从不到大洋深海中冒险。每当傍晚或黎明时开始到处觅食,它主要以海藻或其他海草为食,每天要吃几十千克,食量很大。它是靠白齿磨碎食物,而不是像牛那样的反刍动物。儒艮喜欢生活于温暖水域,水

温低于15℃时它就容易患肺炎死去,所以在我国广东、广西、台湾、福建沿海较常见。其他几种海牛也多生活在较温暖的水域。儒艮全身都是宝,所以常被捕杀,现已濒临灭绝。

78. 什么是游泳生物?

有些生物,如被称作多头海妖的乌贼等头足类,千姿百态的鱼类、海龟海蛇等水生爬行类,鲸和海豚、海豹等水生哺乳类,水生海鸟等,它们一生的大部分或全部的时间都沐浴在水体中,能战胜强大的水流,克服水的黏性阻力,顶风斗浪,自由选择行动路线和确定前进方向,四海遨游,这样的动物才叫游泳生物,也叫自游生物。相反,那些不能按自己的意志到处游动,只能随波逐流的生物,如水母、夜光虫等,它们就不是游泳生物,而是浮游生物了。有些生物如鱼类中的鲆鲽类、鳕鱼、海洋哺乳类中的儒艮和海牛等,一生的大部分时间喜匍匐于海底或趴在水下物体如浮冰或植物体的表面生活,虽能战胜水流到处游动、觅食,但游速不快,洄游距离不长,不上陆,不到暴露在水外空气中的物体表面上去,这样的生物就叫底栖游泳生物。有些动物如海龟、企鹅、海狮、海豹等,平时大部分时间在海中游泳、觅食,但休息时或到换毛、交配、产卵、产仔、孵卵、育雏季节,就必须上岸到陆上或冰上来,这些动物就叫两栖游泳生物。当然有些动物如须鲸、大王乌贼、鲭等鱼类,终生都悬浮于水体各水层中生活,到处游动,从不到海底、岩石或任何固体表面休息,这些动物就叫真游泳生物。

海洋动物

高超的生存技巧

79. 没有上下颌的鱼是怎么进食的?

大家都知道动物的上下颌是长牙齿的地方,是动物捕食的工具,也是相互角斗和攻击敌方的有力武器。但要说海洋中有没有上下颌的鱼类,你相信么?实际上,原始鱼类就没有上下颌,这类鱼就叫无颌类。严格地讲,这些动物尽管样子像鱼,但还不是真正的鱼类,而应叫它鱼形动物。在四五亿年前,无颌类还是很多的,

七鳃鳗

小鱼吃大鱼

如头甲鱼、鳍甲鱼等。当时,它们都"披盔戴甲",头上和身上披着坚硬的骨片,所以,叫它甲胄鱼类。不过,现在它们都已经灭绝了。现代还生存的无颌类也只有盲鳗和七鳃鳗等50余种。由于它们的口是圆形漏斗状的,所以又称它们圆口类。它们都是以其他鱼类为生,用漏斗状的口吸附在其他鱼身上,用生在舌上的角质齿,刺破鱼体,取食鱼体上的柔软部分,或钻进鱼体内或动物尸体内取食内脏和肉,过着寄生生活。

80. 小瞎子如何吃大鱼?

盲鳗样子像鳗鱼,体长约50厘米,它没有眼睛,因此而得名。实际上,它有眼睛,只不过是有眼无珠,没有视力而已。它是采用"孙悟空钻进肚皮"的方式,靠吃大鱼

的肉为生,过着寄生生活。它的特别之处就在于口呈钻孔状,舌强而有力,上面生有强大的梳状角质齿,就像一个钻头,口盖上的牙齿也很锋利,盲鳗就靠这种利器来攻击比它大得多的鱼类。它是用舌锉磨、刺破鱼的体壁钻到鱼的肚子里的,尤其喜欢从鱼的鳃部往里钻进去。当它进入鱼的体内后,先吃鱼的内脏,再吃鱼肉,最后吃到只剩一付光光的骨架和一张空空的鱼皮时,就钻出来另谋新寄主了。你知道这种盲鳗

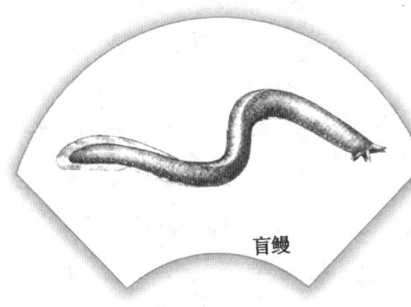

盲鳗

的胃口有多大吗?它非常贪吃,它一边吃,一边排泄,1个小时内能吃掉相当于自身体重2.5倍的食物。也就是说,一条250克重的盲鳗,1小时就要吃掉620多克食物。惨不忍睹的是,它们常是合伙抢食同一条鱼,有人在一条鳕鱼肚子里发现过123条盲鳗。由于盲鳗体内没有硬骨,全是软骨,所以它的身体很柔软;皮肤还能分泌出大量的黏液,若在木桶里养盲鳗,它会很快把水变成黏液状,这使它在鱼的肚子里活动起来很方便。因黏液黏滑,可以减少它本身与受害者体壁间的摩擦。由于鱼的肚子里一点光线也没有,一片漆黑,视力再好也是毫无用武之地,久而久之自然就退化了。它的游泳能力很差,对健康的鱼和游速很快的鱼它是追不上的,因此病鱼或被钓住的鱼就成了它的主要攻击目标。它既然"有眼无珠",是靠什么寻找食物的呢?原来,它主要是靠嗅觉和口周围

的小须寻找食物。盲鳗无任何经济价值,反倒是渔业上的大害。它的种类也不算少,有33种,我国有5种。

81. 鱼也会伪装吗?

自然界的一切动物都有自我保护的本能,鱼也是这样。许多鱼为了保护自己,样子长得像其他物体,或外形长得奇形怪状,这被称作拟态,用于隐藏自己和保护自己。例如,有一种鹿角鱼,身体是草绿色,纺锤形的身体上布满像梅花鹿一样的白斑,头上长着一个长角,颇像鹿角。它经常生活在海藻丛中,头朝下,口像瓶颈,尾朝上,慢慢摆动,活像一簇随水流摇曳的海藻,使敌害不易辨认。再如一种裸鳖鱼,在淡黄色并杂一些小白点的马尾藻上随波漂流,很难被发现。这是一种很好的伪装。再如澳大利亚近海有一种叶海马,身上长着很多棘状或膜状的突起,有些突起变为扁平的叶状,在水中展开来,和一片海藻完全一样。还有一种单角鲀,身体延长,头朝下,躲在鳗草之间,细长的身体和鳗草很相似,有着绿色斑纹的鳍慢慢波动,看上去很像海藻的叶或鳗草的叶。

82. 剑鱼能刺死人吗?

剑鱼的体魄很大,体长可达3米~6米,重达850千克以上。全身光滑无鳞,有一个高大的背鳍,没有腹鳍,有一个发达的新月形的尾鳍,是活跃在温带、热带和亚热带海洋上层的大型鱼类。它们不喜欢成群结队,而爱单独活动,彼此保持100米左右的距离。它的突出特点是上颌很大,又尖又长,可达1米多长,颇像一把利剑,因此而得名剑鱼。剑鱼的这把剑相当厉害,是它的武器,也是它的捕食

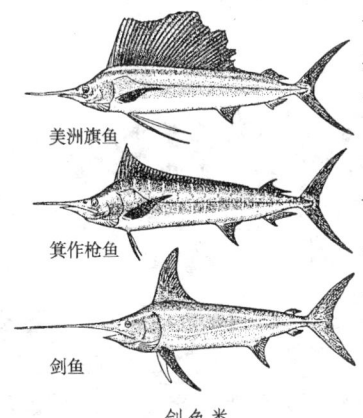

美洲旗鱼

箕作枪鱼

剑鱼

剑鱼类

工具。它们在辽阔的大洋上疾驰如箭,尖尖的上颌不仅可以刺穿鱼或巨鲸,甚至可以穿透一尺厚的木船。它主要以其他鱼为食,遇到大型鱼,它就用这把剑将其刺杀,对小型鱼,它就摇动利剑左右横扫,然后无论死的伤的它都一扫而光。一般地说,它并不主动攻击人,但据资料记载,在有个名叫塞佛恩的地方,一名男子在游泳时受到剑鱼攻击,因重伤而死亡。更有甚者,有的船只因受剑鱼攻击而沉没。在英国博物馆里陈列着一个标本,一块66厘米厚的木板竟被剑鱼穿了一个孔。一艘名叫"特里那脱"号的轮船,从伦敦到锡兰的一次航行中,竟被剑鱼在船底钢板上击穿了一个直径3厘米多的孔,使船漏水而损失茶叶2000吨,损失惨重。为此,1886年11月,在船主和保险公司之间引发了一场官司,当然最后还是以保险公司败诉而告终。据计算,剑鱼在攻击舰船时的速度可达50节~60节,它的剑尖上凝聚的冲击力,比人平时用最重的大锤敲击物体时的打击力还要大15倍。在水中剑鱼能将一艘普通的机帆船拖带10多千米。它能以40节的速度连续畅游几个小时,能跃出水面8米高。科学家在设计超音速飞机时,对如何冲破音障想不出好的办法,但在观察剑鱼的游泳中却受到了启示,他们在飞机头前部安装了一根长针可以刺破飞机高速飞行时产生的音障,于是,超音速飞机就这样被设计制造出来了。

83. 鳗鲡身上有没有鳞?

鳗鲡的身体光滑发亮,用手一摸滑溜溜的,是一层黏糊糊的黏液,看不出有什么鳞片。但是若用刀刮去表皮,再用放大镜一看,就会发现,它的身上也有一层鳞片,而且排列得整整齐齐,只是鳞片很小,细长形状,表面上用手摸不出来而已。当然鳗鲡的幼鱼确实是透明无鳞的,直到它的体长达到14厘米～17厘米时才开始长鳞。另外,鳗鲡身上的黏液对鳗鲡的生活有着很重要的作用,据科学家实验证实,若把江河中的鳗鱼和鲫鱼都放在海水槽内,鲫鱼很快死亡,而鳗鱼却能生活如常。但若把鳗鱼身上的黏液擦掉,再放进海水槽内,它很快就会死亡。这是为什么呢?原来鳗鲡身上的黏液有控制体内水分向外渗透的作用。

84. 什么鱼最漂亮?

鱼类的体色可称得上是多彩多姿,而且几乎是变化无穷的。当我们走进水族馆时,一眼就会发现那里饲养的不少鱼颜色鲜艳、斑纹奇特、盛装浓抹,千姿百态。如金灿灿的黄鱼、银闪闪的带鱼、红艳艳的笛鲷、绿莹莹的飞鱼、蓝湛湛的鲅鱼、黑乎乎的黑鳎、花斑斑的髭鲷等,争奇斗艳,俗称加吉鱼即真鲷的赤红色身体上布满闪烁着珍珠般光辉的蓝色斑点,还有的红装绿鳍,可与京剧《西厢记》中绿扇艳装的红娘相媲美,因此取名红娘鱼。在热带鱼类中,尤其是珊瑚礁鱼类体色更为美丽动人,因为各种珊瑚礁千姿百态,绚丽异常,加之繁茂丛生的海藻和各

海洋动物

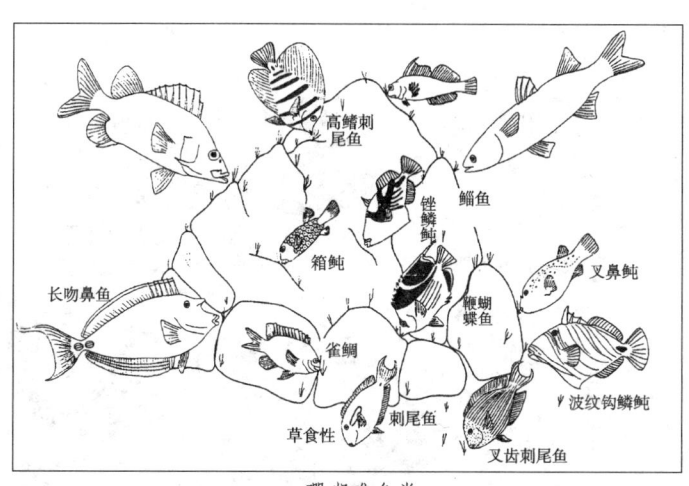

珊瑚礁鱼类

种其他的贝类、海星及众多的其他动物,构成了光怪陆离、五彩缤纷的珊瑚礁海底世界,这种环境不仅促使珊瑚礁鱼的外形奇特,而且色彩鲜艳,如蝴蝶鱼、棘鞭鱼、鳙鱼、神女鱼等。当它们在碧蓝清澈的礁石上遨游嬉戏时,犹如一群群在永不凋谢的海石花丛中翩翩起舞的彩蝶,分外妖娆。尽管鱼类的体色和花纹使人看起来眼花缭乱、目不暇接,但也并非漫无边际、无章可循。鱼不论有何种颜色和花纹都不是为了故弄玄虚、哗众取宠,而是对自己的生存有着极大的生物学意义。最常见的体色有两种类型,一是模仿其周围生活环境的颜色,二是身体上半部颜色深下半部颜色浅的消阴型。

85. 鱼类的体色能够随环境而改变吗?

海鱼在环境改变、生活受到刺激、兴奋或愤怒时都可能会改变体色。如比目鱼喜欢隐藏于海底的砂中生活。

它的体色和斑纹都和砂石相似,而且会随环境颜色的深浅而改变。在深色背景中,它的体色就深,在淡色环境中,体色也会变淡。如果你感兴趣的话,把一条牙䱛鱼先后放在黑、白、灰、褐、蓝、绿、粉红和黄色背景上,就可以观察到它能像变魔术一样的随之变换自己的体色。再如热带石斑鱼,可以在短时间

神秘的珊瑚礁世界

内,忽而由黑变白,由黄变红,由红变绿,短时间内变换出6种不同颜色,而且身上的斑点、条纹也忽明忽暗地变换。还有的鱼白天和夜间体色不同。再如一种石斑鱼,在一个水槽中竟会有8种类型的体色。由于它受惊程度的不同,体色就会出现不同的花纹,所以,若把它拍成照片,没有两张是相同的。鱼类体色的变换快慢也有不同,有的快,有的慢,需要几分钟甚至几天,改变迅速者是受神经直接控制,改变慢者是受激素控制的。激素是通过血液循环而起作用,所以变色的速度就慢。活鱼会变色,那些将要死的鱼类如何呢?鱼类死后它们的体色也有很大变化,如有一种鱼叫羊鱼,从被捕到死亡,其间的颜色最美丽。所以在罗马时代的大型宴会上,常把活的羊鱼捞出

来,请客人欣赏它在死亡的挣扎中,所出现的各种颜色。

86. 鱼类多彩的体色是如何形成的?

　　鱼类身体那五颜六色的体色和多彩的斑纹,是怎么来的呢?原来,鱼类皮肤中有两种色素细胞,一种是虹彩细胞,它含有一种叫作鸟嘌呤的物质,能反射环境中的光和色,使鱼体显珍珠白、银色、彩蓝色和绿色。另一种是色素细胞,它含有红、橘黄、黄和黑色素颗粒。鱼的色素细胞体分支很多,若色素集中在细胞中央,体色就变淡或不显什么颜色;若分散开来,颜色就会变深。鱼还可以将不同色素按不同比例混合,产生出各种不同的颜色,如黑和黄结合可以产生绿色,黑和红混合产生紫色等。凡是世界上有的或人能够配制出的颜色,人们在鱼类中都能找得到。

87. 鱼的何种体色最能隐蔽自己?

　　有些鱼的身体上半部是淡绿色或淡蓝色,下半部是白色、银色或淡色,这种体色被称作消阴型体色,最容易隐蔽自己。因为近岸海水是偏绿色的,所以近海鱼体的上部多是绿色的,外海海水偏蓝,所以外海鱼体多为蓝色。当从水面以上往下看时,海水的颜色是蓝色的,鱼体上部的蓝色就和海水颜色基本一致;若是淡色就很显眼;当从水下往上看时,因为光线从上方来,水色发白,若是鱼体腹面颜色深,就会产生很明显的影子;所以鱼腹面的淡色又和海水一致起来,把自身的影子消掉了;从侧面看鱼体显得很平,表面闪光,像一面镜子。因此,无论敌人从背面或从腹面或从侧面看都不容易发现。生活于海洋上层及光线好的水域中的鱼类,如青鳞鱼、金枪鱼和飞鱼等都是这种消

阴型体色。当然,也有例外,如一种叫歧须鮨的鱼种,总喜欢仰泳,所以腹面色深。还有一种短鲫鱼喜欢靠背部吸盘吸在鲨鱼身上,体色也是背腹深浅颠倒的。

88. 鱼有什么样的体色令其他动物不敢靠近?

有些鱼,特别是一些有毒鱼类如毒鲉,它的体色艳丽,花纹明显,颜色也特别鲜艳漂亮。当它张开宽大的胸

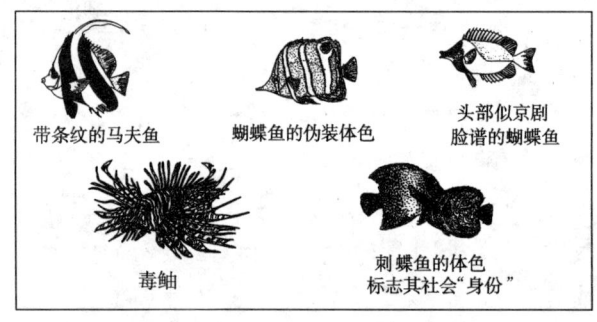

鱼体各种斑纹的意义

鳍时,一条条长长的鳍条分开并伸展开来,像披上精美多彩的蓑衣,因此而得名蓑鲉。这种鱼,它的鳍条上布满了

致命的剧毒,能给胆敢冒犯者以致命的一击。这种体色就是警告周围的其他动物不要对它轻举妄动,使触动过这种鱼而吃苦头的动物,一看见这种颜色就迅速避开了,免得双方都受害。这种体色就称作警戒色,就像人们在毒品或危险品上画上人的头骷髅以示警戒一样。

89. 体色和花纹不同对鱼有什么好处?

鱼体上具有的对比明显的彩色带、彩线或彩斑,虽然会使它在环境中非常显眼,可你知道吗?这同样也能起到隐蔽和保护的作用呢。如果在鱼体尾部或其他部位有个深色眼状斑,看起来像个眼睛,这在捕食者看来,根本不像鱼,倒像是别的什么东西,就容易受骗上当了。有领地争夺的鱼类,在交配上有激烈竞争的鱼类,一般都有鲜艳的体色,这既有利于在竞争中战胜对手,又有助于识别异性。在繁殖季节雄鱼的体色多变换得更鲜艳,被称作婚姻装。交配上有选择行为的鱼和有复杂求爱行为的鱼两性体色差别都比较大,其他多数鱼看起来雄雌体色相似。名为"清洁工"的鱼,也就是帮助清除其他鱼身上寄生虫的鱼,如裂唇鱼,它的体色大多很鲜艳,这有引起注意,以招揽"顾客"的"广告"效益。某些色素还有保护鱼的一些致命器官免受强光照射的作用,如有些鱼的头部黑色是为了保护脑,另有些鱼的腹腔膜黑色是为了保护内脏和某些消化酶。体色还有帮助识别同类和保持群体结构的作用。

90. 什么鱼河里生海里长?

有些鱼是河里生,海里长?也就是在淡水中孵化出来以后,又游到海里觅食,最典型的要算大麻哈鱼了。大麻哈鱼共有7种,如细鳞大麻哈鱼、银大麻哈鱼、红大麻哈鱼、大鳞大麻哈鱼和大麻哈鱼等,主要分布于北纬40度~70度的北太平洋区域。世界上产大麻哈鱼的国家主要有俄罗斯、美国、加拿大、日本和中国。这些鱼在河里孵化出后,降河入海,在海里度过2个~4个春秋以后,都先后性成熟,雄鱼背高高弓起,嘴也弯起来,开始溯河而上,到淡水中生殖,这叫溯河洄游。当然,溯河洄游的鱼类不止大麻哈鱼,还有一些其他鱼类,共约87种。

91. 洄游鱼类有何艰难之处?

溯河洄游的大麻哈鱼,在它们那漫长的旅途中停止摄食,完全靠平时体内积累的脂肪和蛋白质来维持它的巨大消耗。在经过1500海里的海上漫长路程后,它们成群结队,沿大河逆流而上,一个个大腹便便,前进非常吃力,有时还需跃上河闸,战胜湍流和瀑布,费尽千辛万苦。沿途中人们在河上修建的许多拦河大坝,更增加了它们前进的难度。如从哥伦比亚河到斯内克河,大约修了50道拦河坝。在1500米~2000米的淡水河道征程中,它们跃上的总高度可达2000米。不仅如此,在沿途,有人类趁机大肆捕捞,如北美沿河的印第安人及其他沿岸的渔民,每年都不会放过捕捞大麻哈鱼的黄金季节。仅美国每年就要捕捞25万吨,日本17万吨,加拿大6万吨。还有天上的白头海雕趁火打劫,地上的黑熊贪婪捕杀,如长达百余千米的麦克宁河上就有上千只黑熊在捕食大麻哈鱼。所以,对大麻哈鱼来说,这实在是一次悲壮的旅行。只有部分成员闯过无数次的劫难,死里逃生,最后到达它

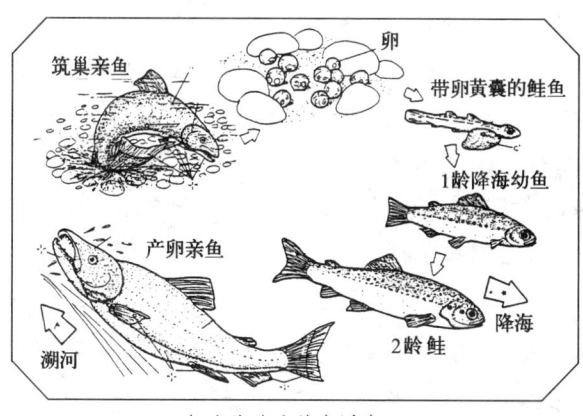

红大麻哈鱼的生活史

出生时的地方,在我国是到达黑龙江上游的小河支流中。到达目的地后,雌雄鱼才迎来它生命中最辉煌的时刻。它们在浅水底的砾石间建起 30 厘米~40 厘米的产卵窝,产下约 3000 多粒卵,雄鱼同时进入窝中为卵授精。以后,疲惫至极的亲鱼再用砾石把卵埋好,随后雌雄亲鱼就相继死去了。所以,大麻哈鱼一生只生殖一次。它的体内含有丰富的磷和蛋白质,腐烂的躯体为水域增添了营养,为养育它们的后代创造了必要的条件。卵于第二年春季孵出,在淡水中生活 1—2 年,待长到约 15 厘米长,记下了这生身故乡的水土气息后,又都纷纷入海肥育。幼鱼入海的途中也会经历极大的牺牲,它们每过一道水坝要死亡 15%~30%。所以,人们不应只追求大麻哈鱼的美味,而应特别注意保护大麻哈鱼的生活环境。

92. 什么鱼海里生河里长?

有些鱼是在海里孵化出来以后,到淡水中觅食生长,等到它们性成熟后,到了生殖季节又回到海里生殖,这叫降河洄游。降河洄游的鱼类约41种,鳗鲡则是这一类鱼的代表。雌鳗鲡在河里生活8—12年,雄性生活5—7年之后,在接近性成熟时,背部颜色变深,腹部变成银白色,闪闪发光,眼睛长得大而突出,吻端变尖。秋季性成熟后,它们开始成群结队,离开江河,出海旅行,开始了海上冒险生活。在这期间,它们顾不得吃喝,日夜兼程,风雨无阻,经过数千海里的漫长旅程,到达目的地。正值新春之际,鳗鲡便沉到大海深处,产卵生殖。一尾亲鳗能产700万～1000万粒卵。产卵以后,它们筋疲力尽,相继死去。受精卵经36小时就孵化出仔鳗。仔鳗体长仅有3毫米,扁平的身体颇像柳叶,因此取名柳叶鳗。柳叶鳗边生长,边游向海面,然后又踏上父辈走过的老路,向江河游去。一年要漂游1800千米,3年后才能回到父母生活过的江河里。

93. 为什么说金枪鱼是卓越的旅行家?

金枪鱼一生都在不停地运动当中,因为它的身体比重比海水重,一不活动就会下沉,而且它不在一个地方久留,一直不停地在游呀游。它游泳的速度很快,每小时能达55海里,高龄大型个体一个月能游过4500千米的距离。据科学家试验,把捉到的金枪鱼栓上标记牌,再放回大海,不久以后在5100海里以外的地方捕到。一条年龄15岁的金枪鱼游过的路程有100万海里。它是唯一能长距离快速游泳的大型鱼类。一般说金枪鱼属于大洋性上层鱼类,但它潜水的能力也很强,一分钟就能快速下潜220米。由于金枪鱼体形优美,游泳迅速,高度灵敏,美国海军模仿金枪鱼研制出金枪鱼式潜艇。这种潜艇的外观和游动与金枪鱼很相似,速度和操纵灵活性都比现有潜艇要高得多,能下潜到普通潜艇根本达不到的深度,且行驶速度非常快,被称作水下游动机器。

94. 所有的鱼都是冷血动物吗?

一般来说,鱼类都属于冷血动物,它们的体温和周围环境相一致。但是,也有例外,如金枪鱼的身体两侧有特殊的肌肉带,这些肌肉里的血管丰富,活动力强,肌肉带的温度比周围海水及身体的其他部分要高3℃~12℃,所以它的游泳速度很快。由于它没有像哺乳动物那样厚厚的皮下脂肪来保持身体热量,必须靠积极活动来保持肌肉的较高的温度,因此它的能量消耗就大,代谢效率相当高。它的食性比较复杂,常捕食鲱鱼、鳗鱼、虾、头足类、蟹等。它必须不断地进食,体重450克的成体金枪鱼一次就能吃掉相当于它体重18%的食物,幼体每天也必须进食相当于它体重25%的食物。

95. 鱼类也会唱歌吗?

过去,不少人一直认为,鱼是沉默寡言的动物,其实不然,不少鱼能发出各种不同的声音。当然,鱼没有画眉鸟的嘹亮歌喉,也没有鹦鹉的发音技巧,那它们是如何发出声音的呢?有些鱼是由拍打鳃盖,摩擦背鳍或骨骼,咬锉牙齿而发出机械声;也有的是从鳔里放出气体,利用鳔的振动而发出声音。不同的鱼发音的方法不同,发出的声音也不同。

96. 鱼发出的声音有什么妙用?

实际上,各种鱼发出的声音是大不相同的,小黄花鱼发出的声音如蛙鸣，鳓鱼叫声像初学拉琴的人拉出的刺耳的声音，鲷鱼的叫声像熟睡的咬牙声，黄鲫鱼叫的像风吹树叶的声音，河鲀的叫声像犬吠，大黄鱼的叫声像远处传来的马达声，鲂鮄鱼叫的像呻吟或酣睡的声音。鱼发出的声音听起来有的像鸣钟，有的似滚雷，有的如手风琴的低音合奏，有的像纵情歌唱，还有的宛如嘎嘎声、咕咕地在打鼓。这些声音用水听器听起来，有些像轮船螺旋桨的声音，有些又像潜艇在航行的声音，所以那些缺乏经验的声呐兵听了难免有些精神紧张，误以为敌人开始袭击了。难怪古希腊诗人荷马在《奥德赛》一书中写道，海洋里有会唱歌的妖妇，她那美妙的歌声使航行在大海上的船员们神魂颠倒，致使船儿因无人驾驶而触礁。而渔民只要听听声音就能判断出哪里有什么鱼。明代李时珍还记载了过去人们探查黄花鱼的方法是"出水能鸣，其声如雷。渔人以竹探水底，闻其声乃下网截流取之"。也就是说，渔民只要把竹筒插入水中听听鱼发出的声音，就知道黄花鱼来了，赶快下网，就能获得好收获。

97. 鱼唱歌有什么作用？

人的声音往往是表达感情、相互交际的工具。鱼类也是这样。当然，各种鱼发出的声音的含义是不尽相同的，有的是为了吸引异性，有的是提醒要相互联络，有的是恐吓敌人，有的是招呼同伴，有的示意发现食物，有的告诫其他成员保持集体行动，等等。所以，鱼在产卵、求偶的时候发音次数增多。例如深海黑线鳕，每年春天繁殖季节，雄鱼在求爱竞争中会发出响亮的气泡声，类似人

海洋动物

们打鼓的声音,谁发出的气泡声越响亮、声音时间越长,在竞争中就会获胜;有的鱼发现食物时,发出欢乐愉快的叫声,有的受到威胁时发出恐惧的警戒声。各种声音究竟表达的什么意思,是"高歌"还是"吵闹",是异性间的"倾吐衷肠",还是遇敌时的惊恐,只有鱼类自己最清楚,这也是人类要继续探索的生物奥秘。

98. 鱼有耳朵吗?

鱼当然有耳朵。但是,它没有像人耳一样的外耳廓,也没有人耳的中耳道,只有内耳,一般是埋在头骨里面,所以从鱼的外表是找不到耳朵的。但是,它的听觉还是很敏锐的,鱼的耳朵是接受大部分声音的中心,它还能听到人耳听不到的声音呢。通常人耳只能听到每秒振动20赫兹~18000赫兹的声音,低于或高于这个范围的声音人耳就听不到了。而鱼类的听觉的高限虽然比人低,只能听到13000赫兹的声音,但是低限却比人低,能听到每秒13赫兹的低声。一般说来,小型鱼对高音、大型鱼对低音很敏感。经过科学家对5000种有鳔鱼类的观察后发现,鱼的内耳到气鳔之间有一条直接的通道,气鳔能将声音放大并传递到内耳。此外,鱼类还有特殊的侧线,能感觉到人耳感觉不到的声音。

99. 什么是鱼体侧线?

鱼之所以能感觉到人感觉不到的声音,是由于它有侧线的缘故。原来,在鱼体两侧的一排或数排鳞片上各有一条线状结构,从头一直延伸到尾,这就是侧线。多数鱼是每侧都有一条,有些是两条或多条,如六线鱼每侧有数条，也有的鱼无侧线。侧线实际上是一条埋在皮下贯穿侧线鳞的管状结构，在每片鳞片上还有一段短管向外开口，里面充满液体，侧线管底部有丰富的神经分布。这是鱼类等水栖脊椎动物特有的器官。据实验证实，鱼的侧线器官对振动非常敏感，有的能感受到每秒1赫兹～25赫兹的低频振动，所以其他动物在附近游动时，鱼靠侧线器官就能辨别出来。它对本身行动时产生的振动波，在遇到物体后产生的回声也能感觉得到，因此，鱼即使在礁石零乱的水域中活动也能畅行无阻，它可以测定方位和感觉水流的变化。凡是在流水中活泼游泳的鱼类，侧线器官都很发达。渔民也往往用振动惊吓、驱赶和汇集鱼群，以利于下网捕鱼。所有的鱼类，甚至那些生活在水面附近的鱼，夜间都得依靠它们的侧线系统。鱼通过侧线系统不仅能感知周围的事物，还能察觉渔船上钓鱼者的活动，当钓鱼人在岸边或附近的岩石上走动时，水中的鱼也能感觉到他们脚步的振动。

100. 深海鱼的声感情况如何？

深海鱼的侧线系统多数都比较发达。这是因为，它鳍的长丝和口部长须配合起来更容易感知海水的波动情况。深海的海水比较安定，波动很小，但动物的游动却会引起周围水的振动。鱼的种类不同，游泳方式也不同，游泳时引起海水的振动情况当然也就不同，给鱼的感觉也不一样。许多深海鱼的侧线器官，能探测18米以外各种鱼的游动、吞吃食物和水经过鳃或嘴时的活动。它能记录低频振动和由其他鱼活动引起的水流压力变化。由于鱼尾鳍的活动所引起的声波,是以每秒大约1500米的速度在水中传播的,这就意味着当鱼的侧线收集到低频振动的一瞬间,它就能感觉到旁边有其他的鱼存在或正朝它游过来。鱼就是通过感知海水的波动状况来发现食物、避开"敌人"、找到同伴的。

101. 鱼的眼睛有什么特点?

当你观察鱼的眼睛时,它也会一眨不眨地瞪着你,这是为什么呢?原来,鱼的眼睛没有眼睑,眼球完全裸露,它一生都不会眨眼睛,甚至到死也不会"瞑目"的。一般动物的眼睛都是位于头的两侧,多数鱼的眼睛虽然也是如此,但是,鱼的种类不同,它的生活方式也不同,眼睛的位置也会有千奇百怪的变化。如比目鱼的两只眼睛位于头的一侧,左侧或右侧;双髻鲨的眼睛在锤形头的两端;长期在海底生活的瞻星鱼的眼睛转到了头顶上;弹涂鱼因为常出水到滩涂上弹跳爬行,眼睛长得很突出,而且能自由转动,眼观"六路";深海巨尾鱼的眼睛是向前突出的,就像个望远镜;六线鱼的眼睛角膜上有色素细胞,能随外界光线的变化而改变色彩,当它在黑暗的水层中眼睛是透明发亮的,而在水面的阳光下,它的眼睛又变成了金黄色;还有许多深海鱼的眼睛退化成为盲鱼;等等。鱼的眼睛还没有泪腺,因为泪腺的主要作用是保持眼球湿润,鱼终生沐浴水中,眼睛不会干燥,泪腺也就无用武之地了,所以,鱼从不会流泪。

102. 鱼的眼睛靠什么保护?

人类的眼睛靠泪腺保护,那么,没有泪腺的鱼眼靠什么保护呢？这不必担心，因为，鱼的眼窝里眼球背后有一种脂肪体，它的成分是22碳6烯酸，它不仅可以保护眼球免遭高水压伤害，又是脑和视网膜所必需的营养。这种物质是一种具有药效的高度不饱和脂肪酸，它能提高人的智能，防止视力减退，抗肿瘤，降低血液中胆固醇含量，防止动脉硬化及心血管疾病等。已知鲣鱼脂肪里这种物质的含量为42％，副金枪鱼为30％，黄鳍金枪鱼是29％，金枪鱼为25％，竹荚鱼为15％，远东拟沙丁鱼为12％。

103. 鱼的视力是多少？

人眼睛的晶体是透镜形的，有弹性，曲度可以调节，看东西时是靠睫状体来调节晶体的曲度，以便使影像恰好位在视网膜上，所以远近的物体都能看到。而鱼眼睛的晶状体则是圆球形的，缺乏弹性，表面曲度也不能调节，是靠一条叫作链状突的肌肉前后拉动晶体，以调节晶体与视网膜间的距离，使图像成在视网膜上的。它的调节能力可要比人的眼睛差多了，所以，鱼眼是天生的近视。加上水本身的透明度就比空气差，鱼在水中不会看得很远，多数鱼只能清楚地分辨1米以内的物体，它们能看到的最远距离也不超过10米～15米。根据对鲣鱼的实验，发现它的视力只是0.18。如果人的标准视力是1.2，并且作为100的话，那么，鱼的视力就是15，是人的标准视力的七分之一。但是，因为鱼能借助水的折射作用看到空气中的东西，所感觉到的物体距离比实际距离要近得多，所以能较早地发现岸上的情况，能感到人在水边行走，也就不足为奇了。

104. 有四只眼睛的鱼吗？

在南美洲的墨西哥三角洲的浅滩上，有一种鱼，体长 15 厘米～20 厘米，这种鱼的眼睛很特殊，每只眼的中间由一层黑色隔膜分成上下两半，角膜和网膜也分成两半。上半部分突出在头上，露在空气中，适于看空中的物体，能搜索水面飞行的昆虫；而下半部分向下，两眼可同时注视水中的目标。像有四只眼睛一样，人们就给它取个名

四眼鱼

字叫"四眼鱼"。当它贴着水面游泳时，水面正好位于眼的隔膜上，这样它就可以同时看到水面上和水中的目标了。水面上有昆虫飞来它就擒而食之，发现鸟等天敌袭来便迅速逃跑；同时，水下有食物或天敌它也不会漏掉。这样，它既可以在水中生活，也可以上陆生活。更有趣的是，在加勒比海中有一种鱼，长着三只眼睛，中间的眼睛像一盏探照灯，能照亮 1.5 米的距离。若这只眼睛不亮的话，另两只眼睛还能代替它轮流发光呢！

105. 鱼的立体视觉与人有什么区别？

在海洋中多数鱼的眼睛位于头的两侧，这对于群居的鱼类来说很有利于观察同伴和互相关照；但是有些鱼的眼睛就不同了，有的位置靠前，有些深海鱼则是两眼位

置靠上,两眼的视线还可以指向同一方向,或观察同一个物体。它的两只眼睛的视野中有一部分相重合,形成了立体视觉,这十分有利于判断它们和追捕的猎物之间的距离。一般来说,成鱼每只眼睛的水平视野可达160度～170度,人眼只有150度;鱼的垂直视野是150度,人眼是134度。有一种鲑鱼两眼的视野中有20度～30度相重合,形成了立体视觉,而人的眼睛的这种立体视觉可以达到120度。所以说,鱼眼的单眼视野比人眼大,而立体视野要远比人眼小。

106. 鱼能嗅到味道吗?

一般来说,嗅觉是用来辨别空气中的气味的。对生活在水中的鱼类来说,嗅觉就没有什么特殊的意义了。但是,也有许多鱼类,特别是深海鱼类,它能凭味道发现猎物。鲑鱼能在复杂的河系中游动,根据气味找到自己的产卵地点。鳗鱼也能根据味道回到自己的出生地。实际上,味觉是靠舌头表面的味蕾接触食物时产生的感觉。人的味蕾多集中在舌头的表面,而鱼的味蕾分布的地方很多,除口部外,在鳃、唇、触须、颌等处都有,还有的在身体后部也有分布。如美洲产的黄大头鱼,全身有18万个味蕾;再如一种鲤科淡水鱼类,体长5厘米～7厘米,头部有味蕾8000个,其中口内约有6000个。鱼的味觉灵敏度还是很高的。如一种尖吻鲙鱼,只要在100万吨海水中溶解75克甘氨酸,它就能很轻易地分辨出来。它对甘氨酸的敏感度是人的1000万倍。不同的鱼对不同的物质,敏感度有所不同,如真鲷等之所以爱吃贝、蟹等动物,就是因为它们体内含有很多甘氨酸的缘故。有的能识别ATP及其关联物质,有的对乳酸很敏感,鱼及乌贼等在剧烈活动中体内产生的乳酸味道就很容易招致鲫的追击。

107. 鱼为什么要集群生活?

人们发现,许多以浮游生物或小型鱼类为食而又生活在外海的鱼类,往往有大规模集群生活的现象。白天它们像结构严密的集团军一样到处游动,群里的所有成员几乎以同样的速度彼此间保持着大致同样的间隔距离,并沿着同一个方向向前运动,说快都快,说慢都慢,说拐弯都一起拐弯。就像是一条鱼一样,步调那么一致。有些鱼是为了繁衍后代而集群,也有些鱼为了洄游,游向产卵场或游向越冬场,而集结在一起,上百条鱼甚至成千上万条鱼浩浩荡荡向前挺进。有人在北海见到一个鲱鱼的大群,在海面前后延伸有15千米~17千米长、5千米宽,鱼群所到之处,简直就像鱼的海洋。鱼群中每个成员所处的位置时时都在变化,它们没有固定的领头鱼,如果突然改变了方向,就往往使后军或侧军作前军,原来的前军就成为侧军或后军。在鱼群边缘上的成员趋于向中心移动,另一部分成员就会暴露在边缘上。过去,渔民在围捕鲐鱼时往往就利用鱼的这一习性。发现鱼群后立即下网,然后分乘小艇用石头去拦截鱼群,只要往鱼群前方丢上一块石头,鱼群就立即转向,这样就会逐渐把鱼群赶进网口里。有些草食性珊瑚礁鱼类集群的目的也是为了取食,当它们闯进某些鱼的控制范围内去觅食时,必然会遭到领主的驱赶。但领主不可能同时把整群鱼都赶走,当

它赶这一些成员时,另一些鱼就抓紧摄食,而当它回来赶这一些时,被赶走的那些就又回来了。

108. 鱼类集群有什么好处?

鱼的集群生活对鱼群中的个体成员来说是有一定的保护作用的,因为捕食者通常都有较大的体魄,游速也快,若是一条鱼不在群中,而是单独行动,被捕食者碰到,往往很难幸免。若一个大的鱼群遭遇捕食者,往往会使它有老虎啃天不知如何下口之势。当鱼群遭遇一个捕食者时,它就会立即分成两半,以避开捕食者,在其两侧远远地绕过去,到其后方再重新汇合。若捕食者转回来,鱼群再以同样的方式重复。若一个大型的捕食者在未被发觉的情况下突然冲入鱼群,鱼群就会像爆炸一样,以最大速度朝不同方向分开,在捕食者前面留下一个空荡荡的水面。在这种"虎口逃生"中人们又发现了另外的现象:小型鱼在受到刺激的条件下,可以在二十分之一秒的时间内达到它的最大游速。即使在这种虎口逃生的情况下,也从未发现有不同个体间互相碰撞的现象,就像是每条鱼都有某种感觉知道它的邻居受到攻击时将往哪里跑一样,真是妙不可言。退一步说,即使捕食者能在鱼群中捕到鱼吃,位于鱼群中的个体被捕食的几率也要比它单个行动低得多,若一个凶猛的猎食者一次能吃10条鱼的话,在遇到一个上万条小鱼组成的大群时,每条小鱼被捕食的几率只有千分之一。因此说,鱼群越大,被捕食的几率就越低。

109. 集群的鱼类是如何保持联系的?

集群鱼即便在死里逃生时,也能保持间距而不发生

海洋动物

碰撞的原因在哪里呢？这主要是由于集群鱼的眼睛往往有一个广角视野，特别在侧面视野很宽，这有利于它瞻前顾后、左右照顾，除视觉获得的信息外，它还有一个敏感的侧线器官能根据水流的微妙变化探知群中相邻成员的游速和方向。鱼类的胸鳍主要用于运动中的平衡、制动和转向等。而群游鱼的胸鳍则是相对固定，不大活动，所以每个成员都不能依靠胸鳍使自己停步不前或节节后退或周围徘徊。它们只能向前游，就好像是往前走动的一大群人的情况一样，群中的任何一个人想中途停留或转身回走都是困难的，只能顺着大流往前走。鱼群中的鱼只有游泳的空间而无彼此间转向的空间，任何一条鱼想和其他鱼冲突而任意绕圈子都是不可能的。

110. 金枪鱼为什么也集群？

由于金枪鱼是大洋型洄游鱼类，所以一般人对它并不太熟悉，就连有些渔民有时也会搞错。如1996年，浙江温岭的3艘渔船，在海上捕到40吨金枪鱼，他们竟不认识，忙向国内有关水产部门联系，竟无人想买，也无人愿卖。为了减轻负担，无奈之下，他们又将它倒回了大海，实在可惜。实际上，金枪鱼是肉味鲜美，营养丰富的优质水产品，有"海中鸡肉"之称，全世界年产量500多万吨，还是供不应求，是排在第5位的渔获品种。有时竟售价200美元1千克，所以世界市场上常发生金枪鱼争夺战。金枪鱼的种类共有50余种，其中6种是世界上主要捕捞的种类，即鲣鱼、金枪鱼、黄鳍金枪鱼、长鳍金枪鱼、肥壮金枪鱼和马苏金枪鱼，我国有10余种。金枪鱼的身体呈流线型，很像个炮弹，所以也可以称它"炮弹鱼"。它们的大型个体可达3.5米,700多千克重。它们是集群性鱼类,成群结队洄游于表层,常跃出水面几米高。它们集群的目的主要是为了繁殖和繁殖后的肥育,而不是为了预防更大的捕食者。因为,几乎再没有比它大的敌害了。在遇到猎物群时,也有利于每个成员都能吃饱肚子。金枪鱼以鲱鱼、鲭鱼、银无须鳕及枪乌贼等为食,也吃角鲨、鳘等大型鱼类。金枪鱼群在捕食时表现出极强的合作精神,当它们遇到要捕食的鱼群时,立即会分成两队,以抛物线形,从两侧包抄过去把鱼群围在当中,以瓮中捉鳖之势,从容捕食。此时,海水沸腾,空中也会招来大批的海鸟光顾。

111. 什么鱼游的速度最快?

终年生活在海洋中的鱼,它的游泳速度一般并不快,除短距离的瞬时速度较快以外,连续游泳一般不超过每小时32千米。小型鱼的最大游速是每秒钟游过相当于它体长10倍的距离。体长60厘米的鳗鱼每小时游4.2千米,长56厘米的鳕鱼时速7.7千米,长25厘米的鲱鱼时速6.3千米,长6厘米的绵鳚时速只有0.8千米,体呈纺锤形的鲆体长130厘米的个体,时速达44.4千米。游速最快的要算剑鱼了,它每小时能游120千米,比航速最快的舰船还要快好几倍呢。金枪鱼是唯一能长距离快速游泳的大型鱼类。据实验,它每天可行进230千米。应该说,剑鱼可称得上是"短跑冠军",而金枪鱼则是"长跑冠军",它们各有神通。游泳能力最差的要算翻车鱼了,它虽然能长到4米多长、2吨多重,但却只能随波逐流。

112. 鱼也会飞吗?

有的鱼不仅会游泳,还会"飞",这就是飞鱼。飞鱼的胸鳍特别大,是体长的三分之二。当它遭到金枪鱼、箭鱼等凶猛鱼类追击时,为逃避捕食者,常会破水凌空,张开胸鳍,在水面以上4米~5米高的空中,借着气流向前滑翔,其速度可达每小时60多千米,滑翔距离可达200米~400米。科学家们在热带大西洋测得飞鱼飞行的时间是90秒,飞行高度达到10.97米,飞行距离1109.5米。这时它那很大的腹鳍也展开来,以扩大滑翔的面积。当它降落时,尾先着水,尾的下叶以每秒50次的频率拨水。飞鱼不仅有飞行本领,还有趋光习性,夜间常飞到夜行中的舰船甲板上。远洋的船员们经常在海上看到,有时上百条飞鱼上上下下在海上滑翔,此起彼伏,使海面呈现一幅美丽的景色。飞鱼,古时亦称文鳐鱼、鲱鱼、飞鳞、燕鳐鱼。明清时代对文鳐鱼掠水飞行,甚至为逃避捕食者而急上渔舟的现象都有颇多记述。在明代孙作《飞鱼》诗中写道:"飞鱼集樯柂,翅尾错珍贝,初疑燕雀翻,复骇蝗螟坠。"意思说,大批飞鱼云集船的桅杆而来,一开始疑心是鸟儿飞来,继而又惊骇是蝗虫坠落。清代南怀仁的《坤舆图说》中也生动地描述了鲯鳅(古时称狗鱼)巧捕飞鱼的过程,即窥探飞鱼的身影,知道了它的飞向后,立即游往飞鱼要落水的地方,张开大口等待这可口的美味从天而降。也有时在水里追逐飞鱼达数十里,飞鱼被追得慌不择路,竟飞到船上,成为渔人的意外收获了。

113. 什么鱼喜欢钻入海参肛门里居住？

你知道有愿意钻进人家肛门中生活的鱼吗？这又是动物家族中的一个奇闻怪事了。海中有一种潜鱼，它愿意以白尼海参的体腔为家，白天藏于海参体内休息，晚上出来觅食。这种鱼身体细长，没有腹鳍，它往海参肛门里钻的时候，不是头先钻进去，而是以尾部先行。说来也奇怪，潜鱼对海参却一点害处也没有。有时它们还雌雄一对同居在一只海参体内。这种白尼海参也很愿意让潜鱼以它的体腔为家，允许它们自由地出出进进。

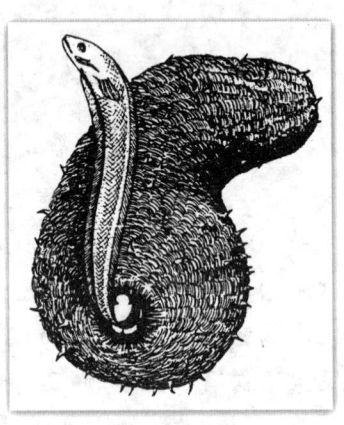

潜鱼尾部正进入海参的肛门

114. 鱼的年龄是怎么知道的？

大家知道，参天的大树会在树干上留下它经历过的沧桑岁月，人们还可以从树的年轮上判断出树的年龄。那么，鱼的年龄靠什么来判断呢？实际上，鱼类身体上的某些部位如鳃盖骨、脊椎骨、耳石和鳞片上也留有年轮一样的标记，通过研究这些标记就能判断出它们的年龄。对不同的鱼可以采用不同的鉴定年龄的方法，如对大麻哈鱼是用鳃盖骨推测年龄，比目鱼是用脊椎骨推测年龄，石首鱼是用耳石推测年龄，而对多数鱼来说是用鳞片来推测年龄的。那么，怎样能通过鳞片进行年龄推断呢？

海洋动物

原来,鳞片是由环片构成的,环片呈同心圆状排列。当夏季食物丰富时,鱼生长快,环片也长得较宽,排列就较稀疏,这叫作夏轮;而到冬季食物少时,鱼生长得慢,环片也长得慢,排列较紧密,这叫作冬轮。环片每年都周期性的出现疏密排列,就代表了一夏一冬,这就形成了年轮。这样,只要查清年轮数量,就能判断出鱼的年龄了。甚至还可以根据年轮的宽度计算出鱼过去某一年龄时的身体长度和鱼的生长状况。鱼的年龄有长有短,如鰕虎鱼和灯笼鱼的寿命不超过1年,大西洋鲱能活23岁,大黄鱼最高29岁,真鲷可活30年,鲤鱼47年,一条鳗鲡在欧洲的赫尔辛堡水族馆活了88年。你知道最长寿的鱼是哪一种吗?它就是狗鱼,能活到200年以上呢。

115. 有用肺呼吸空气的鱼吗?

人们都知道,鱼是用鳃摄取水中氧气的脊椎动物,一般是没有肺的。但非洲有4种、澳大利亚有1种、美洲有1种鱼可以将鳔当成肺用。当天旱水干的时候,它们可以将身体埋在泥里,潜伏起来,只留一个通气孔,用鳔状肺呼吸空气中的氧。它的鼻孔和一般鱼不同,有内鼻孔可通到肺,还能用鳍在沼泽中行走。这几种鱼就叫"肺鱼"。肺鱼现在被称为活化石鱼,3亿年前曾生活在地球的各个角落。它们的体长0.6米~1.8米,少数超过2米,重可达45千克。以植物、小鱼、青蛙和昆虫为食。离水后,若用湿布包裹,能活8个~10个小时。非洲肺鱼离水以后可以活较长时间,夏季河水干枯后,它就钻进泥里面夏眠。它在泥中分泌黏液,干了以后变为茧,将自己封闭起来,靠体内物质的分解维持缓慢的代谢,它夏眠的时间可以长达18个月,待河里有水时,便弃洞而出了。

116. 什么鱼一生都将身体装进箱子里?

箱鲀属于河豚中的一部分。它和河豚的不同之处是,它的整个身体都被包在一层有3个~6个棱的箱形硬甲内,硬甲是由多角形的板状鳞片愈合而成的。骨片全部接合成一个坚硬的外壳,把整个身体包围起来,只剩下嘴、眼、鳃、鳍和腹孔露在外面。就像身上穿的一层铠甲一样,虽然比较安全,但灵活性却差了。尽管尾巴可以灵活地左右摆来摆去,但无法像其他鱼那样左右摆动身体,只能摆动尾巴,所以游不快。箱鲀种类很多,硬甲有6个棱的就叫6棱箱鲀,有3个棱的就叫三棱箱鲀,有4个棱的才叫箱鲀。别看它们全身装在"箱子"里,可它们的体色却很美,多数都分布在热带珊瑚礁中,由于不宜食用,所以经济价值不大。

117. 鱼为什么喜欢跃出水面?

当人们在碧波荡漾的海面上乘船航行时,经常会看到水面上突然有鱼窜出来,瞬间又落入水中,使人既感到大海的生机勃勃而又感到十分好奇。为什么鱼儿要不停地跃出水面呢? 实际上,许多鱼都能跳跃,在民间影响最大的是淡水中的鲤鱼跳龙门之说。不仅鲤鱼是这样,许多海产鱼也有跳跃习性。如大海鲢可以跃达水面1.5米高,大麻哈鱼能跃上高高的河坝,大西洋的跳高鱼能跃出水面5米多高。还有一种蝠鲼鱼,它身体有6.7米多宽,500千克重,能跃出水面1.5米高,落水时巨大的身躯撞击水面能发出像开炮一样的响声,特别惊人。实际上,鱼跃水的原因也不尽相同,或是为了生殖,或是受环境刺激,或为了逃避敌害的袭击,或由于兴奋,也或许是因为体力充沛而为了消耗部分能量。总之,原因是多方面的。

118. 为什么鱼游泳时总是背部朝上?

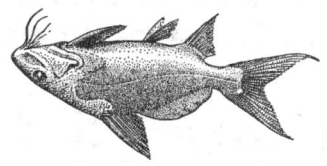

游泳时腹部向上的鱼

大家平时见到的多数鱼,游泳时总是背朝上,头在前,尾在后的;而鱼类的体色又多是背部深,腹部浅,这是为什么呢?原来,因为光是从上方来的,从水中往上看,水色较浅。浅色的腹部容易将自己融会在环境中。这样鱼总是趋于背对着光游。有人曾做过实验,若把上方的光挡住,让光从两侧射入,结果发现鱼体会与垂直线成45度角倾斜着游。因为还要受重力的作用,这种重力的作用主要是靠鱼身体的平衡器官来感知和调控,使鱼体不能完全背着光游。假如将鱼的平衡器官完全切除,它在对重力没有反应的情况下,会出现光从哪里来它就会背对着哪个方向游吗?实验的结果是这样的:若光从下方来,它又会仰游了。在正常情况下鱼受阳光和重力双重作用,所以总是背朝上游。但也有些鱼例外,如海马就是头朝上游,而虾鱼又是头朝下游的,有一种鲶鱼和有的鳍须鱼还是仰游的呢。

119. 海水鱼为什么不会变咸?

大家都知道,若把鸭蛋放在咸水里,不久就会变成咸鸭蛋,这是因为鸭蛋与咸水里的盐浓度不同,咸水中的盐就会往盐浓度低的鸭蛋里渗透,渗透的盐多了,鸭蛋就变咸了。海水也是咸水,鱼一生都泡在海水里,为什么不会变咸呢?这是因为鱼有一套调节渗透的结构和功能。鱼类血液和体液的盐度为7,海水为35。盐度不同,体内的水分就会往海水里散失,海水里的盐也会往鱼体内渗透。但是,鱼的鳃丝上有一种排盐细胞,也叫泌氯细胞,能不断高效率地把进入鱼体内多余的盐排除体外。同时大量饮入海水,以补充体内散失的水分。这样使鱼的体液始终保持稳定的盐浓度,所以不会变咸。若海水鱼进入淡水,体内的盐度比淡水高,就容易渗透出来,因为它只有排盐细胞而无吸盐细胞,将无法补充丧失到淡水中的盐分,所以也就无法生存了。

120. 淡水鱼是如何补充盐分的?

我们已经知道鱼的血液和体液的盐度为7,而淡水的盐度要比鱼体的盐度低,鱼体内的盐分就会向周围的淡水中渗透,周围的淡水也会渗入鱼体,若不能进行调节,鱼也会死亡的。淡水鱼有另外一套调节方式,一是它的鳃丝上不是有排盐细胞,而是有吸盐细胞,专门从周围淡水中把微量的盐吸收到体内,肾脏上也有吸盐细胞,能把要排除的盐重新吸收回来;二是它的肾脏能排出大量很淡的近似清水的尿,把体内的多余水分排除掉。所以,它能始终维持体内稳定的盐浓度,健康地生活。若淡水鱼到了海水里,因海水盐度比鱼体高,盐就容易进入鱼体内,它只有吸盐细胞,而无排盐细胞,就无法排除进入体内的大量盐分,也无法补充丧失的水分。所以,淡水鱼在海水中同样无法存活。

121. 鲨鱼肉有什么特殊异味?

大家都知道有些鲨鱼在海洋动物中属于凶狠残暴的一族,但是,有多少人知道鲨鱼肉有特殊的异味,又能说清这种异味产生的原因呢? 实际上,鲨鱼体液的盐度比海水低,海水的盐也容易向鲨鱼体内渗透,但它的鳃丝上没有排盐细胞,鲨鱼鳃部的透盐性只有硬骨鱼的1‰,透氯性只有硬骨鱼的0.5‰,无法排除进入体内的过剩盐类。但鲨鱼体内有一个特殊腺体,叫直肠腺,是直肠上的一个小小的突起,开口于直肠部位,它就是一个排盐腺。鲨鱼体内的过剩盐类有35%~41%是通过这个腺体排除体外的,有10%~30%是通过肾脏排除体外的,只有20%~25%的过剩盐类是通过鳃排出去的。鲨鱼体内的氨,也不像其他动物那样通过鳃和肾脏排除体外,而是把它合成尿素保留在体液中,使血液中尿素含量达2%~2.5%(其他脊椎动物只是0.01%~0.03%),使它的渗透压比海水还要高一些,这样,海水中的盐不会渗入体内,相反,海水中的水分倒是会渗入鲨鱼体内,鲨鱼再通过肾脏把多余的水分不断排出体外。对其他动物而言,尿素是有毒的排泄废物,而鲨鱼体内的尿素浓度可以比其他鱼类高出100多倍,不但对它无害,反而有益,真是怪事。有这么浓的尿素当然容易出现尿味,但如处理得法,这种尿味还是完全可以排除的,鲨鱼的肉也是可以吃的,鲨鱼的肉约占体重的20%~56%,含有大量维生素、蛋白质和矿物质,含脂量少于1.6%。如果烹调得法,同样是一种美味食品。

122. 为什么鲨鱼的渗透压调节方式与硬骨鱼不同?

鲨鱼肉的异味是和它的渗透压调节方式有关系的,而这些不同就要从鲨鱼的起源说起了。在很久很久以前,距今约4亿年以前,地球上海陆分布发生了巨大变化,大陆面积增加,气候干燥炎热,河川断流,迫使那些由盾皮鱼类演变来的早期软骨鱼类,由淡水陆续迁入海水,过上了海洋生活。而由淡水转到海水中,软骨鱼类首先遇到的问题是体内的水分不断向外渗透。不过经过长期的适应,软骨鱼类慢慢地有了一种自身调节渗透压的能力,也就是可以将含氮的废物转变成尿素储存在血液中,以维持体内外水液调节的平衡。鲨鱼就是这些由淡水转到海水中软骨鱼的典型代表。它不仅肉质与其他鱼类不同,就是鲨鱼卵也会有相同的问题,所以鲨鱼要么产的卵由不透水的壳保护着,要么卵在母体内发育,以卵胎生甚至胎生的方式繁殖。

123. 鱼的尾鳍有什么用处?

当人们观察鱼在水里游泳时,会看到鱼的身体两边扭动带动尾鳍摆来摆去,鱼就慢慢前进,摆动的幅度越大,频率越快,鱼游泳的速度也就越快,这是由于鱼的尾鳍拨动海水,靠水给鱼的反作用力而推动鱼体前进。因此说,鱼的尾鳍实际上是它游泳的推进器,同时又是鱼的方向盘,也有控制方向的作用,就像船的螺旋桨一样。还有的鱼用尾巴帮助捕食,如长尾鲨的尾巴就特别长,占全身长的一半。当它发现爱吃的鱼后,就迅速游过去,用长尾猛烈地击水,将鱼驱赶到一起,再用尾横扫,把小鱼打

海洋动物

晕,然后,用尾巴将它们一条条拨到口中,尽情享用。人们还可以根据尾鳍的特点来判断鱼的生活习性呢!游泳快速的鱼,它的尾鳍分叉很深,边缘带圆,形状就像一轮弯月,人们叫它新月型,如旗鱼;有的鱼尾鳍分叉的两叶大小不对称,这叫歪形尾,如鲟鱼;有些鲨鱼,上叶大,结合它那扁平的腹部就能看出它适合于底栖生活。有些鱼的尾鳍后缘平平的或分叉很浅,这种鱼性情温和,游泳的速度也比较慢。

124. 胸鳍对鱼的活动有什么作用?

鱼的胸鳍是长在鱼体下方的两对偶鳍之一,对鱼的游泳和生活作用很大。不同的鱼的胸鳍大小和形状都不一样。当鱼游泳时,胸鳍展开来,可以保持鱼体的平稳。若左侧胸鳍向下一摆,鱼的头就会向左偏,鱼就朝左游去;反之,右侧的胸鳍向下一摆,鱼就朝右游去。两侧的胸鳍协调的摆动,就像汽车的方向盘或船的舵一样,使鱼可以上下左右随心所欲地变换方向,还会像刹车的制动器一样,使快速游泳中的鱼突然停止下来。如鲨鱼的胸鳍很大,它是完全用来控制方向的。鳐类的胸鳍呈巨大的叶状,这也是它的主要运动器官,用来控制方向。飞鱼的胸鳍成为巨大的翅状,用来出水滑翔。行动不很快的鱼类,胸鳍一般是宽圆形的,用它来划水。行动快的鱼类,胸鳍较长,呈镰刀状,主要用来作绕转运动。而弹涂鱼的胸鳍可以像腿一样在滩涂上支起身体前进。

125. 鱼的腹鳍是否可有可无?

鱼的尾鳍、胸鳍都有不可替代的作用,那么,腹鳍的作用又如何呢？鱼的腹鳍也是鱼的偶鳍之一，但它的作用和胸鳍不同，它和鱼的运动根本就没有什么关系，它的主要作用就相当于船底的龙骨，是一个副调节器官。所以，鱼在快速游泳时，总是将腹鳍紧贴在身体上，以减少游泳的阻力。有些鱼索性不要腹鳍，免得成为累赘，所以不少鱼特别是一些过着穴居生活的鱼类，腹鳍明显退化或完全没有腹鳍。有人曾做过这样的实验，他把鱼的腹鳍剪掉，看对鱼有什么影响，结果发现对鱼的游泳并没有多大影响。当然，有些生活在山涧急流中的鱼类，腹鳍已变成了吸盘，用它吸附在岩石上；雄性鲨鱼腹鳍内侧的部分鳍条已衍生出鳍脚，这是它的交配器官。很显然，这些鱼类的腹鳍就是必不可少的。

126. 鱼的骨骼有绿色的吗？

说起"白骨"人们并不会惊讶，但是，说到有绿色的骨骼那就太不可思议了。应该说，大部分鱼的骨骼是灰白色的，但有一种鱼，也就是雀鳝，它的骨骼却全是绿色的。这究竟是什么原因，目前还没有搞清楚。虽然它的味道不错，钓鱼时也容易上钩，但一见到它那碧绿的骨骼，如此的阴森可怖，哪还有食用的雅兴啊。

127. 鱼的血有白色的吗？

说血是红色的，绝不会有人反对这种说法。其实绝大多数鱼类的血液也是殷红色的，那是因为血液中含有血红素的缘故。氧气在水和血液中的溶解力是有限的，但有了血红素就可使血液摄取和输送氧气的能力提高10倍。然而在南极，人们却发现了一类奇怪的鱼，血液不是红色,而全是白色的,它的鳃丝像白白的粉丝一样,一点血红的颜色都没有,人们称它"白血鱼"。它的样子像鳄鱼,科学家又叫它"带腭鱼"。这白色鱼并不是病态,它完全是正常的鱼。那么,它的血液中没有红色素,它又是如何摄取氧气的,又是如何把

带腭鱼

氧气输送到全身各个组织的呢?原来,它的代谢率很低,在0.5℃～－2℃的水温条件下,安静时的耗氧量仅为其他鱼类耗氧量的一半到三分之一。这就减轻了它摄取氧气的负担。它的鳃从水中摄取氧的能力很强,在通气好的水里,它的摄氧率可提高到安静时的3倍～4倍。它的皮肤有很高的摄氧能力,摄氧量可占全部摄氧量的30%～40%。它的血液量很大,是其他鱼类的2倍～4倍,溶解在里面的氧气自然也就多。它的心脏也很大,是等大的红血鱼的3倍,输送血液的效率也就高。它的血管很粗,由于血红细胞少,血液的黏性低,血流阻力小。这样,它就能高效率地把氧气运到全身各个组织中去。它还能根据水环境中含氧量的多少来调节血流率的大小,在含氧量低的水中,血流率可比安静时提高50%以上。这类鱼并不小,可长到60厘米长,2千克重。

128. 什么是拟色或保护色?

我们知道,武装部队的战士,有时穿一种叫拟彩服的

服装,甚至还在汽车上涂上相似的色彩,来模仿树叶等绿色植物的色彩,使战士在作战或执行任务时,隐藏在丛林中不易被敌人发现。有些鱼也有这种本领,它们身体及身体上的斑点和斑纹,同水底或岩石或水草的颜色相似,这就叫保护色。如生活在花岗岩间的鱼类,身上常显出各种花岗岩的阴影。再如,黑色的鱼在熔岩间,绿色的鱼在较淡的海藻间,橄榄色的鱼在马尾藻间,红色的鱼在红珊瑚间都是这种情况。比目鱼的身体埋在海底泥沙之中,体色就和泥沙相似;在深色海底,它就变深;在浅色泥沙中,体色就变浅。石斑鱼也是拟色高手,体色随环境而改变。从黄变绯红,红变绿或深褐,也可以变白,由白再变黑,身上的斑点和花纹也随环境不同而改变其深浅。鲥鱼也是这样,在红色水藻丛中游泳,体色变红;在绿或黄藻丛中时,体色就变绿或变黄了。

129. 比目鱼的两眼在左侧还是在右侧?

比目鱼两只眼睛的位置并不是随心所欲安排的,而是由遗传基因决定的,是一代一代遗传下来的。人们口头上常说"左鲆右鲽,左鳎右舌鳎",就是说比目鱼中,凡两眼在身体左侧者是鲆类和鳎类,两眼在身体右侧者叫鲽类和舌鳎类。要特别提到的是,这可是不同的两类鱼。它们的每一类中包含的种类还是很多的,仅我国海域就有50多种,如斑点如星的牙鲆和斑鲆,形状如枯木叶的木叶鲽,体色暗褐的星鲽,及体表如凝集几排小石头的石鲽,还有全身披着美丽的花纹宛如一条花手帕的条鳎和形状如牛舌的舌鳎等。无论哪一种,凡眼睛所在的一侧,身体颜色就深,这是身体的背面,无眼一侧的身体颜色就浅,它是身体的腹面。比目鱼俗称偏口鱼,又因为它的形状像妇女鞋底,古时还称它是"鞋底鱼"呢。它的肉味道鲜美,刺又少,在宴席上不失为一道上等佳肴。

130. 比目鱼一出生两眼就长在一起吗?

比目鱼一出生,它的两只眼睛就长在身体的一面吗?不是的。当它们刚从卵子孵化出来的时候,两只眼的位置还挺正常的,在身体左右侧是对称的。早期的仔鱼与其他鱼类也没有多大差别。但是,随着发育,慢慢沉到海底,一只眼开始向左或向右移动,经过一系列变态之后,变得和成体一样,也转入底栖生活了。它们时常将身体埋在泥沙里,仅露出两只眼睛,或伏在海底。它们的两眼在身体一侧观察动静非常方便,到处搜寻着小鱼、小虾、小蟹以及沙蚕、蛇尾等动物吃。当冬天到来时,它们就移到深水去过冬;天暖和了,再移到近岸海域觅饵、生殖。它们一般不作大范围的洄游。所以,科学家们选择好的比目鱼品种进行人工孵化,等养到一定大小之后,放回大海。它们游不远,就在自己的家门口长大,这样就可以大大提高产量了。

131. 什么鱼被称作"免费旅行家"?

在海洋鱼类家族中,有这样一种鱼,它头上有一个大印章状的结构。这实际上是一个吸盘,是由前部背鳍衍变而来的,内有22轮~24轮软骨板,当它贴近物体或动物体表面时,周围和当中的一道道棱和膜就抬高,里面的水被压出来,当中就形成真空,内外压力不同,就会牢牢吸附在物体上。相反,膜一放平,水就会进去,它又会自由的松开了。它的吸力很大，能紧紧吸住五六千克重的东西。这就是鲫鱼，不少地方的人称它为船底鱼、黏船鱼、吸盘鱼或鞋底鱼。

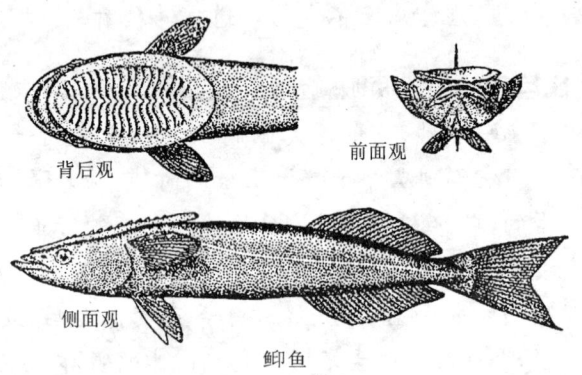

背后观　前面观

侧面观

鲫鱼

　　鲫鱼正是利用这一吸盘，吸附在船底或大型鱼的身体上，自己一点力气不用出，就可以随着船或大鱼南来北往，四海周游。尤其是当它附在大型凶猛动物如噬人鲨身上时，更可以狐假虎威，其他动物会望风而逃，没有什么动物敢靠近它，它也不会受到其他动物的伤害了。而噬人鲨虽凶猛无比，但鲫鱼吸在它身上，或者它根本看不见，或者看得见但却抓不到，也奈何不了它，所以非常安全。况且，它还可以拣食一点大鱼捕食时的残羹剩饭，或到了食物丰富的地方就趁机溜走，饱食以后又寻找个新的目标，贴上去再继续它的免费旅行。它们有时也会躲进大型硬骨鱼如旗鱼、剑鱼和翻车鱼的口腔或鳃孔中，不仅可以躲避敌人的攻击，而且还能拣食一些食物的碎片呢！

132. 为什么南极鱼不怕冻？

　　普通鱼类比较适宜的生活温度范围是12℃～15℃，低

海洋动物

于这个范围它们的生活就会受影响,若水温降到 12℃ 时,鱼的呼吸量就会增大,6℃ 以下就失去平衡,3℃ 以下就引起痉挛,接近冰点时就会引起死亡。然而,南极鱼类能在冰点或接近冰点的水温中生活,甚至在冻结的冰中呆上数周也不死,这就不可思议了。原来,南极鱼的体内能合成脂类的防冻液,它的防冻效率是人们在汽车散热器中所用的亚乙基二醇防冻剂的 300 多倍,更为重要的是南极鱼类的体内含有一种特殊的糖蛋白分子,也就是由糖和蛋白质组成的化学物质,实际上是一种生物化学的"抗冻剂",起抗凝结作用,即使温度到冰点时,鱼体的细胞也不会凝结。据科学家研究证明,糖蛋白能通过某种途径包围着微小的冰晶,形成一道屏障,使它不能继续发展,鱼就不会被冻住。据分析,体内含糖蛋白浓度越高的鱼,它就越能抗冻。科学家正在设法把南极鱼体内的这种抗冻基因分离出来,移植到不抗冻的鱼类,如鲑鱼的细胞内,使它获得抗冻御寒能力,这样,人们在寒冷的水中也可以进行养殖了。

133. 世界上有"煮不死"的鱼吗?

各种鱼类对温度都有一定的适应范围,温度的变化会引起鱼类的死亡。当水温在 23℃~24℃ 时,一般鱼类都能活动自如,当水温上升到 34℃ 时就影响到它们的呼吸,在 37℃ 时就会失去平衡,41℃ 时出现痉挛和昏迷,而在 45℃ 时就开始死亡了。所以,能够在 37℃ 以上的水温中生活的鱼类很少。但是,也有些鱼能耐较高的温度。在肯尼亚的马加迪湖东岸,有些咸水温泉,水温可达 27℃~49℃,却有成群的罗非鱼在那里生活。有人用鳗鲫等鱼类做过实验,发现它们在73℃～75℃的水中还生活得很自由自在。当水温升到93℃时呼吸才开始受到影响,到99℃时鱼体失去平衡,106℃时昏迷,直到113℃的水温它才死亡。如果将这些鱼拿到我国青藏高原上去煮,不就成了煮不死的鱼了吗?

134. 鱼也睡觉吗?

据科学家研究证明,鱼也是要睡觉的。不过因为它没有眼睑,所以,它是睁着眼睛睡觉的。它们的睡眠时间也很有规律性,有的鱼是晚上睡,如鳗鲡、鲇鱼等,白天捕食,晚上则躲到岩石缝里去休息;有的则是白天睡。当然,各种鱼睡眠的姿势各不相同,如河豚是伏在水底,比目鱼则漂浮在水中一动不动。有一些鹦嘴鱼更十分奇特,它们在晚上皮肤能分泌出黏液把身体包围起来,形成一件睡衣或帐篷,只留出水的出入口,鱼在其中可以安静地入睡。其实,在室内水族箱中养的鱼,晚上也是要静卧水底睡眠的,所以,如果你家里养了鱼,就不宜让灯光彻夜通明,也不宜半夜突然亮灯,以免影响鱼的睡眠。当然,鱼的睡眠只能算作身体休息,和人的酣酣酣睡是有区别的。

135. 鲨鱼为什么被称作"游泳的鼻子"?

为什么把鲨鱼称作"游泳的鼻子"?这得从它那非常灵敏的嗅觉说起。鲨鱼的感觉非常灵敏,其中最敏锐的要数嗅觉。从解剖上看,鲨鱼的脑大部分和嗅觉有关,嗅叶占了脑容量的三分之二。它的嗅囊特别大,鼻黏膜褶皱特别多,若将它展平的话,一条1米长的鲨鱼鼻黏膜的面积就有4842平方厘米大。所以当鱼或其他动物包括人受伤流血时,浓度只要有百万分之一,相距很远的鲨鱼就能嗅得到,从而会捕捉着血腥味追逐而去,某种气味只要它嗅过一次,以后就能识别得出。1万吨海水中只要溶解1克氨基酸,鲨鱼也能觉察得出来。所以,鲨鱼被称作"游泳的鼻子"。不仅如此,它口中的味觉细胞也很多,对食物的刺激也非常敏感,它可以分辨出水中浓度仅有一百亿分之一的某种物质的味道。

水中鲨鱼

136. 鲨鱼也有耳朵吗?

鲨鱼是软骨鱼,但也和硬骨鱼一样,只有内耳,但它的听觉却很好,它的内耳感受低频声的能力很强。受伤的猎物在数千米远做不正常的运动时,它也能探测得出来。据潜水员们说,若是有人用刀将一条鱼的肚子刺破,那么,他会立即被鲨鱼包围,速度之快,令人吃惊。由于鲨鱼是从水的上游来,因此有人认为,这可能不是鱼的血腥味所致,而是受伤的鱼在垂死挣扎中伴有的某种声音将鲨鱼吸引来的。鲨鱼身体两侧各有一条侧线,从头延伸到尾,能感觉到近处任何一种运动所引起水体最微弱的振动。当鲨鱼游到距猎物数十米远时,它的侧线系统能无比准确地捕捉到每秒约为40周的振动波。鲨鱼的耳也有平衡作用,据实验证明,若把鲨鱼身体一侧的听神经切断,它游泳就失去了平衡,身体总是向一边倾斜。

137. 鲨鱼是近视眼吗?

鲨鱼的确是近视眼,但在15米以内的近距离内,它的视觉还是很敏锐的,特别是容易看见经过深色背景运动的物体。不仅如此,它对颜色还有辨别能力。鲨鱼的两眼长在头部两侧,所以它几乎可以感觉到各个方位上的光线。由于鲨鱼经常在较深水域活动,那里光线少,它的眼睛在视网膜之后有一层像镜子一样的反光层,因为视网膜是透明的,所以到达视网膜上的光只有很小一部分被它利用,其余的就直接到达反光膜上。反光膜就把这些没有利用的光再一次反射回来,使视网膜上的感受器得到双重的光线,以便充分利用这微弱的光线来看清目标。一些未被感受器重新吸收的反射光射出眼外,这也就是,为什么当我们用光照射一个动物的眼睛时,会看到它的眼睛闪闪发光的原因。当然,这种反光组织不仅鲨鱼有,许多夜行性动物都有,如海豹、狮子、狼、猫等。

138. 鲨鱼有电感觉吗?

早在20世纪30年代,荷兰生物学家得克哥莱夫就发现,鲨鱼有电感觉,它能"看见"电,这种电感觉产生于它的电感觉器上。它的电感觉器能测出一个落水人员的伤口所产生的电场。若一个人受伤流血时,就容易招致鲨鱼的袭击。据实验,在养鲨鱼的池子里放入一条比目鱼,它很快钻入水底的泥沙中藏起来,表面上根本看不见,鲨鱼不用视觉和听觉就能立即探测得出,十分准确地发现了它,并把它抓出来吃掉了。人们再用不透明、不露

气味但能通过电流的琼脂将比目鱼包起来埋在沙子里,

对鲨鱼的观测

鲨鱼同样能准确地找得到。若将比目鱼再用一层有绝缘性能的塑胶包起来,再放在池子里,鲨鱼就无能为力了。证明鲨鱼身上确有电感受器,对水中的微弱电流很敏感,能感受到 0.00001 伏的电流,且能用它来定位。所有水生动物活动时,都能产生电势能,这种电势能强度达 100 微伏/厘米,是电感受器平均感受灵敏度的 100 倍。虹的电感受器颇像细颈玻璃管,每个感受器有几千个感觉细胞,通过媒介物质将电刺激传送给神经纤维。除了捕获食物外,它还有定向作用,能感知海浪的电场,明察地磁场的变化,了解周围环境,与同伴互通信息等。鲨鱼和鳐鱼,不仅对电场很敏感,还能对电场的来源进行定位呢。如,有一种鳐鱼只要用鳃肌产生极其微弱的电流就可以检测出隐藏在泥沙中的动物。人的心电图就是由这种微弱电流构成的,所以鲨鱼在黑暗中也能发现游泳者,可能和这种电流的发放有密切的关系。此外,鲨鱼和鳐的侧线系统也能收集水中很微弱的电流。

139. 鲨鱼的牙齿有多大威力?

鲨鱼虽然是以凶残出名的海洋动物,但它却有着优美的流线形体型,完善的身体结构,快速游泳的能力。如噬人鲨的游速竟可以和一匹疾驰的快马相媲美。游速最快的是锯峰齿鲨,时速达69千米,鼠鲨时速50千米。鲨鱼的力气也大得惊人,只要它的尾巴一甩,就能把船舷撞破。一条2.5米长的鲨鱼牙齿咬食时的压力每平方厘米达18吨。鲨鱼的牙齿锋利,像一把把小尖刀,能把手指粗的电缆咬断。北美洲的印第安人甚至用鲨鱼的牙齿刮胡须。它的牙齿往往有几排,前排在捕食时常脱落,后排的牙齿就往前移动进行补充。每6

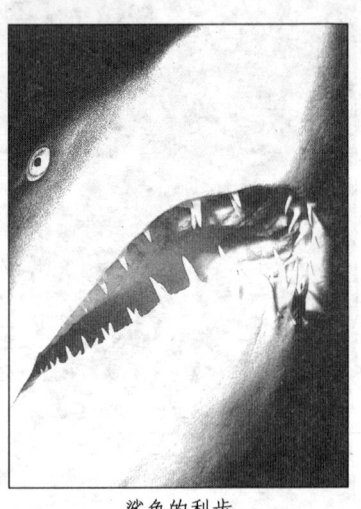

鲨鱼的利齿

个~12个月,鲨鱼的牙齿全部更换一次,鲨鱼一生要更换30000枚牙齿。鲨鱼的口也很大,美国自然科学博物馆有这样一幅照片,6个人可同时站在一具鲨鱼上下颌骨中间。鲨鱼的牙齿不仅对鲨鱼的生活有重要作用,而且现在竟成了人们的收藏品。据报道,一付完整的白鲨牙齿在收藏家那里可价值15000美元呢!

140. 射水鱼为什么还要射人呢?

根据观察,射水鱼在射水的那一刹那,是它的鳃盖突然受力的挤压,将鳃腔里的水压到口腔。它的上腭有一条沟,此时它的舌往上压,与上腭的沟形成一条管子,这样可以增加水流喷出的速度,当鳃腔里的水经由此管时,就可以有力地向前喷射出去了。它的吻尖恰好突出水面,水流正好射向目标。管理人员每天给饲养的射水鱼投饵,是欣赏射水鱼精彩的射水表演的最佳时机。有的水族馆一个池中养很多条射水鱼,每天喂食时,先把池中的水位降低,再把细细的食物颗粒沿池子水面以上的玻璃墙放下去,此时所有的鱼会像爆炸一样一起射水,在15分钟之内,能把所有的食物从玻璃墙上干干净净地全冲下来。如果有的观众为了看得更清楚些,把身体探到池子上面观看时,脸颊上往往会突然被射水鱼射出的水击中,感到尖锐的刺痛。原来,他那一眨一眨的眼睛,在射水鱼看来就好像是只活动的昆虫一样,也就成了它们射水的目标了。

141. 射水鱼是如何在水下瞄准目标的?

众所周知,光在空气和水中的折射是不同的,在空气中是1,在水中是1.33。如果把一根棍子斜插到水里,由于光线由空气射入水中发生折射,看上去棍子像是折断了一样。从水中看空气中的目标情况也很类似。因此,射水鱼在水下看到水面以上的食物位置与实际位置相比将有很大不同,鱼眼感觉到的物体距离要比实际距离近。那么,射水鱼

射水鱼

是如何用眼睛在水下判断出它和水面以上空气中的目标间距和如何瞄准目标的呢?许多人一直想揭开这个谜,但这个谜一直持续了59年之久,直到1961年,人们通过仔细观察一尾射水鱼捕食昆虫的全过程,这个谜才被揭开。据观察,射水鱼在射水之前,它先向前游,几乎游到目标的正下方,显然做一下瞄准,然后在它喷出水的一瞬间,它将身体几乎拉成垂直的,在这种位置上恰似一条木棒竖直着插到水里,能看到它要捕食昆虫的准确位置。再加上,射水鱼的眼睛水晶体呈圆球形,两眼的视野可达220度,真可谓"眼观六路",也称得上是"火眼金睛"了。

142. 射水鱼还有多少不解之谜?

射水鱼的眼睛比多数鱼的眼大而结构复杂,能产生立体视觉,就是说它们的方向朝前,两眼有很大一部分视野相重叠,这使它能很好聚焦,准确地判断出与所捕捉目标间的距离。这只是它的特征之一。再者,它的口和舌的形状及射水的机制,以及与此相连的行为都适应于射水。当一个动物许多适应都指向某一点时,人们就推测这是自然选择的压力造成的,因此也是它们生存所必需的。但奇怪的是,尽管它射落昆虫的结构非常精巧,但射水鱼并不是把它作为捕获食物的主要方式。的确,射水鱼不用射水也能活得很好,例如生活在海里的射水鱼显然永远不会射落昆虫。更为稀奇的是完全不需要它射水时它却射水,这似乎又表明这种鱼并非很聪明。人们看到,射水鱼可以直接跳出水面用口捕捉沿水面低空飞行的昆虫,可它却射水;也看到,它向已落到水面上很容易直接捉到的昆虫射水;

还看到,它向水底的一个能动或不能动的小目标射水。当然,在水下射出的水是看不出来的,但能看到它的鳃盖突然收缩,而指向点的泥或沙子都泛起来了。从而得出,射水鱼对任何感兴趣的目标都会本能地"射击"。

143. 弹涂鱼离水为什么不会死?

常言道"鱼儿离不开水"。因为鱼一旦离开水,它的鳃就会枯萎,粘在一起,不能进行呼吸,鱼得不到氧气就会很快死亡。而弹涂鱼离开水却能活很长时间,这是为什么呢?原来,弹涂鱼的皮肤和尾部都很特殊,它的皮肤上血管相当丰富,能通过很薄的皮肤直接摄取空气中的氧气。它的皮肤还有呼吸功能,身在水外,它的尾鳍垂到水里,也能辅助呼吸,所以能较长时间离水生活。加上它的鳃腔很大,鳃腔密封,腔内皮肤上有大量血管,当它离水远行时,嘴里总要含上一口水,可以帮助呼吸,所以它离开水两三天也不会死亡。但它毕竟是鱼,也不能长时间离开水,所以它在滩涂上挖洞穴居。它的洞很深,有50厘米～70厘米,一直挖到水线以下,成"Y"字形。这个洞有两个口,一个口供出入,另一个口供通水和通气。这个洞就是它的家,遇敌时既可以躲进去寻求庇护,生儿育女时又可以当产房,天冷了还可以在里面过冬呢!身体干了到里面打几个滚把身体湿润一下,含在口里的水因取食等原因不得不丢失时,还可以到洞里去补充。

144. 弹涂鱼为什么又叫"泥猴"?

弹涂鱼在泥上能爬、能跳,行动敏捷,又名跳鱼。清代的《事物异名录》中说:"捷登若猴,又名泥猴。"弹涂鱼不仅动作灵活得几乎可以和猴子相比,而且头上还高高地鼓起一对机灵的眼睛。它的眼睛有柄,能自由转动,视野十分开阔。它就是靠它搜寻着可口的食物,也警惕地防着危险的敌人。当眼球干燥时,就把眼睛缩回眼窝里,那里有水袋可以把眼睛湿润一下。当看到爱吃的海藻就张大嘴巴,左右摇摆着脑袋向前从土表或石头上啃着吃。当遇到异性时,它的背鳍条会竖起来,作为吸引对方的信号。而在遇到敌害时,这种姿态又表示恐吓或敌意。

145. 有能发电的鱼吗?

海洋里有很多能发电的鱼,当人们在海里触到它们时,就会像受到电击一样,突然颤栗起来。那么,全世界到底有多少这样的鱼呢?据统计,约有500种带电的鱼。其中有250种鱼具有特殊的发电器官,能发出令人有痛感而难受的电打击。具有发电器官的鱼既包括淡水产的电鳗、电鲶,也包括海产的电鳐、瞻星鱼、长吻鱼、裸鱼等。其中最典型的要首推电鳐了,全世界有38种。它们身体一般较小,不超过30厘米,也有的可长达2米,重100千克。无论在温带或热带海洋里都能见到它们的踪影。它们习性懒惰,游泳能力不强,大部分时间是将身体埋于海底的泥或沙中消磨时光。虽然它的身体也是盘状,略呈亚圆形或长形,但它比其他鳐类厚而柔软,而且边缘也都是肉质的。

146. 鱼发电的的威力有多大?

我们已经知道,无论是海洋还是陆地,能带电的鱼种类可真的不少。鱼有发电的功能,但发电的能力有多强呢?科学家们研究发现,各种鱼发出的电强弱不同。有一种非洲鲶鱼能发出 350 伏的电,电鳗能发 500 伏,最大可达 800 伏,能把电压 50 伏～60 伏安培的电阻丝烧掉。据计算,电鳗发电的输出功率为 0.1 瓦/1 克体重,而 1 克重汞电池的输出功率也只有 0.003 瓦,仅为电鳗的三十分之一。汽车的蓄电池只有 0.001 瓦。生活在海洋中的电鳐发电的情况又如何呢?电鳐一般放电 70 伏～80 伏,大电鳐和双鳍电鳐能发到 200 伏。所以,当人踩上埋在沙中的电鳐时,它的电流的强度足够把一个成年人击倒。古希腊人早就了解电鳐,把它们称作"麻醉者",古罗马医生还曾经用它来治病呢。

147. 鱼身上有发电机吗?

大家都知道,人类用的电是发电厂里的发电机发出来的,鱼的电则是由它的发电器官发出来的。各种鱼的发电器官的基本结构是大致相同的,都是由许多电板构成。鱼身上的电板薄而扁平,像盘形的薄饼。板的一面比较光滑,连着特殊的神经;而另一面有很多突起,连着血管。一个个电板有规则地重叠在一起,形成一叠像钱币一样的柱子,柱子又彼此相连。电鳐的每个柱有 1000 多块电板,它的全身总共有 2000 多条柱子。它身上的发电器官要占其体重的六分之一。而电鳗的还要多,每条柱子有 6000 个～10000 个电板,身体每侧有 60 条这样的柱

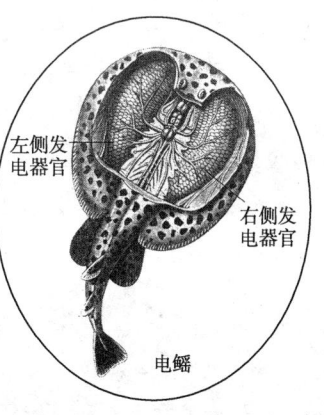

电鳐

子，它的发电器官占它整个身体容积的 40%。最有趣的是，最早的伏打电池就是以鱼的发电器官为模型而设计制造出来的，这就是世界上的第一个直流电源。

148. 鱼是怎么放电的？

能放电的鱼同样有自己的游戏规则，那就是，只有在它需要或自己受到侵害时，才会放电。当鱼遇到紧急情况需要发电攻击时，它的视觉、触觉或其他感觉器官会把信号通过神经传到脑部的延脑和邻近脊髓的发电控制中心。该中心立即向发电器官发出命令，由于每个电板都和神经相连，因此，它们可以同步反应，电板彼此串联，就可以产生很高的电压，电柱又相互并联，就能产生很强的电流。因此，鱼自身有随意控制放电、放电时间和强度的能力。但若连续放电，鱼就会疲劳。如电鳐每分钟可放电 50 次，当然，电压也会逐渐降低，在 10 秒钟～15 秒钟后，就会完全消失。每当这个时候，它必须适当休息后才能继续放电。鱼的放电有两个类型，一是脉冲放电，一是连续放电。电鳗在觅食时，每秒能发 1500 个脉冲。就是同一种鱼在攻击时每秒钟放出的电也是从 2 个脉冲到 400 个脉冲不等。

149. 鱼为什么要放电？

很显然，鱼类的发电器官是一种防御和攻击武器。它能借电脉冲探查水下的黑暗世界，导航觅食，联络求偶，攻击敌人、辨别其他鱼的性别、种类乃至年龄。当它们遇到捕食目标时，立即开动"发电机"，一刹那间，3 米～6 米范围内的鱼、虾、蟹等动物，有的被杀死，有的麻痹晕厥，然后会统统被它捕而食之。有人从一条电鳐胃里发现，它吃了一条近1千克重的鳗鲡和一条0.5千克重的鲽,足见它的发电器官的威力是相当大的。电鳗发电的电力还要厉害。在捕获它们之前,渔民常是先把牛马等大动物赶进水里,使电鳗受惊而拼命放电,当然有的牛马被电击后落入水底,四肢麻木,疲惫不堪,电鳗也因连续放电而疲劳。此时,渔民就可以趁机捕获这美味食物了。另一类有趣的发电鱼类是瞻星鱼类,共约25种。这是一群小型肉食性鱼类,有着方形头,朝上张的口,小小的眼睛,身长在40厘米以内。它的发电器官是由眼肌衍生而成,如瞻星䲢鱼在休息时只发90微伏电,但如果需要时,也能发到50伏。它大部分时间将身体埋在海底的泥或沙中生活,只眼睛露在外面观察动静,对任何闯入者都会造成威胁。

150. 发光的鱼类有多少?

在大海深处,同样是一个弱肉强食的世界,那里光线极其微弱,甚至一片漆黑,因此,对深海动物来说,识别同类和区分雌雄就成了它们生存的主要环节。但在很深的地方,即使最锐利的鱼类眼睛,要将一个影子的运动形状准确地识别出来也是不太可能的,因此,无数深海鱼类都用全身发出的极微弱的光作为标志来识别自己的同类和分辨雌雄。硬骨鱼类中能发光的种类最多,从海洋中、下层已捕获的鱼类中,有80%的种

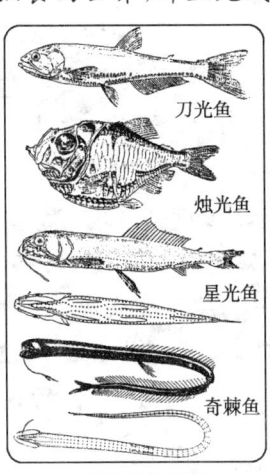

部分发光鱼类

类有发光器,因此有人估计深海鱼至少有三分之二以上,甚至 90% 或 95% 的种类能发光。如灯笼鱼科、巨口鱼科、星光鱼科、柔骨鱼科、角鮟鱇科、黑巨嘴鱼科等有 42 科的鱼类中都有发光成员。

151. 发光鱼的光是哪里发出来的?

海洋中有那么多种能发光的鱼,这些鱼的光是从哪里发出的呢?科学家们研究证明,鱼发出的美丽的光都是由发光器发出来的。鱼类发光器的形式可以多达数千种,甚至很小的鱼,它的体表也会有几千个微小的发光体。每边两排,就像两排小洞一样,这是非常普遍的类型。发光器的结构也很复杂。如巨口鱼的腹部发光器大都呈杯状,底部是一层黑色的色素膜,再上是银色反光层。杯内容纳发光腺细胞团,上方是滤色器和一个胶质聚焦晶体。当它发光时,每个发光器都通过晶体聚焦射出一个淡绿黄色光束,使它具有方向性,还有一个扇形光区,这显然是银色反射层反射而出的。发光器的数量很多,巨口鱼体上有 100 个~500 个发光器,而黑巨口鱼和食星鱼还要多,达数千个。发光器有大有小、星罗棋布,从小如针尖的发光组织遍布于全身甚至鳍上,到大型的沿腹面成行排列的杯形发光器,眼下和颊部还有更大一些的腺细胞发光。有些鱼如灯笼鱼的发光器上有神经分布,表明它是由神经控制的。另一些鱼的发光器上尽管没有神经分布,但所有发光器都有血液供应,因此这些鱼的发光器可能是由激素通过血液控制的。例如曾经有人给黑巨口鱼注射肾上腺素,结果发现 10 分钟后它的所有

海洋动物

发光器官都发光了。鱼类发光器发出的光颜色也不一样,有紫色、橘黄色、黄色、淡黄绿色或蓝绿色等,并常常时断时续,像一系列星光闪烁。也有的鱼是从食物中摄取含磷的有机物储存在体内,当需要时把它吐出来,磷遇到空气中的氧就发生自燃,形成一束火焰,这类鱼也常被人称作会"吐火"的鱼。

152. 发光鱼是如何借光求生的?

从印尼到红海的海洋中有一种叫光睑鲷的小鱼,身长仅7厘米~8厘米,但是它的发光器在所有发光生物中是最大的一种,它所发的光也是最亮的一种。它发出的蓝绿色光并不是鱼本身腺细胞产生的,而是寄生在发光器里的上百亿个细菌产生的。原来,这种细菌体内同样有荧光素,和氧结合就发生了化学反应,形成氧化荧光素,以光的形式把这种化学能释放出来,就发出了光。对细菌来说,这种光实际上只是它新陈代谢的副产品。细菌发光时所需的氧气和养料都由鱼的血液提供。这些细菌都寄生在一个特殊的囊内,里面衬以深色的色素膜,防止发出的光对它自己的眼产生刺激作用。否则它一发光,鱼的眼就什么也看不见了。光虽然是由细菌发的,但发光的控制权却归鱼所有。因为,它有一个皮肤褶覆盖在发光器上。这是一个发光的控制机构,就像人的眼皮一样,闭上眼睛时光就进不了,什么东西也看不见。这种膜将发光器盖起来后,它就发不出光来,膜移开就会发出光,像电灯开关一样控制着发光器的启闭。这种鱼在白天多隐于珊瑚礁中,当夜幕降临之后,就三五成群或聚成多至一二百只的大群游近水面,打开发光器用细菌发出的光引诱小型浮游生物吃。但这种光不仅能引来食物,也会引来捕食者。当一个潜在的猎手趋光而来时,这种鱼还会采取"关灯"和"快跑"的特殊策略来应付。也就是,它先是发着光朝某一方向游,当捕食者追来时,它就把发光器一关,立即掉头朝另一个方向快速游开。有人统计过,每一条鱼在一分钟内可以重复表演这种"关灯、快跑"的行为达 75 次之多,若数条或数十条鱼同时反复表演这种"关灯、快跑"的把戏的话,就会使捕食者感到眼花缭乱,不知所措,小鱼也就可以趁机逃脱了。

153. 为什么许多深海鱼的眼睛特别大?

生活在浅海里的鱼,眼睛是正常的,而生活在深海150 米~500 米之间的鱼眼有增大的趋势。当阳光照射到水里时,不断被海水吸收。随着深度增加,光线也越来越少,但在 1000 米以内的地方总还是有一丝微光可以利用。所以,许多鱼的眼睛长得就特别大,晶体也很大,如灯笼鱼科的有些鱼类眼的直径竟占头长的 50%,而且视网膜上还有发达的杆状细胞,在弱光下视觉主要是靠这种细胞起作用。更有趣的是,有不少深海鱼的眼睛在外形上变成了短圆筒状,如巨尾鱼的眼睛就是这样,就好像戴了个望远镜一样。这种眼能向上向前活动,但实际上看得并不远,只是两眼的位置一并靠前,视线可指向同一方向或观察同一物体。还有的鱼两眼只能向上活动,不能向其他方向活动,因为光线是从上层透进来的,往上看更清楚,如后肛鱼的眼睛就是这样。生活在深海底的鱼类,它们的眼睛变得大了起来。如灯笼鱼的眼睛竟占了它整个头的二分之一。

154. 为什么深海盲鱼多？

不少深海鱼,生活在几千米深的深海底,那里是永恒的黑暗,除了少数生物发出的微光以外,没有任何光线,视力再好也无用武之地,长期不用,眼睛的功能也就慢慢退化了。如 200 米～1000 米深的海水中,甲壳类动物有 50% 以上是盲眼。而在 4000 米以下深度的海水中,有 99%～100% 是盲眼鱼。那么,没有眼睛,

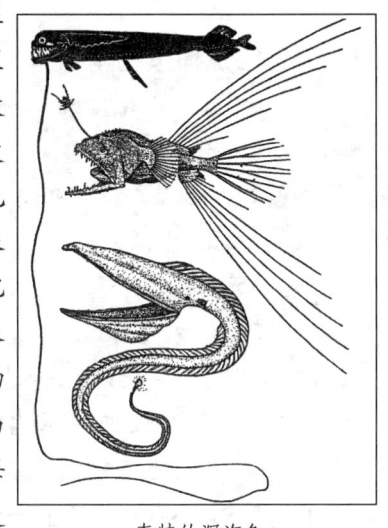

奇特的深海鱼

深海鱼是怎样生活的呢？实际上,在它们的身体上只要有一种感觉器官的退化,往往会导致另一些感觉器官发达起来以作为补偿。如盲人的眼睛失明了,他们的感觉特别是触觉和听觉却会变得十分敏感,在鱼类的身上也是如此。凡眼睛退化的鱼,它的背鳍、腹鳍或尾鳍的一部分鳍条多数演变成许多长丝,或长出长须,有的长度可以有身长的数倍,有的还交错起来形成许多精巧复杂的结构呢。有的细长像鞭子,有的形状好似钓竿。而每条丝上都有极其敏锐的感觉,如三脚鱼的左右腹鳍和尾鳍各有一根长长

的鳍条,犹如三脚凳支撑在海底一样。再如树须鱼下颌生有发达的触须,而且分支也很多,好像树枝一样。它的作用就像盲人手里拿的拐杖一样,用它来探测环境,搜捕食物,避开危险,识别敌害,找到同伴,帮助行动,等等。

155. 为什么深海鱼能耐高压?

大家知道,我们生活在一个大气压的条件下,如果气压略微发生变化,人体就会有不舒服的感觉,如在青藏高原上,或夏季气压变低时,人体感到不舒服就是一个典型的例子。你知道生活在深海中的鱼类,要承受多大的压力吗? 在海洋里,每下降10米深,就会增加相当于一个大气压的压力。在万米深海,那里的压力相当于1000多个大气压,那里的鱼比人的身体承受的压力要大1000多倍呢! 但它们却能依旧逍遥自在地生活着,不能不引起人们的好奇,这里的奥秘究竟在哪里? 原来,在深海这种特定的环境中,深海鱼不易得到充分的钙,所以它们的骨骼和肌肉都不发达,形成多孔组织,具有很强的渗透性。它们身体内部充满与周围海水相似的液体,这就使它们体内外的压力相等,压力再大也不会把它压垮了。加上它身体组织75%的成分也是液体,液体又是不容易被压缩的。这就是人类生活在一个大气压下,每平方厘米体表面受到1千克的压力,却一点也感觉不出来;而深海鱼每平方厘米体表面受到的是1吨多重的压力,它们也可以经受得住的重要原因了。

156. 海龟是如何导航的?

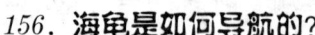

每当生殖季节到来,经过几年甚至十几年的生长,已

海洋动物

达到性成熟的海龟,都要踏上返回故乡的征程,到它的出生地去生儿育女。为了研究它们在海里的行动情况,人们将标记写在海龟身上,结果发现,它们并不是任意漂泊游荡,而是向着目的地迅速前进的。如在南非塔尔标志的一只蠵龟,91天后在东非沿岸向北2500多千米处被捕到。再如在巴西近海栖息的棱皮龟,游速每小时14千米以上,经过8个星期的跋涉,不吃不喝,横渡1400海里,到大西洋的复活岛上产卵。还有的记录更远,从南美洲到非洲西部,其间的距离达5920千米呢。据美国科学家连续4年对8只海龟跟踪研究,发现棱皮龟在迁移时走的是一条界限分明而又狭窄的路,最宽的也只有几百英里。其中的两只前后相隔13天,先后离开同一海岸,37天游了700多千米之后,科学家发现它们彼此相距只有20千米。海龟之所以能如此,他们猜测可能和海流或食物的来源有关。海龟都有非凡的导航能力,它们凭借天生的归家感觉、光罗盘感觉、时间校正感觉和位移感觉,能准确无误地游回出生地。据实验证明,地球磁场是海龟导航的"生物罗盘",而波浪又是超过地球磁场的主要导航地图。还有的认为,海龟能探知溶解于水中的化学物质,能在几百里以外感测到它出生地水中特有的化学信号;还有的认为,当小海龟一出世时,就把当地环境的情况,如海水的特殊化学物质、海滩沙石的气味等全部载入它的记忆库里,等长大后,凭记忆的引导就能返回老家了。

157. 小海龟是怎样找到大海的?

刚刚破壳而出的小海龟在钻出了沙坑以后,可能还顾不得熟悉一下这生身故乡的风光,就匆匆忙忙向着喧闹的大海快速赶去。这生命初期的头几分钟对它来说是至关重要的。因为空中的猛禽、地上的野兽都要争夺这可口的美餐。也许正是因为如此,海龟父母们赋予它们的子女一项卓越的本领,那就是一出生就能识别哪里是大海。尽管海有时被沙丘等障碍物挡住,根本看不见,但它们也不会弄错方向。那么,它们是靠什么判断大海方向的呢?据科学家研究,在自然条件下,新生的小海龟就是朝地平线较亮的一方寻找到大海的。

158. 小海龟的死亡率为什么非常高?

当小海龟孵化出来以后,奋力钻出沙坑,向着大海的方向爬去。在这一段并不算漫长的旅途上,到处危机四伏,忽而祸从天降,飞鸟从空中骤降对它进行突然袭击,忽而又遭遇陆上的捕食者,前来争夺这可口的美餐,有些地方还有人的捕捉。不少小海龟在还未见到大海之前就夭折了,只有一部分闯过层层劫难游入大海。虽然大海向小海龟召唤,小海龟进入大海也似乎宾至如归,但在那里也并不是安全之地,凶狠的鲨鱼正张着可怕的大口在等着它们呢。特别是入海的头几天,小海龟不能下潜,只能在水面上随波逐流,成为"众矢之的"。这样,一些小海龟在由陆入海的过程中丧生,而另一些在大海中葬身鱼腹。这艰难的历程使孵出的小海龟,仅有约1%的幸运儿能最终活下来。闯过一道道难关的这些小海龟们,将追踪着它们父母的足迹,向着大洋索饵场游去。

159. 龟为什么能长寿？

虽然刚出生的小海龟夭折率高达99％，但自然界却给了死里逃生的海龟另一种补偿，使它们成了海洋里的长寿动物。据记录，一只被饲养的海龟竟活了152年呢。有的被捕海龟长1.5米，重90千克，估计寿命要上百岁。海龟为什么会如此长寿呢？原来，它们的动作缓慢，步履徐缓，新陈代谢率低，对身体的消耗少，能较长时间忍饥挨饿等都是长寿的原因。据研究，长寿动物细胞繁殖次数多。解剖学家还检查了龟的心脏机能，把龟的心脏取出后，它竟能跳动整整两天之久，这说明它的心脏机能较强，这也是海龟长寿的重要原因之一。

160. 海蛇身上有鳞吗？

要说海蛇全身被鳞你相信吗？但这是事实。不过，与陆地蛇相比，海蛇的鳞排列稀疏，彼此像地砖一样并列排列，而不呈覆瓦状。海蛇身上的多数鳞是很光滑的，也有的鳞上面有一个或几个小棘。海蛇的鳞是角质的，是由表皮衍生的，和鱼类的鳞片不同。海蛇的皮肤很厚，尤其鳞片之间的部分更厚，这样可防止海水中的盐渗透到体内去，也避免体内的水分向体外散失。不少海蛇身上都涂上一层斑斓美丽的体色，有的全身具一道道深色环纹，而且背腹颜色不同。有的背部具有暗色的条纹，有的还有美丽的蓝色或黄色镶边呢。海蛇幼体的颜色最鲜艳，但随着年龄的增长，环纹和条纹的颜色就会逐渐地变淡了。

161. 海蛇是如何游泳的?

多数海蛇的尾巴不是细长如鞭,而是侧扁如桨,甚至连躯干后部都是侧扁的,这就同陆地上的蛇迥然有别。海蛇在海水中游泳时,尾巴是主要的推进器,很适合于拨水前进。在水面游泳时的海蛇,头是探出水面的,尾巴像船橹一样左右摆来摆去,身体像波浪一样蜿蜒前进,会使平静的海面上荡起优美的涟漪碧波。它既能向前游,也能往后游,还能轻松地下潜与上浮。海蛇在海中能驾御波涛,能潜游水下,能捕鱼捉虾,也是在海里生儿育女的。

162. 海蛇能上陆吗?

海蛇对海洋环境的适应程度并不完全相同,人们将它们分为两类或叫两个亚科。其中一个亚科叫海蛇亚科,它们终生沐浴在大海里,永远不能上陆,若一旦被弄到陆上来,虽拼命挣扎也几乎寸步难行;即使距海不远,也只能望洋兴叹,无法返回,最后偃息待毙。另一个亚科叫扁尾蛇亚科,它身上的鳞片有些彼此重叠,仅尾部侧扁;虽生活在海里,但可以上陆,常游出海来,在陆地的草丛、岩石或沙滩上晒太阳;一旦受到惊扰,就会很快消失在苍茫大海里了。因此,人们也称它两栖海蛇。它的种类不多,只有5种。蛇是没有四肢的,所以画蛇不可以添足,但蛇在陆上行动却很敏捷,或攀援树木,或钻洞穿穴,或陆上爬行,或相互争斗都很快。原来,它有发达的腹鳞,依靠肌肉牵动灵活的脊柱和腹鳞就能匍匐前进。由于海蛇亚科的腹鳞已退化,所以它不能上陆。

163. 为什么海蛇多喜欢在河口附近活动？

当多雨的季节到来时，上涨的河水会把雨水冲来的大量有机物倾注到大海里，虽使水质污浊，但却为鱼、虾提供了大量食物。因此，大批鱼群会蜂拥而来，使那里成为捕鱼的优选场所。同时，鱼群的到来也把以鱼为食的海蛇招引来了，形成了海蛇最多的地方。在水里，它们像海鳝一样迅速而敏捷地游来游去，在海边上，它们有的隐于岩石的缝隙之中，有的匍匐在草或树根的底部，有的趴在水下建筑物的桩柱上。它们那一对对圆睁睁的小眼睛放射出阴森恐怖的寒光，一眨不眨地窥测着周围的风吹草动、水流波涌，以便随时对游近的鱼虾进行突然袭击，也常给渔民带来意外的不幸。菲律宾群岛附近的海域是海蛇经常群聚的地方，海蛇多时一网可以拖出上百条。雨季过去，鱼群离开了，海蛇也随之从河口附近消失了。当然，有些海蛇也可以沿河水上溯达100多里，而在没有什么大型河流的许多太平洋小岛上，也会有大量海蛇在那里生活。虽然，它们喜欢生活在浑水中，但有的种类如长尾海蛇却常在清澈的水域中活动。它们也能被养在淡水中，只要喂养得当，水质清洁，就可以养活数月之久。它们虽多生活在近岸，但也有的生活在距岸100海里～150海里的大洋中。有些海蛇属于夜行类种，也就是说，它们只有在夜间才到处游动觅食，趋光性很强，哪里有灯光，它就游向哪里。所以，晚上无论在海面或水下放置灯光或点起通明的火把，都会把海蛇吸引过去。

164. 鳄鱼是远视眼吗?

鳄鱼常潜伏在水底,一旦发现猎物便迅速上升接近猎物,一口咬定,拖到水底美餐一顿。但是美国科学家测定了6种鳄鱼的视力,发现它们在水底都是严重的远视眼,所以只能潜伏在水底,从远处寻找猎物。它们的眼睛突出,瞳孔朝上,很适宜在水底窥探水面的目标。但在陆地上它们的视力却是正常的。所以,在鳄鱼出没的地区,不仅要防鳄鱼从水中袭击,而且还要防鳄鱼在陆上的追击。

165. 海鸟的喙为什么多种多样?

海鸟的喙是取食工具,也是争斗

的武器,甚至也会演变成为特殊目的服务的工具。因此,海鸟的喙形状不同,意味着它们的食物和捕食方法不同。信天翁的喙长而强健,顶端有强钩,适合捕捉滑溜溜的头足类。它的独特之处是外鼻孔分开,位于喙顶的两边。鹱的鼻孔则是在喙上愈合成一条管子。各种企鹅的喙也不尽相同,但都很粗壮,麦氏环企鹅的V形喙能给任何种类的鱼以致命的打击。鹈鹕的喙特别大,喙下有一个巨大的喉囊,囊中可容纳13.6升水。剪嘴鸥的喙是上颌短,下颌长,在鸟类中是独一无二的,适合边飞翔边将下颌插入水中搜捕食物。军舰鸟的喙又细又长,顶端呈强钩状,适合于做攻击的武器。有的海鸟沿上颌两侧各有一排像梳子

一样的突起,适合于用它从海水中过滤浮游生物。北极海鹦的舌上长有许多朝后弯的小刺,使它捕一条鱼就能叼住一条,一直到六七条甚至还要多,都掉不下来。许多涉水鸟如翻石鹬的喙都较短粗,适合于在海滨沙滩上翻转石块,找取食物。三趾鹬的喙就细长,可达20厘米,它是在退潮后的沙滩上觅食的,走起路来宛如上足了发条的玩具。鹬鸟的喙更长,可以达27厘米,适于从沙中或泥里发掘蠕虫、软体动物吃。综观海鸟的喙,真可以称为百鸟临海,各显其能了。

海洋动物

神秘的自然之谜

166. 海蛇潜水为什么不会被淹死？

海蛇既然用鼻孔喘气,它在海里为什么海水不会灌进它的鼻孔里去呢？原来,海蛇的鼻孔上都有瓣膜,当它的吻部露出水面时,瓣膜被打开,将新鲜空气吸入肺中；当潜入水下时,瓣膜被关闭,水就不会灌进鼻孔里,所以就不会被淹死了。海蛇必须从空气中摄取氧气,无论在海面游泳或匍匐海底休息,都需要不时地浮出水面换气。对海洋适应程度高的海蛇类,鼻孔都位于吻的背面,使它出水呼吸方便；而适应程度低的扁尾蛇类,鼻孔仍位于吻的两侧。像呼吸囊一样的单叶肺脏,在腹腔里大大向后延伸,当吸入空气后,肺部占整个体积的10%～20%左右。

167. 海蛇能潜水多长时间？

科学家发现,海蛇大部分时间是在水面以下活动的,而浮出水面换气的时间很短暂,有时仅有1秒钟左右,而潜水时间都比较长,有20%的潜水时间超过1小时,最长达213分钟呢。有一种黄颌海蛇,潜水的时间平均为35分钟,长者也可达两个多小时；它平均潜水深度17米,最深达50米。海蛇的潜水习惯还有季节性变化,旱季潜水浅,一般只20米；雨季潜水深,时间长。海蛇的肺容量是很大的,所以潜水时间较长。但它实际潜水时间比按肺容量推算出的潜水时间要长得多。这是为什么呢？奥妙就在于海蛇能合理消耗肺部的氧气,当它潜入水下时心搏变慢,几乎每分钟只有1次,以降低氧气消耗。它的全身皮肤可以从海水中吸取氧气,摄取氧气的数量几乎占它需氧量的三分之一左右,并把二氧化碳排入水中。据观察,海蛇下潜时身体几乎与水面相垂直,这可以节省能量。

168. 海鸟是如何游泳的?

大家都知道海鸟可以轻柔地浮在水面,也可以自如地游动。可它们游泳的情况如何呢?海鸟游泳共有三种方式,即用翅膀游泳、用腿游泳或二者同时兼用。多数海鸟在水下是用翅膀翔游前进的,淡水鸟多用脚游泳。由于水是致密的介质,水中运动阻力大,如何减少游泳的阻力,就是提高运动速度的关键。海鸟在水中游泳时,如果贴近体表面的一层流体,能保持与体表平行的状态阻力就小,若呈漩涡状阻力就大。企鹅潜游水下追捕猎物时,头向后缩,脚紧贴身体,身体呈延长的椭圆形,最大体围在身体前三分之一处,几乎成了理想的流线型,所以运动中受到的阻力最小。海鸟的尾脂腺发达,像鸭子一样,虽然浸于水,但羽毛却不吸水,既保暖,又便于随时起飞。几乎所有海鸟腿的位置都靠后,脚呈蹼状,既适于游泳,又有助于捕食。多数企鹅能稳定地以每小时7千米~10千米的速度潜入和浮出,在水下短

南极鸬鹚

程出去的速度要高得多,可达到每小时36千米。

169. 南极海鸟为什么不怕冷?

南极大陆的气温最低达零下70℃,海水温度也很低,而且导热性能好,这对在南极生活的海鸟来说是十分不利的。那么,南极的海鸟是如何抵御严寒、防止体热散失的呢?在南极生活的企鹅,它的皮下有一层很厚的脂肪层,如帝企鹅,它的脂肪要占体重的三分之一,脂肪是热的不良导体,不仅像外套一样起保温作用,而且也是贮存能量的良好场所。羽毛对保温起着致命的作用,如帝企鹅身上每平方厘米就有18根羽毛。它在体表网络了一层空气,形成了一个绝热层,其保温效果的84%是羽毛取得的。保暖固然重要,降温也很要紧,如果因为剧烈运动或由于气温太高而使体温过热,也会像过冷一样有致命危险。因此,也必须尽快散热,此时它们一般都把羽毛竖起来,以利于散热。海鸟的面部、脚上的裸区也有热辐射器的作用。若体温升高超过正常水平,这些裸斑就会充血,把体内过剩的热量尽快运到体表释放出去。翅膀在体温调节上也有很大作用,冷时紧贴身体,减少身体和冷空气的接触面积,减少散热;而热时把翅膀抬离身体,以加速散热。

170. 海鸟也要迁徙吗?

所谓迁徙就是鸟每年在一定的季节、沿着大体一定的路线、成群结队的由一地飞往另一地的活动。如每年秋末冬初,大雁南飞;春暖花开,燕子归来,就是典型的鸟类迁徙现象。全世界的鸟类中有近半数即约4000种左右需要迁徙,海鸟也是这样。当然,迁徙的距离有远有

海洋动物

近。迁徙对一个鸟的生活至关重要,它既可以通过迁徙获得最大好处,又是一次最大的冒险。由于地球的大部分陆地都集中在北半球,多数鸟类甚至其他一些动物也多分布在北半球。所以多数鸟是南北方向迁徙的。它们是到南方过冬,来北方度夏,在较北的纬度繁殖,也有少数海鸟是东西方向迁徙。有些海鸟是在很短时间内完成迁徙,也有些海鸟像是从容地旅行一样,飞飞停停,累了、饿了停下来休息觅食,吃饱了再飞。鸟的飞行高度一般在1000米,但小型鸟不超过300米。

171. 迁徙距离最远的海鸟是哪一种?

在迁徙的海鸟中,已知迁徙距离最远的鸟是北极燕鸥。它们在北极圈内繁殖,当北方的冬季来临时,它们启程南行,先后要经过中美洲、欧洲和非洲沿岸,要飞越起伏的山川河海,阅尽千差万别的世界万象,最后到达南极圈以内,其间飞行的距离是17500千米。还有人记录过,它们有的从俄罗斯的摩尔曼斯克启程,一直飞到澳大利亚的弗里曼特尔南部,全程飞行约22500千米,每年来回飞行至少40220千米。它每年往返,既避开了两地的恶劣气候,又享受了两极舒适的黄金季节和丰盛的美餐。人们说,

北极燕鸥迁徙图

它们才是地球上唯一一种永远生活在阳光下的动物。

172. 海鸟迁徙是靠什么导航的？

有那么一些大洋性海鸟，平时可以飞离陆地几百甚至几千千米，常年在海上生活，一旦到了生殖季节，还能准确无误地找到它原来的老巢，哪怕这个生殖基地仅仅是茫茫大海中的一个小岛。这就是动物航行的最大奇迹了。曾经有人做过一个实验，把一只海鸟装在笼子里，从英国某个岛上启程，穿过整个北大西洋运到北美。这期间始终把它关在笼子里，使它见不到途中的任何东西。结果把它放飞后不到两周，它又飞回到它的老巢了。还有人做过一些类似的实验，距离大致与上述实验相同，但地点和方向都不同，分别从日本、华盛顿、阿拉斯加启程，运到中途岛，但最后都得到了相同的结果。还有人用企鹅做实验，在南极威尔克斯站捕了5只阿德利企鹅，装上飞机运到麦克默多海峡，全部释放。这里距它们的巢有3800千米。结果10个月后，至少有3只又回到了原来捕获它们的地方，它们平均每天至少要旅行13千米路程。人们最后发现，不管在哪里释放，也不论它们的巢在何处，企鹅总是遵循一个固定的方向启程，表明它们有能力正确估计自己的境遇。那么，企鹅到底靠什么导航的呢？原来，企鹅是靠太阳作为它的导航指标。因为，阴天时它们总是无一定方向地乱走，或就地打转，或干脆就地打盹睡觉，太阳一出来它们就恢复正确的方向。有人推测，鸟对偏振光可能很敏感，而世界各地偏振光的反射角是不同的，鸟就是依靠自己和太阳所处位置的不同而导航的。

还有人认为,鸟能感受地球磁场磁通量方位,把它当作罗盘使用。鸟还能测出地磁的强度、倾斜角(即鸟与地平线所处的角度)和磁偏角(即磁场北方和地理北方之间的角度),把它们当作地图使用。也就是说,鸟类有一种内部磁性罗盘,用以在飞行中定向和导航。

173. 为什么海鸟的体色比较单调?

多数海鸟的体色比较单调,既没有孔雀的美丽华贵,又没有山雉的娇艳迷人,这也是对自然的一种适应。它们的羽毛上最常见的深色素是黑色素,它能抵御阳光照射,防止紫外线对羽毛和皮肤的损伤。深色易吸收可见

白顶褐燕鸥

光,并作为热能辐射出去,在高湿度地区生活的动物比在干燥地区生活的相似动物颜色要深,这有利于辐射过剩热量,因为湿度高,难以蒸发散热。当然,深色也能大量吸收光能,增高体温,但高湿度多与阴天和多云天气相关联,所以还是更利于散热。在寒冷区域如南北极,淡色有利于保存体热。海鸟的体色大致有三种类型:一是体上部淡灰色,下部白色。这被称作"消阴形",因为从上往下看,水色是深的,体上部的灰色和水色很一致,而从下往上看,上层水色是淡的,体下部的白色和水的颜色融会在一起,既不易被捕食者发现,也不易被猎物察觉,是很好

的伪装色。所以全世界海军舰艇大多都涂成灰色。二是上部深褐到黑色,下部淡色,和上述的性质和作用类似。三是全身深褐到黑色,除防阳光照射和防磨损外,对在深色环境中休息和在深色海岸取食的鸟来说,有更大的伪装价值。所以,许多雏鸟和未成熟的鸟,毛色比成鸟深。对那些在夜间借月光或星光活动的鸟来说,就有更大的伪装意义了。在南北极白色环境中的鸟全身是白色,"毛衣皓于雪",这既有极好的保护身体的价值,又有热调节的重要作用。

174. 海鸟的飞行方式有哪几种?

海鸟是地球上最后一大群冒险家,它们凭自己的飞翔本领,似天马行空,随心所欲。的确,飞翔使鸟获得许多比其他陆生动物优越得多的东西。活动范围大了,蓝天任鸟飞,大地任其走。对海鸟来说,还有大海任其游呢。它们把海陆空联系在一起,哪里有食物就到哪里去。长距离迁徙消耗的能量相对较低,接近猎物的效率高,逃避敌害的速度又快。长距离迁徙,使鸟能很好地应付剧烈的季节变化。虽然多数鸟都会飞,但各有巧妙。它们飞翔的方式大致有三种,一是上下垂直扇动翅膀,这是最通常的向前飞行的方式;二是所谓直升机式的飞行方式;三是空中翱翔,双翼不振,任凭强风吹送,长时间空中徘徊。究竟用何种方式,这就视不同鸟和不同气候条件而定了。

175. 什么样翅膀的海鸟飞翔能力最强?

当鸟在空中飞翔时,人们能清楚地看到海鸟展开的翅膀,细细观察它的形状,那可是多种多样的,有的细长而尖,有的短而宽,还有的呈椭圆形。就鸟类而言,翼有4种类型。那些活跃在森林中的鸟如麻雀的翼就是椭圆形,这有利于鸟突然拐弯,有的鸟能在0.03秒钟内改变方向。第二次世界大战中英国的一种飞机,机翼灵活,翼

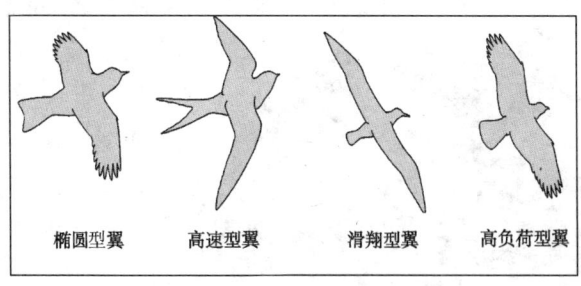

鸟翼的四种基本类型

形就像麻雀翅膀。二是高速型翼,如燕子、蜂鸟和东亚雨燕等风中捕食的鸟和长距离迁徙的鸟如矶鹞、燕鸥和海鸥等,翼呈后掠形或箭形,到翼尖才渐渐变得狭而尖。最快的如矶鹞,每小时飞行175千米。三是翱翔型,如军舰鸟、信天翁和鲣鸟等都是。一只军舰鸟的体重不过1千克~1.5千克,翅膀展宽有2米多,羽毛的重量比它的骨骼还要重,整个身体似乎专为滑翔而设计。若用翅膀的长度和宽度相比,应该说长度大于宽度越多的鸟滑翔能力越强。鸟在滑翔中较大的翅膀可以使它在降低同样高度的过程中,滑翔较长的距离。第四种是秃鹫、鹰等的负载型翅膀,它们是掠食者,时常带着很重的猎物迅速高飞,在变幻无常的气流中平稳地翱翔,而且能做出敏感而灵活的反应。判断一种鸟的飞翔能力的强弱,还有一个重要的指标,那就是单位翅膀面积负担的体重,翅膀面积

相同的海鸟体重越轻,飞翔的能力就越强。但随着翅膀面积的增大,它的强度就会降低,在空气中的摩擦力就会增加。

176. 为什么海鸟的尾巴形状不同?

在海鸟的飞翔或游泳中,尾巴也起着很重要的作用。尾巴的长度和形状不同,显示出海鸟飞翔中的千差万别。一般来说,长尾巴用处最大,因为它能形成较大的上浮面,对海鸟着陆和起飞都很有帮助。但对潜水和游泳来说,长尾巴的作用

长尾巴海鸟

就不像在空气中飞翔那么重要了。短尾巴适合于在水下起舵的作用。用翅膀游泳的鸟也可以用它的脚当舵,但用脚游泳的海鸟如鸬鹚,不可能同时用脚当舵,这就需要有个较长的尾在水下当舵使用。军舰鸟和许多海燕具有深叉形的长尾,它可以在不同程度上伸展开来,两边上下摆动,对飞翔提供强大的力量,所以这些鸟的飞翔能力很强。还有许多鸟的尾巴呈楔形,这种尾巴对飞翔控制用处不大,但很有利于迅速上下改变方向。鹲的尾巴中部具有延长的飘带,这在海鸟中也颇不平常。鲣鸟和鹈鹕的尾是尖的,这很有利于它高速潜入水中时减少阻力。

177. 海鸟中谁是潜水冠军?

尽管广阔的大海为海鸟提供了无尽的食物来源,但是,大多数海鸟的食物并不在海水表层,而是在水面以下,海鸟要想捕到食物,必须潜水下去。各种海鸟的潜水深度是大不一样的,大部分可以潜到3米~4米,有的能潜10余米或更深。根据记录,鸬鹚能潜水37米深,白头潜鸟、长尾鸭及北极海鹦等最大潜水60米,阿德利企鹅68米,南极企鹅可潜到80米,海鸥能潜水89米,普通海鸭的潜水深度是180米,王企鹅潜水深度是240米。潜水最深的还是帝企鹅,它能潜水265米,称得上海鸟潜水之冠。多数海鸟在水下能呆1分钟~2.5分钟,中等大小的企鹅能潜水5分钟~7分钟,潜水时间最长的要算帝企鹅,是18分钟。它在水下游泳的速度也很快,每秒游2.7米,每小时7.5千米。有些海鸟如鸬鹚的身体比重较重,是0.97,所以潜水时毫不费力;而另一些海鸟如海鸥等的比重较小,是0.59,潜水时就困难多了,它们必须从空中利用身体降落时的冲力潜入水中。

178. 会飞的海鸟为什么不会太大?

就整体而言,一只鸟的身体结构朝着满足两种需要发展,即增加飞翔力量和减轻体重。鸟的大小也受飞翔这一运动方式的限制,按照物理法则,体重超过15千克的鸟,它们的翅膀在空中就支撑不住,鸟就要掉下来,所以有些较大的海鸟如信天翁不得不靠滑翔来节省能量。但无论如何,能飞翔的鸟体重不能超过15千克,所以有些海鸟因迷恋大海索性就放弃了飞行,身体大小也不受限制了。企鹅就是最好的例子,如帝企鹅,它不能飞,体重就可以重达45千克。5000万年前,有一种企鹅站起来达1.5米,几乎像人一样高。体重超过1千克的海鸟很难既用翅膀在空中飞翔,又用翅膀在水下划水游泳。

179. 最小的海鸟是哪一种?

在海鸟中,海燕身体小巧玲珑,体长一般在140毫米～254毫米,体重20克～50克,它身轻如燕,飞翔也似燕,因此得名海燕,也是最小的海鸟。它种类不算很多,仅有20多种,但却分布于全世界的海洋之中,从温带到寒冷的南极,到处都有它们的踪影,我国有2种。海燕有着高超的飞翔能力,有时在白茫茫的海面上行走如飞,时而又在乌云和海洋之间高傲地飞翔,宛如黑色的闪电,忽而用翅膀拍击着海浪,忽而像箭一样直冲云霄,即使在暴风雨中它仍能飞翔自如。它全身的羽毛多为黑色,也有的尾部或腹部呈白色。每到繁殖季节,众多的海燕便会聚集在偏僻陡峭的海岛上筑巢繁殖。

180. 滑翔中的海鸟为什么不会掉下来?

人人皆知,鸟类飞翔时必须不停地扇动翅膀;它们也会滑翔,双翼不振而可以前行。当然,任何鸟都有短程滑翔的本领,因此,在鸟着陆前往往都要有一段距离的滑翔,但终归是要着地的。这种运动的能量是由高处下降的过程中由势能转变成动能而来的。所以,鸟滑翔中的高度必然要下降,除非获得能量补充,否则迟早会停到地面上。但许多海鸟却能长时间在空中滑翔,为什么它不会掉下来呢?它前进的能量又是由哪里来的呢?经研究,人们发现海鸟能像帆船运动员一样,驾长风,乘气流,破浪向前。帆船是没有发动机的,全凭驾驶员巧妙地操纵船帆,适应风向和风速,利用风力鼓帆而前行的。海鸟滑翔也同样是巧用风能。常言道:海上无风三尺浪,就是说无论是否有风,大洋上都可以产生涌浪。若无陆地阻挡,涌浪可以传播很远。一个传播速度比风还快的波浪,不停地压迫它前方的空气,而不断地产生一个上升气流,尽管这个上升气流可能很弱,但仍能被海鸟觉察得出,并加以利用。海鸟可以"骑上"它往上飞,达到一定的高度,然后在滑翔过程中再渐降到波谷。由于空气与波浪之间的摩擦作用,风在不同高度上方向和强度都有变化,海鸟就是巧妙地利用这种变化保持飞翔的。

181. 什么是海鸟的一个滑翔周期?

海鸟可以"骑长风"自由滑翔。那么,滑翔是否也有规律呢?当然有。海鸟的滑翔是周期性的,以信天翁的滑翔为例,在第一阶段鸟是乘着上升气流往上升,当达到最高处时,获得了一定的势能,此时它会迎风前进,所受上升气流的作用相对渐小。第二阶段海鸟转为顺风而下,随着高度的降低,势能转化为前进的动能,增大了向前滑翔的速度。第三阶段随着高度的降低,风速渐慢,而海鸟前进的速度则达到最大,甚至比风还快。第四阶段就是待鸟滑到波谷时,风速最慢,眼看就要落到海里时,海鸟又会将前行的方向一改,转向迎风。当升到波峰处时,又可以"骑"上上升气流速度渐强,被方向相反的风推向高处,直到风力降低到不能把鸟继续有效地往上推高时为止,鸟就重复另一个滑翔周期了。海鸟在上升时虽影响了向前的运动,但却获得了能量补充,可保持滑翔继续下去。在完全无风的天气,也能看见信天翁在涌浪的前方巡游。在风向多变的区域,它们也能利用上升流滑翔。其他一些海鸟如海鸥、鲣鸟和鹈鹕等虽不及信天翁那样技艺高超,但也能表演出很高超的滑翔技巧。当然,它们更多的是把滑翔技巧与有规律地鼓翼结合起来。

182. 海鸟飞翔为什么排成"V"字形?

每年的秋末冬初,大雁南飞,抬眼望去,常见它们像是训练有素的队伍一样,排成整齐的"V"字形队列,在头鸟带领下,井然有序地向南飞去。来年春暖花开时节,它们又以同样队列飞回来。大雁是这样,海洋鸟类中的鹈鹕、鸬鹚、鲣鸟和鹅也是这样,海鸥和一些其他海鸟偶尔也会这样。这引起了人们的好奇和不解,是谁在指挥它们呢?实际上,这是由鸟的翅膀在飞行中产生的空气涡流自然促成的。也就是说,头鸟的每只翅膀后方产生一个向右的气流,而在它的两边则是一个补偿性的上升气流,成"V"字形飞行使后方跟随的鸟恰好飞在这样形成的涡流的上升部分,很自然地就产生一个上浮的力,这种上升气流还能对鸟产生向前的冲力。因为它有利于空气流过翅膀,使翅膀向下倾斜,产生一种向上和向前的吸力效应,所以这时飞翔最省力。每一只鸟都对它后方的鸟产生同样的效应,依次传下去。鸟之所以不选 V 字形内侧飞行,是因为那里的涡流方向是相反的,飞行起来也最吃力。这并非像骑自行车一样产生的顺风效应。据研究,陆生鸟丹顶鹤结队迁徙时,总是排成"人"字形,这人字形的角度永远是110度,原因也是一样的。飞机若这种编队飞行,也能节省燃料的5%～10%。聪明的鸟类却无师自通地懂得如何在飞行中把能量消耗减少到最低限度,这是值得人类学习的地方。

183. 海鸟为什么可以喝海水?

众所周知,没有水就没有生命。但海水却不能喝,因为海水含盐类太多,喝起来又咸又苦,而且越喝越渴。所以,人们出海航行,虽然置身于水的王国里,却必须自带淡水。然而,为什么许多海鸟却能在茫茫大海上,连续度过四五个春秋,饥餐鱼虾,渴饮海水呢?原来,这些海鸟体内都有排盐腺,就像海水淡化器一样能排除体内过剩的盐类。如信天翁等管鼻类的排盐腺就在鼻腔两侧。有人用海鸥做过一个实验。用导管把134毫升海水灌到一只重1420克的海鸥胃里,看它能否把海水中的盐排出去。这些海水的量是很大的,相当于一个人喝下7升海水。结果这只海鸥只用了3个小时,就把这些海水中的盐全部排出去了。3个小时内共收集它的分泌液131.5毫升,其中56.3毫升是排盐腺分泌的,其余75.2毫升是从泄殖腔收集的。排盐腺分泌的液体虽略少,但排出盐类的量却比泄殖腔排出的高10倍呢。这就是海鸟为什么可以喝海水的原因。

184. 企鹅的祖先会飞吗?

众所周知,企鹅是不会飞翔的,但是,从它身体的许多结构来分析,它是由会飞的祖先演变来的。也就是说,

阿德利企鹅

它们也曾自由地翱翔于蓝天之上。科学家在企鹅的身体结构上发现了许多这种会飞翔祖先留下的烙印。例如，它的鳍翅就是一个变成桨状的飞翼，腕—掌联合，这种结构适合于飞羽——翻羽附着。翻羽是飞翔所必须的结构。虽然企鹅的翻羽早就消失了，但支持翻羽的结构依然存在。企鹅的胸骨有龙骨突起，它是飞翔肌肉附着的地方。而不会飞翔的鸟类如鸵鸟、鸸鹋等胸骨是平坦的。还有一个更突出的特征就是它有尾踪骨，用来支持呈扇形排列的尾羽，这是对飞翔的适应，所有现代鸟类都有，企鹅也有，它是代表会飞祖先遗传的特征。再者，翅膀发达的鸟都是把喙插在翅下睡觉，企鹅也是这样。飞翔鸟的小脑很发达，以协调全身各部的动作，企鹅也有复杂而发达的小脑，也被看作是会飞祖先的一个遗传特征。1907年和1930年在新西兰和澳大利亚的1100万～2500万年前的中新世地层中发掘出的两种企鹅化石，分别有1.37米～1.52米和1.52米～1.7米高，重90千克～135千克，都和一个超级体重的人相当。

海洋动物

185. 什么是动物的"伯"、"阿"法则?

实际上,无论是鸟还是兽,分布于寒冷地区的要比分布于温暖地区的个头大。人也有相似的现象,如我国东北地区的人就比四川等南方地区的人平均要高,这就是动物的"伯格曼法则"。另外,动物身体上的一些突出部分如耳、喙等,在寒冷地区的都较短,这叫作动物的"阿伦氏法则"。这是因为动物在寒冷地区身体的热量很容易散失。因此,个体大,身体上的突出部分小,向环境中散失的热量相对就要少,代谢效率就相对要低,需要的能量也相对要少。身体大有利于保存体热。而温暖地区的动物需要尽快地散热,身体小较为有利。例如,两只各有500克重的小型鸟,需要的食物就比一只1千克重的大鸟多,因为它们的代谢率高,身体表面积相对较大,向环境中散失的热量也相对较多,所以消耗的能量也就多。

186. 为什么说蓝鲸是地球上最大的动物?

蓝鲸是海洋中的庞然大物,它硕大无朋,体长可达33米,体重有190吨,相当于33头大象或300多头黄牛的体重。它的一条舌头就有4吨重,一条百米长的跑道,只要3头蓝鲸接起来就摆满了。就是世界上最有名的短跑运动员,从蓝鲸的头跑到尾,也需要好几秒钟。若用载重5吨的卡车去拉,需要近40辆。它的背在海里露出来像个小岛,伸出头来像座小山。它是地球上有史以来曾出现过的最大动物,从大小上说,堪称"兽中之王"。它的身体背面是深苍灰色,有碎斑点状淡色花纹,腹面有白斑。十分有趣的是,蓝鲸一出生就有7米~8米长,2吨~3吨重

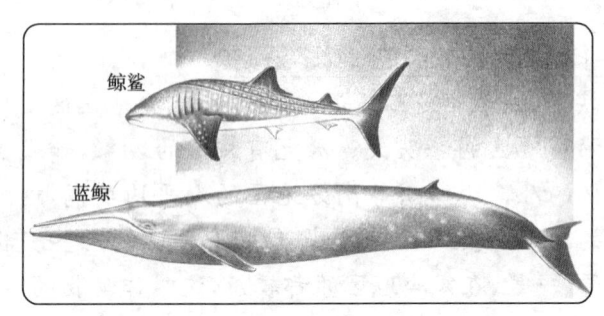

鲸鲨(上)与蓝鲸(下)

呢。它一天能增长 4 厘米、100 千克,到断奶时体长已达 16 米。那你知道它的寿命有多长吗?它能活 100 年,也有人认为它能活 120 年呢。蓝鲸广泛分布于北太平洋、北大西洋及南极海域。在南极海域数量最多时即 1930 年,一年仅捕杀的就有 27400 头。据报道,一头蓝鲸用 47 天的游程达 3000 千米以上。它的肉、脂肪、骨骼、内脏及须都可以利用,一头蓝鲸可称得上是价值连城了。

187. 为什么蓝鲸能成为体重冠军?

蓝鲸之所以能成为体重的冠军,应该说是大海对它的恩惠,蓝鲸只有生活在海里才能长得这么大。一来是因为海里食物丰富。蓝鲸虽然躯体巨大,但却以小得和它无法相比的磷虾为食。这种虾体长只有 6 厘米~7 厘米,其他许多大动物都不愿意吃,也许是嫌吃起来太麻烦吧,所以竞争的对手少。而这种虾的数量又多,基础雄厚,在南极磷虾稠密的海域,船只经过时都击不起浪花来,很容易捕食,要不然怎能养得起蓝鲸这些大肚子汉呢,它一天要吃掉 5 吨磷虾。二来水的浮力大,支撑着它的巨大躯体。非洲象是陆地上最大的动物,体重 5 吨左右,若它的体重再增加,它的四肢就支撑不住了。按照物理法则推断,陆生动物的身体超过一定重量,腿就支撑不住了,所以,陆生动物不能长得太大。但在海里却不然,动物的身体被海水支撑着,基本上处于失重状态,动物再大也能浮得起来。鲸只需花费很少的一点游泳的力气,就可以驱动身体,乘长风破万里浪,驾巨浪而自由沉浮。当然,动物也不能无限增大,超过一定限度,心脏和肺等器官的功能就不能满足需要了,所以,动物不可能无限地增大。

188. 鲸为什么头顶上会喷水?

当我们在水里游泳时,需要不时地仰起头在水外面换一口气,人若是能把鼻孔移到头顶上去,就可以边游泳边换气,呼吸就不必再仰头了。但是,对鲸来说却是顺理成章的事,因为鲸是哺乳类动物,是通过鼻孔呼吸空气的,由于鲸长期适应海上生活,促使它的鼻孔慢慢移到了头顶上,这有利于它随时出水换气。鲸的呼吸猛烈而短促。当鲸往外呼气时,肺中的气体以猛烈的速度往外喷射,将鼻孔及其周围的部分海水也一起喷上去,形成一簇高高的雾柱。这种雾柱有的可高达几米到十几米,就像是鲸头顶上有一个喷泉一样,实际上那是鲸在呼吸。所以透过万里烟波,常见鲸群出没之处,它们出水换气时喷出的一股股白色雾柱,宛如大海中的缕缕喷泉。人们在海上往往可以根据鲸喷出雾柱的高度和形状,在相距很远处,就能识别出不同的鲸种。

189. 为什么海豚只有一个鼻孔？

同学们可能对海豚并不陌生,但是,你知道海豚是一个鼻孔的动物吗？一般的动物包括人在内都有两个鼻孔,鲸类中的须鲸类也是两个,唯有海豚等齿鲸类却只有一个鼻孔。动物的鼻孔之所以有两个,是生物进化史上两侧对称的需要所决定的。只有各种感觉器官如眼、耳等对于身体中轴成两侧对称时,动物才能分辨出身体两侧环境的差异。如人的耳朵之所以能分辨出声音是从哪个方向来的,是因为声源距两个耳朵的距离不同,声波传入两个耳朵的时间不同,正是根据这种微小的位相差,才判断出声音的方向性的。鼻孔除了呼吸功能外,基本上也是一个嗅觉器官,要想知道气味是从哪个方向来的,就必须有两个鼻孔。但是,海豚等齿鲸类的嗅觉完全丧失了,可以说它们终生不知香臭的味道,鼻孔就专门用来呼吸了。根据计算,用一个大鼻孔换气比两个小鼻孔换气效率高,这就不一定要有两个鼻孔了。这是自然选择的结果,对它有更大的生存价值。须鲸类以浮游动物为食,在浮游动物多的海域会有特殊的气味,所以须鲸还需要嗅觉的帮助。尽管一般都说鲸类的嗅觉退化,但须鲸就例外了。

190. 蓝鲸的力气有多大？

蓝鲸的个头大,它的力量也是无比巨大的,有1700匹马力那么大,能拖行800匹马力的机动船。当它以每小时28千米的速度游泳时,产生的拉力相当于一个中型火车头的拉力,功率达1250千瓦。曾经有一头蓝鲸把一艘27米长的捕鲸快艇拖着游了8.5个小时,平均时速达到了9千米,当时,这艘快艇开足马力向后退,却仍被它拉着向前拖行了74千米。若能训练它替人在海上拖船,那一定是又高效又节能了。难怪历代诗人都梦想骑鲸遨游呢。金代王丹桂说:"直待功成后,骑鲸笑傲超于彼。"李白也自称是"海上骑鲸客",苏轼也要"骑鲸遁沧海",清代王枢更是要"欲跨长鲸临弱水,神州东去访蓬莱"了。

191. 鲸和鱼的尾鳍有什么不同?

鲸和鱼的尾鳍都是它们游泳的推进器官,是它们前进的发动机。但是,鱼的尾鳍的方向是垂直的,而鲸的尾鳍是水平的。这主要是因为,虽然它们都生活在水中,但鱼是用鳃摄取水中的氧气,不需要不时地浮

鲸的尾鳍

出水面换气,垂直的尾鳍对于鱼灵活地左右变换方向最方便;而鲸需要随时浮出水面换气,水平尾鳍对于它上上下下也很方便。再就是,鱼的尾鳍中有骨骼,鲸的尾鳍中没有骨骼,完全是一块纤维板。这是因为鲸的尾鳍是它进入水中生活以后才逐渐形成的。

192. 鲸为什么要跳跃?

无论是在平静的海面上,还是在波涛汹涌的大洋上,人们经常会见到鲸突然从水中跃起,随即又落入水中。同时,还发出巨大的轰鸣声,那声音在数千米以外都能听

得到，而且浪花四溅，情景非常壮观。一头30吨重的座头鲸能跃出水面6米高，跳跃一次所用的力量，就相当于举起485个人所花的力气。有的还连续跳跃若干次，有的鲸每隔40秒钟左右就要跳一次，可以连续跳几分钟。如北大西洋座头鲸在西印度群岛海域，7分钟内竟跳跃了130次。说也奇怪，越肥的鲸越容易跳跃，如露脊鲸、抹香鲸、灰鲸等。在风速增大时跳跃的频率还会增加，附近有其他鲸跳跃时，也会引起鲸的跳跃，幼鲸比成鲸更爱跳跃。它们跃出水面后，落水时有的是背朝上，腹部着水；有的则是侧身从水中跃出来，在空中来个急转弯，最后背朝下落水。那么，它们跳跃的目的到底是为什么呢？实际上，它们跳跃的目的可能是显示力量，或为寻找配偶，或向对手示威，显示体魄强壮，或是幼鲸玩耍，互相联络，也可能是为了释放体内过剩的能量。

193. 座头鲸为什么被称作"歌星"？

座头鲸是须鲸的一种。这种鲸的样子有些古怪，短而粗的身体有18米长，65吨重。它的鳍肢特长，竟有体长的三分之一。也就是说，18米长的鲸，鳍肢就有6米长，所以有人称它是巨臂鲸。也许因为鳍肢长，活动方便，所以，它游泳的花样也就特别多，一会儿左拐，一会儿右转，一会儿打滚，一会儿又翻跟头，或跃出水

座头鲸

面几米高,随即又"啪"的一声跌落水中,激起浪花四处飞溅。由于它潜水时背部高高地弓起,所以有人还称它为驼背鲸。它最突出的特点是能唱出美丽动听的歌曲,它的歌声一般长6分钟左右,长的也有30多分钟的。若把它的歌声录下来,再以加快14倍的速度播放,那声音就像婉转的鸟鸣。更奇怪的是,科学家们发现,所有的鲸在同一年内都唱同样的歌,第二年又都换了新歌。即使相距很远的鲸,所唱歌曲的结构和变化规律也都是相同的。它们每年洄游后,回到原地时先是唱去年的歌,然后再逐渐变化,这说明它们能记忆一首歌中所有复杂的声音和声音的顺序。所以,座头鲸被人们誉为海洋中的歌星。

194. 须鲸是如何觅食的?

须鲸多是以磷虾等浮游动物为食,这些动物一般都很小,为了能吃饱肚子,它们的口里长出了特殊的须,用以从大量海水中过滤食物,这是哺乳动物中最奇特的适

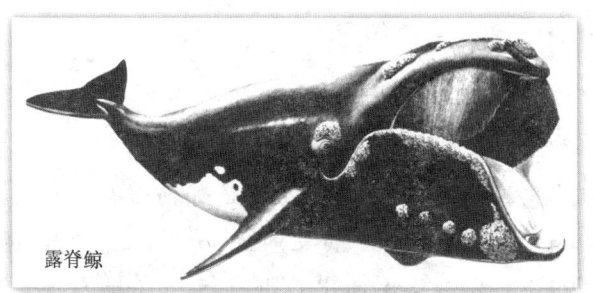

露脊鲸

应之一。须是在上腭两侧排成两列,每一列有须300枚~400枚,每一枚须呈三角形板状,也称须板。须板的上端宽,下端尖,外缘平滑,内缘长满像头发一样的须毛,

板的方向与头的方向相垂直。从头的侧面看,须板排列得像梳头的梳子那样整齐,相邻两个须板间的距离为0.5厘米~1.3厘米。在捕食时,鲸张开巨口,一边慢慢向前游动,一边将磷虾、浮游动物、小型群游鱼等和海水一起吞入口内;然后口一闭,水就从须板间滤出,食物就被过滤在须上;然后再头一抬,口一闭,就将食物吞咽入肚了。鲸吞吐的海水量很大。杜甫诗中这样写道:"饮入长鲸吸百川",虽然这是对饮酒人海量的形容,也说出了鲸捕食时的磅礴气势。你知道吗?座头鲸捕食方法更为巧妙,它是先在水下朝上发射一串串气泡,在水面形成一个很大的圆圈,气泡就像气枪一样使磷虾受惊而向圆圈中心集中,这时,鲸再张着口从圈中心浮出水面吞而食之。鲸的口是很大的,尤以露脊鲸的口最大。仅它的头长就占18米体长的三分之一,口就有6米长,须板长4米多。只要它的口一张,十几个成年人可以从容出入,人们把它称为吞舟之鱼,实在不过分。它的取食效率很高,每头鲸每天要吃掉3吨~4吨的磷虾。

195. 仔鲸是如何吃奶的?

对陆生哺乳动物是如何喂奶的,大家一定很熟悉了,可是,你知道海洋中的哺乳动物是如何喂奶的吗?雌鲸的乳房位于生殖裂两侧的乳沟里,平时在体表根本看不到乳头,这可以减少游泳中的阻力,只有在产子后的哺乳期才露出乳头。鲸没有吮吸乳汁的软嘴唇,喂奶时母鲸得侧过身来,游得很慢,仔鲸将乳头把握在舌和腭的前端之间,同上腭巧妙地形成一条细管,吸住乳头,海水进不去。仔鲸无法像陆生兽类那样吸奶,而是靠母鲸乳腺的特殊肌肉收缩,压迫乳腺,将乳汁射到仔鲸的吸管中,并经过吸管,直接流到仔鲸的喉咙里。由于乳汁向外喷射

灰鲸

的压力很大,可以使仔鲸吃奶时费劲小,花的时间也短,吃奶的量却很多。海豚是每15分钟~30分钟吃一次奶。大型鲸一天按600升的产奶量计算,每天若吃40次,每次就吃15升。鲸奶呈乳白色,有时带点粉红色,水分少,比牛奶浓2倍~3倍。鲸奶的含脂量高达50%,这样既可减少母体的失水量,又有利于仔鲸快速积累皮下脂肪,增加御寒能力。

196. 抹香鲸为什么被称作"潜水冠军"?

抹香鲸是齿鲸中个头最大的成员,雄性长达20米,重60吨,雌性也有15米长。它头重尾轻,宛如一头巨大的蝌蚪,仅头部就占去全长的三分之一,整个头像个大箱子。它的鼻孔也很特殊,只有左鼻孔畅通,位于头的左前上方,而右鼻孔是堵塞的。它们喜欢群居,数量多的时候可以形成二三百头的大群。有时它们在海面上顽皮地嬉戏,有时又长时间漂浮在海面上酣睡。在第二次世界大战期间,曾发生过这样一件事,有一艘美国军舰在夜间行

驶中，突然觉得船身受到剧烈的震动，不少人误认为是触礁或是碰上了水雷，纷纷准备跳水逃命。后来，才发现是撞上了一条正在酣睡的抹香鲸，真是一场虚惊。为了捕到食物，它们需要经常潜水。各种鲸潜水深度各不相同，如蓝鲸100米，灰鲸能下潜145米，长须鲸500米，抹香鲸能下潜2250米。甚至有报道还说，抹香鲸能下潜到4000米，在水下可以呆90分钟，排在所有鲸类的潜水之冠。

197. 鲸长时间潜水的奥秘在哪里？

凡会游泳的人都知道，人憋一口气潜水顶多能坚持一两分钟，但是鲸却可以坚持很长时间，有一种胆鼻鲸能在水下坚持120分钟呢！经科学家研究发现，鲸有一系列的适应本领。首先，它身体内的储氧量多，它的血液比相应的陆生动物多，肌肉中的肌红蛋白含量也高，所以携带的氧气就多。其次，是节约用氧。它一潜到水下，心搏速度就变慢，如宽吻海豚潜水前每分钟心搏是90次，潜水时降到了20次，同时停止了对内脏器官的血液供应，只保证对脑和心脏等重要器官的供血，这就节省了氧气。再次，它还会"欠债"。当氧气用完了时，它就改用体内糖解作为它的能源。在无氧条件下体内糖解会产生乳酸和其他有机酸，这些酸就存于肌肉中，待浮出水面后再还原，这就好比欠氧债一样。最后，鲸的脑不怕二氧化碳的刺激。人在憋气时，由于血液中二氧化碳的增多，会刺激脑中的呼吸中枢，强制呼吸，所以，人不能长时间憋气。但鲸却不在乎，它的脑对二氧化碳的刺激很不敏感，即使血液中的二氧化碳再多，也不会刺激它进行强制呼吸，所以,它能在水下坚持较长的时间。

198. 为什么鲸不患潜水病?

你知道什么是潜水病吗?潜水病就是指在高压条件下,如在深水里或在潜水舱里从事作业的人,若突然浮出水面时容易引起的一种病,也叫减压病,严重者会导致死亡。因为在高压下血液对氮气的吸收率增加,但人吸入的空气中只有氧气被消耗,当突然返回一般大气压下的环境中时,由于压力减小,血液中的氮气就形成气泡游离出来,使人的身体组织破坏,神经受到挤压,引起麻痹,关节疼痛等。若在潜水舱里极为缓慢地浮上来,氮气经肺部放出,就可避免这一类的不幸事件。当鲸潜水时,每下潜10米就要增加一个大气压,下潜到2000米就是200个大气压,等于每平方厘米受到200多千克的压力。若突然浮出水面,压力的变化是相当巨大的。但鲸在几十、几百甚至一两千米的水层里可以随意上下,从不患潜水病。这到底是为什么呢?科学家认为,人潜水时必须不停地呼吸,氧气被不停地消耗,氮气在体内就会越来越多。但鲸潜水时,只是在肺中憋着一口气,其中的氮气数量有限,不足以引起潜水病;再者,鲸潜到水下时,由于水的压力大,加之它的胸骨和肋骨都不很发达,胸廓不完全,会被压得往内陷,肺也被压得瘪下去,不再进行气体交换,空气中的氮气就不可能溶解到血液中去了,所以,鲸不会患潜水病。

199. 什么是动物的反流式热交换系统?

体温的调节对恒温动物来说是非常重要的,若身体的热量向体外散失得太多,大于体内自身生产的热量,动物的体温就要降低,人的体温降到28℃时就会丧失意识,而恒温动物的体温降到20℃时就会致死;相反若体内产生的热量大于散热的量,体温就升高,哺乳动物的致死体温上限是40℃～43℃。海兽终生沐浴大海之中,水温大部分低于28℃,在两极海域甚至达0℃或更低。水的导热性比空气大27倍,动物体的热量很容易向水里散失。所以,许多人在0℃的海水里只能活15分钟。因此,如何保存体热,对海兽的生存至关重要。除了海洋哺乳动物都有很厚的皮下脂肪,可以有效地防止热量散失外,循环系统也起着很重要的作用。其中鳍肢、尾鳍和背鳍的动脉分为无数平行的小动脉,各小动脉周围又被许多纵行的小静脉所围绕,形成一个个的血管束,这就是反流式热交换系统。动脉血是热的,静脉血温度低。两种血管紧靠,热量就会从温度高的一方向温度低的一方传播。这样,流往鳍表面的动脉热血,途中把一部分热量传给了静脉血,温度逐渐降低,达到鳍表面时已接近体表的温度了;静脉血在回流途中因吸收动脉血的热量,温度又逐渐升高,将动脉血的热量重新带回体内,从而减少了热量的损失。这就是动物的反流式热交换系统的作用。

200. 海豚是什么样的动物?

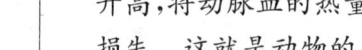

海豚是鲸还是豚?你能说得更准确一些吗?确切地说,海豚是齿鲸中的重要成员,人们习惯上把体长不足5米的小型齿鲸称作海豚。许多古书上说海豚生活在海洋里,遵循着风潮的规律而出没,样子像猪,鼻子长在头顶上,能发出声音,能喷水而上,大小像数百斤重的猪,有两个乳房,

有雌的和雄的之分，数头海豚一起游动，载沉载浮。实际上，海豚的种类很多，全世界有40多种，我国常见的有性情温顺、头部无喙的江豚，有头上具有长喙、活泼可爱的宽吻海豚，有背鳍后缘白色、状如刀刃的镰鳍斑纹海豚，有体色斑驳的条纹原海豚，有在厦门港常年都可见到、

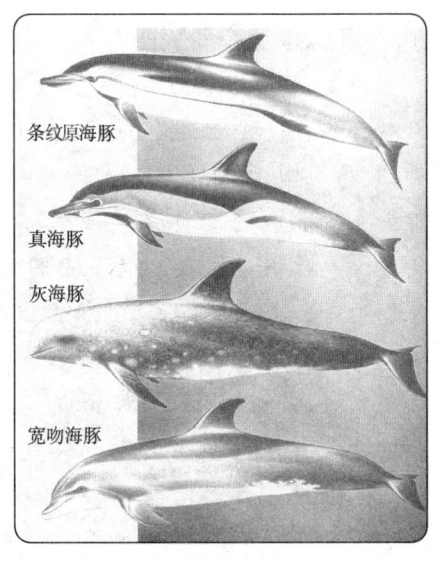

海豚

选作香港回归吉祥物的中华白海豚，有相比之下显得小巧伶俐的真海豚，还有我国特产的栖于长江、洞庭湖等淡水中的白鳘豚等近20种。海豚是令人喜爱的动物，每当人们扬帆出海时，常会在前进途中、行舟侧畔发现有海豚出没。它们时而在船头引路，弄潮戏波；时而与船并驾齐驱，你追我赶；时而潜游水下此起彼伏，更不时跃出水面欢腾雀跃。它们少者三五成群，多者成千上万头，以数里长的队列自"天外"蜂拥而来，浩浩荡荡，熙熙攘攘，势不可挡，常使人难免有几分不安与紧张。过去有些渔民对它们还不太了解，把它们叫作"龙兵"，见了还要顶礼膜拜呢。

201. 海豚是怎样变来的？

说起海豚的来历，还有一段有趣的故事。在希腊神话中有这样一个传说，说是很早以前，有个人叫狄俄尼索斯，罗马人叫他酒神。一次他乘船从卡里亚岛到纳库哨斯岛去。船上的船员都是强盗，想把他诱骗到亚洲当奴隶卖掉。狄俄尼索斯知道了他们的阴谋，立即施展魔法，自己变成一条大蟒蛇，让满船长出葡萄和常春藤，同时响起长笛演奏的音乐。船员们一个个都着了魔似的，纷纷跳进大海，失去了人形，都变成了海豚，从此成为了再也不能对人有任何危害的动物。也许就是这个原因，现在的海豚仍非常喜欢听音乐，对长笛和竖琴的演奏几乎听得可以入迷。有时轮船上播放乐曲，也会招来海豚在船周围嬉戏，乐曲一停，它们就消失得无影无踪。那么，海豚到底是不是由传说中的海盗变来的呢？那倒不是。动物学家说，海豚是由原始鲸类演变来的。

202. 海豚快速游泳的奥秘在哪里？

海豚是海之骄子。科学家发现它有许多独特之处，使它充分适应海洋生活。它的游泳速度特别快，每小时可达30海里。实验证明，领航鲸的时速最高可达40千米～48千米，虎鲸20分钟游泳过程中的时速是38千米～55千米，原海豚最高时速也有

快活的海豚

海洋动物

40.6千米。据计算，海豚的最高游泳速度是不可能超过20千米的，但实际上，它的最高时速比这要高一两倍，而且轻松自如，比和它一样大并且具有相同动力的鱼雷速度还要快一倍呢。这到底是什么原因呢？当然，流线型的体形，光滑的体表，可以减少水的阻力；发达的运动肌肉和尾鳍，能提高推进效率。但最主要的则是它有弹性表皮。它的皮肤像橡胶一样柔软而有弹性，能随着海水对体表压力的变化而变化。在压力大的地方沿垂直于皮肤表面的方向上压缩，在压力小的地方则向外膨胀。即随水作相应的波浪运动，它可以用自己皮肤的收缩和膨胀，把海水波浪运动中的紊流变成层流，极大地减少了阻力。当海豚以每小时37千米的速度游泳时，它本身所用的力仅是它所受阻力的七分之一。海豚的潜水能力也很强，在三四百米深处，可以用每秒2.88米的速度快速下潜或上浮，在水下可呆上十几分钟或更长的时间。

203. 海豚的声呐是谁发现的？

美国的佛罗里达有一位水族馆馆长，名字叫麦克布赖特，他经常需要捕捉海豚进行展览和表演。起初他用细网目的网在一个很狭的水道上截捕海豚，但海豚总是离网很远就掉头而逃。他有些迷惑不解，难道海豚能看得见网？不会的，因为在浑浊的水中，可视距离是有限的，仅有1米~2米远，而海豚总是距网几十米远处就逃走。难道它能听得到网的声音？也不会，因为网在水中是非常安静的。后来他换了个大网目的网，结果海豚却纷纷落网。这究竟是什么原因，他无法解释。但是，当时他就推测,海豚一定有某种识别环境的能力,或许它也和蝙蝠一样具有回声定位的本领,当它发出声音后,由于小网目的网,网眼处往往有许多气泡,能像软墙一样对声音有反射作用,所以,它能探测得出,而大网目的网对声音

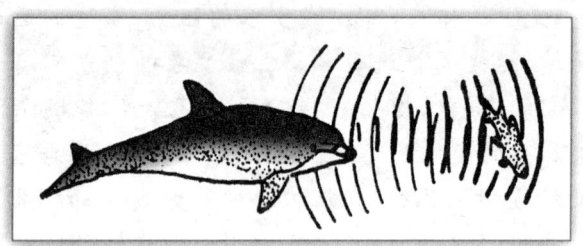

海豚的声纳

有散射作用,不会产生回声,所以海豚就探测不出了。可惜的是,直到他死后许多年,才有个叫谢维尔的人,为了发表麦氏的野外日记才了解了这一发现。后来许多人的研究都证实了麦氏的推断,海豚确实有灵敏的声呐系统。

204. 海豚声呐的神奇功能如何?

人类就是根据动物的回声定位特性,于1938年研制出了声呐技术。海豚具有高超的回声定位的本领。所谓回声定位,它是动物的第六感觉,即动物不断地向前发射超声波,待遇到鱼等物体时产生回声。动物靠监听这种回声信号来分辨目标,了解环境。在原理上和潜艇用的声呐相同,因此也被称作海豚声呐。海豚就是利用这一系统能准确地辨别方位,测定水深,识别海底性质,了解沉没物体的大小和性质,测量离岸距离,并能分辨鱼、软体动物和甲壳动物等各种食物。即使把它的眼睛蒙住,它也能在各种迷宫中自如地游动,甚至能在距离6米~8

米远处分辨出哪一个是鱼块,哪一个是与它等大的胶囊,还能从面积相同的玻璃、塑料、铅、铜质板中把铜板识别出来。即使两块铅板和铜板的面积相同,经计算二者对声音的反射也相同,放在一起时,它也能正确地识别出铜板来。海豚还能识别出装在粗麻袋里的各种几何图形,甚至能知道装在金属盒里的活塞的各种不同形态。海豚还能利用声呐,相互通讯,找到同伴,保持个体间的接触。在情绪激昂、处于不安、好奇及饥饿、疼痛、召唤异性时,都能发出不同的信号,彼此进行交流,遇难时也会发出求救信号。海豚还能探察同伴的身体状况。据报道,美国有一位20岁的女学生鲍尔丝在海滨游泳时,有3只海豚和她一起嬉戏,其中一只海豚却叫着用鼻子一再触动她的左侧乳房。她感到很奇怪,待去医院检查才发现左乳房上长了恶性肿块。幸好发现早,才免于不幸。

205. 海豚也会打电话吗?

　　海豚有复杂的语言系统,它们不仅可以面对面地互相交谈,而且还能用电话机相互打电话。科学家做过这样一个实验,他们把两只海豚分别养在两个水池里,谁也看不到谁,连声音也相互隔绝。他们在池壁上安装上话筒和喇叭,又把电线通到研究室里,人们就可以听到它们的谈话了。当一头海豚的呼叫声音通过话筒传到另一个水池时,另一个池中的海豚会立即游到话筒前回答。然后你一言我一语的相互攀谈起来,东拉西扯,有时还会持续一个小时之久呢。可能是在说:"你怎么样?""好寂寞呀。""约个时间一起玩玩吧?""那当然好,可是办不到。"

"那倒也是,人太无情了,把我们关在这里。""为科学作贡献只好作点牺牲了。"科学家让一对分别了4个月的海豚"夫妻"打电话,结果谈不了几句就沉默。这可能是听到对方的声调有些变化,怀疑对方已经变了心。科学家还让两只分别捕自太平洋和大西洋的海豚进行对话,发现它们谈论得非常热烈,一直持续了好几天。可能是在说:"我们这里可好玩了,欢迎你到这里来玩。""还是风景这边独好,你到我们那里玩吧。"这两地相距有8000多千米,它们竟能自由交谈,说明它们也有通用的世界语。当然,它们的谈话内容我们只是猜测,不过,人们一旦破译出它们谈话的含义,就可以直接和海豚对话了。

206. 鲸为什么要"自杀"?

鲸被称作海之骄子,可以乘长风破万里浪,穿水层自由沉浮。但是世界各地经常出现,不少海滨有鲸上岸搁浅的现象,少则几头、十几头、几十头,多者几百头,甚至上千头,由于在退潮以后再不能游回大海而死亡,尸体横七竖八,令人触目惊心。这种现象,人们称之为鲸的自杀。那究竟是什么原因引起它们集体自杀的呢? 直到现在仍是一个谜。科学家们提出了很多推测性的理论进行解释。有人说与地形和气象有关,鲸到坡度平缓的海岸处取食,发射的超声探测信号不会产生回声,若气候恶劣,惊涛拍岸,泥沙翻滚,回声信号就会失真,使鲸迷路而搁浅。也有人提出向导论,认为鲸有跟随向导行动的习性,若向导搁浅,其他成员也随之搁浅。美国生物学家拉·沃森特认为,鲸有互相救助的习性,若一头鲸因病伤而搁浅,并发出求救信号,其他鲸就会奋力救助;只要病鲸不能得救,其他鲸绝不会弃而不顾,最后都同归于尽。还有人认为是一种返祖现象。一般都承认鲸是由陆生祖先演变而来的,在它由陆生到完全的水生的漫长历史演变过程中,一遇危险如病伤或被追击,就到陆上寻求保护。现代鲸在危急关头也会复现极原始的行为,做出蠢事。还有的提出病因论。有人对57头搁浅鲸的病理分析发现,这些鲸身上有11种细菌感染,有10种寄生虫,有的个体上有3300条寄生虫,患有17种疾病,如肿瘤、肾结石、胃溃疡等。它们为了摆脱寄生虫的折磨,或病体虚弱无力游回深水而搁浅身亡。正因为众说纷纭,所以在科学上才更有探讨的价值。

207. 江豚是懒妇变来的吗?

对江豚的来历,我国古代有另外一种说法,说"淮南有懒妇鱼,俗云:昔杨氏家妇为姑所溺而死,化为鱼焉。其脂膏可燃灯烛。以之照鸣琴博弈则烂然有光,及照纺绩则不复明矣。"而明代又有人写道:"江南有懒妇鱼,即今之江豚是也。鱼多脂,熬其油可点灯。然以之照纺绩则暗,照宴乐则明,谓之馋灯。"也就是说,江豚是由一个被婆婆淹死的懒妇人变来的,活着时懒惰,死了变成江豚仍然懒惰,用它的脂肪照读书、纺织显得暗,照在娱乐宴席上显得强。这是一个神话传说,不足为凭。由于海豚都有很厚的皮下脂肪,以利于它水中保持体温,可用它炼油,古时候主要用于点灯。江豚是海豚的一种,长1米~1.9米,重30千克~45千克。它有圆而突起的额,小而不明显的眼,蓝灰色的身体,有喜欢单独活动的习性,动作迟钝的特点,和其他海豚迥然有别。江豚喜独游或二三头一起游弋。以小鱼、鱼卵和头足类等动物为食。寿命可达23年。它们有时也成大群,1999年1月15日,在山东长岛县南长山岛的黄渤海交界处,就曾经有11群江豚游过。大群有上千头,小群也有200多头呢。它们都是排成尖三角队形,整齐地向前游动。翻腾跳跃,追逐嬉戏,非常壮观。

208. 江豚能预测天气变化吗?

当天气要变化时江豚最活跃,渔民往往通过观察江豚的活动来判断天气情况。我国唐代有这样的记载:"江豚,非鱼非鲛……顶上有孔通头,气出哧哧作声,必大风。"江豚又被古人称为追风使、追风侯,还有不少诗人用诗句描述江豚在变天之前的活动情况。唐代许浑《金陵怀古》诗中也说:"石燕拂云晴亦雨,江豚吹浪夜还风。"明代李时珍《本草纲目》中写道:"江豚生江中,状如海豚而小。出没水上,舟人候之占风。"宋代的《江豚诗》中还有更生动的描述:"大川夷平,缟素不起,两两出没,矜其颊嘴,若俛若仰,若跃若跪,舟人相语,惊澜将作……俄顷风至,簸山摇岳,浪如车轮。"也就是说,看起来似乎风平浪静的海面,若江豚两两出没,活动异常,渔民一看就知道暴风就要来了,赶快寻找安全的地方。此后,顷刻间狂风来临,山摇地动,掀起滚滚巨浪,像车轮一样,排山倒海。

209. 海豚受伤后怎么办?

在众多的海洋动物之间,除了弱肉强食的关系外,也有充满情谊的友好互助关系,特别在海豚之间最突出。人们在日常生活中难免会有些跌打损伤,生活在大海里的海豚也是这样,也会有病弱伤残等意外情况。如被意外的爆炸而炸伤,或被渔船渔具损伤,或受其他伤害。海豚一旦受伤或生病,身体虚弱,不自觉地会下沉,若不能及时得救,很快就会溺水而死。此时,它往往会发出求救信号。在附近活动的其他健康海豚,一听到求救信号,就会立即游过来,一边一个地用自己的鳍肢架起伤者,将它托出水面,使伤者的头高出水面10厘米～15厘米,以利于它进行呼吸。然后一会儿下沉,一会儿浮上来。当它们疲倦了,还会有其他海豚来替换呢。它们不仅用鳍肢来救助,有时还用它们的吻、尾柄,还有时将身体仰过来用腹部将遇难的海豚托出水面,有时也用牙咬住被救者的鳍肢。它们一般都不会轻易离去,有时甚至会随病伤者冲上岸去,一起搁浅而身亡。

210. 海豚内部也有等级之分吗?

大家普遍认为,海豚不仅母仔相爱,各成员之间也往往友好相处,相互"交谈"、嬉戏,相互维护,一方遇难,其他成员甚至会舍身相救。但是海豚中也有阴暗的一面,它们也会以大欺小,以强凌弱。据在水族馆里观察,在喂食时身体强壮的海豚会从病弱海豚嘴里抢鱼吃,这一头抢了食物刚离开,那一头又会过来抢。它们还攻击不同种类的海豚,如宽吻海豚攻击真海豚、灰海豚等。在海豚群里也存在明显的等级关系,强者为王,力气最大的雄海豚占统治地位,有了食物它优先,其他成员都得服从它。群里的二等公民是成年雌海豚,不过雌海豚中也有一个是为主的,其他成员也得服从它。群中地位最低的是弱小的海豚,它们只有顺从,服从所有的成年海豚。若有谁不听招呼,统治者就会张大嘴巴咬牙切齿进行恫吓,有时还会用牙去咬。许多海豚身上都留有同类牙咬的伤痕。当然,海豚更经常是用头去碰撞,用尾巴去甩打。严重的还能将其他海豚弄死呢。

211. 独角兽的长牙有什么神秘之处?

独角兽是北极特产的一角鲸。该鲸长5米,重1600千克。雄性上颌有一枚牙齿,按反时针方向呈螺旋状向前生长,长的可达3米,形状似角。西欧在17世纪以前一直误认为是它的角,所以称它为一角鲸或独角鲸。这在动物界是独一无二的,过去人们把它看成魔杖,西欧人说它是能治百病的灵丹

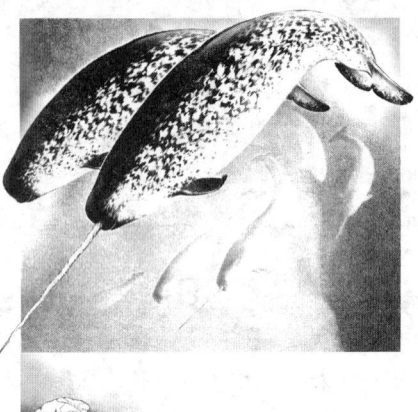

一角鲸(上)及其角(下)

妙药。西欧的大领主们的餐桌上都要放一枚一角鲸的牙,认为它是一个能排毒的魔棒,只要把它在含有毒药的食物或饮酒中一放,毒物很快变黑、起泡,毒性随之也就消失了。当时的富贵阶层不惜耗巨资来买这神奇的角。还有的把它装饰在国王的宝座上,成为权势的象征。实际上,一角鲸的长牙只是它的第二性征,在生殖时期作为

争雌斗争或与其他动物搏斗的武器,或用来破冰。人们还用它的大牙雕刻,做成饮酒器皿等。

212. 海豹宝宝为什么不怕冷?

在南极,有4种海豹,它们是威德尔海豹、罗斯海豹、食蟹海豹和豹形海豹,它们的一生都是在南极度过的,被称作南极海豹。它们多是冰上产仔,小海豹的耐寒能力是相当惊人的。南极的气温很低,到零下70多摄氏度,甚至更低。小海豹刚从体温37℃的母体子宫里突然来到这个冰天雪地的寒冷世界,温度骤降几乎上百摄氏度,这简直是死亡的极限。它们虽难免瑟瑟发抖,但却都不会被冻死。它们的这种抗寒能力是从哪里来的呢?原来,它们的体内有一种特殊的褐色脂肪。这是一种高效能源,就像是体内的原子能一样,氧化以后能产生大量热量,小海豹就是靠这种褐色脂肪来抵御寒冷的。有些冬眠动物体内也有这种脂肪,氧化以后就会使它迅速苏醒变暖。约一个月后,小海豹体内积累了一定量的脂肪,体温调节机制也就逐渐建立起来了,它们可以自主地主宰这个冰冷的世界,也就更不怕冷了。

213. 为什么把海象称为"用牙齿走路的动物"?

海象是因为它的口下方悬垂着一对长75厘米~96厘米的獠牙,与大象很相似而得名。这种体长可达3.6米,重1600千克的巨大海兽是北极特产。它的头很小,眼也小,皮色发灰而毛粗短,爱在海底搜捕双壳类等动物吃。它的巨大獠牙有十分广泛的用途,可以用来破冰、登岸、掘沙觅食和御敌,还可以用来在海象群中建立支配地位。海象喜欢群居,当它们群栖海岸时,群中最大的个体有最长的獠牙,也有希望成为最主要的统治者,只要简单地摆一个姿势,露出大的獠牙,就可以在群中找到最舒适的位置,而其他个体就只能纷纷让开。假如遇上对手,就难免有一场恶战,用獠牙示威或刺对方,最后失败者只得退却走开。这种角逐在雌雄海象间也屡有发生,而在生殖季节雄性间的争斗最为强烈。獠牙还被用作它的第五只脚,当它们从水中往冰上爬时,首先是将牙刺在冰上,再像虫子那样将身体往上拉,最后将整个身体从海水中拖出。所以,在18世纪,动物学家就称它是用"獠牙行走的动物"。

214. 为什么海象上陆后身体颜色会变红?

同学们从各种书籍和媒体上看到的海象都是红色的,难道它在水里也是这种颜色的吗?据科学家们观察发现,海象一年中在水里生活的时间不少于10个月,但它会定期的返回陆上的常驻地。据记录,海象有90%的时间在水下度过。它能潜水500米~700米深,在水下呆

海象群

的时间最多的有62分钟。海象在水下时身体是灰白色的，但爬上岸来不久就会变成红色，当成百上千只海象聚在一起，从高处看来就像铺上一层地毯一样。这到底是为什么呢？原来，这是因为海象约6厘米厚的皮肤内有丰富的血管，当它在水下时，为了保存体热，防止过多的热量向水中散失，皮肤血管收缩，这时它就是灰白色的。当上陆后，皮肤血管自然舒张后，血流旺盛，就使皮肤呈现出棕红色的了。这实际上就是海象"变色"的秘密。

215. 为什么海獭爱梳理打扮？

海獭很喜欢吃海里的贝类等动物，当它饱食以后总会把腹部清洗得干干净净的。一有空闲时间，它就梳理和清洗它的毛皮。它为什么如此喜欢清洁呢？这是因为海獭也是体温恒定的哺乳动物，但它的皮下脂肪很薄，完全靠密厚的绒毛来保暖。它的毛又浓又密，尤其以背的中部最密，每平方厘米有12.5万根毛，比貂皮毛还要密4倍多，比海狗毛密1倍多。但它的毛若被弄脏了，水就会浸到皮肤上，体内的热量就会很快传到海水里去，散热过多最终就会导致死亡。人们发现沾上石油的海獭，由于无法洗干净身上的毛皮，使毛皮湿透，身体冻僵，活动越来越慢，最后凄惨的死去。而海獭通过梳理，既能保持毛皮的整洁，又能促进皮脂腺的分泌，使毛皮在水中形成一道优雅的隔热屏障。

216. 白狐也能"深挖洞，广积粮"吗？

白狐聪明之处，若借用人类社会的一句话来说就是"深挖洞，广积粮"。白狐"深挖洞"表现在，它喜欢在丘陵地带筑巢,长期居住。它的巢高约30厘米,面积约1平方米,入口处有20厘米高、30厘米宽,在150平方米~180平方米范围内可以有几个出入口。若遇到暴风雪天气,它可以呆在窝里一连几天不出来。若一个入口遭受袭击,它还可以从另一个出口溜掉。它很爱惜它的巢穴,年年都要进行一些维修和扩展。白狐主要分布于亚欧大陆和北美大陆的北极区无树木的苔原地带。在欧洲,它们主要捕捉旅鼠和田鼠吃,在

北极白狐

旅鼠和田鼠数量少的地区,它们也吃野兔、鱼,甚至也能袭击驯鹿和小牛。它们饥饿时似乎饥不择食,也吃些植物果实、浆果等,或漫游海岸捕捉贝类,甚至动物尸体它也不嫌弃。许多鸟也是它袭击的目标,白狐常在海鸥、鸭和许多沿岸鸟的鸟巢周围窥探,伺机捕食小鸟、鸟蛋甚至捕杀成鸟。白狐可以到达最小和最遥远的岛屿上,它们可以穿过浮冰,必要时还可以在浮冰之间游泳,到达一些人类几乎无法靠近的地方。海岛上一旦有白狐侵入,整个岛上的鸟都会遭殃。有些鸟也设法和白狐斗争,如北极贼鸥发现有白狐袭来,往往从窝里出来,假装自己受伤把白狐引开,以保护窝中的雏鸟;紫腿雁则奋力和白狐搏

斗,保护自己的巢穴;绒鸭是趴在窝里一动不动,用伪装来保护自己,但常常会被白狐识破。在偏远的地区,它们似乎并不怕人,常好奇地钻入人的帐篷偷食物吃。夏天,当食物丰富时,白狐会把一部分食物储存起来。它可以杀死更多的动物,把当时吃不了的剩余部分带回窝里储存在石头下、石缝中或者埋在地下,到冬天捕不到食物时再慢慢享用。这种地窖可以储存很多食物,有人曾经发现一只白狐地窖里储存有50只旅鼠和40只小的海鹦。这些动物还几乎按一定顺序摆放着,尾巴都朝着同一个方向呢。

217. 北极熊的毛里有什么秘密?

北极熊一生都在北极的冰上辗转周游,那里天寒地冻,气候恶劣,生活条件异常艰苦,但北极熊却能充分适应。它的皮下有一层厚厚的脂肪层,尤其是臀部和背部,脂肪厚达7.5厘米～10厘米,能有效地抵御北极的严寒。而且,它全身长着长而浓密的毛,毛的保暖性很好,柔软、光洁而美观。科学家在进行野生动

北极熊

物调查中发现,北极熊的毛与众不同,用航空红外照相机拍时,凡是体温高于地表温度的动物都被拍摄下来,但就

是北极熊例外。这到底是为什么呢？研究人员发现，它体表的温度几乎和周围的冰一样，所以不成像。用紫外照相机却能清楚地把它拍照下来，而且比周围冰雪的颜色要深。这表明，它对紫外线的反射强度比冰雪要小。经研究发现，它的毛也十分奇特，原来，它的毛是一根无色透明的空心管子，能把包括紫外线在内的太阳能，通过管子全部吸收到体内，来增加自己的体温，所以，它根本不怕冷。在零下60℃到零下70℃的严寒中，它能生活得自由自在。毛管内有褶皱，所以毛呈白色。它的耳朵很小，可以减少散热。它的脚掌上长着又长又厚的毛，这既保暖，又有利于冰上行走。它的脚上还有蹼，所以会游泳。在北冰洋刺骨的海水中，它能以每小时5千米～6千米的速度作较长时间的游泳，一口气就能游20千米～30千米，有时还可以在远离海岸达320千米的浮冰上沉浮。

218. 动物以什么方式运动最省力？

对世界上的脊椎动物来讲，它的运动方式不外乎是水中游泳、空中飞翔和陆上奔走三种，这三种运动方式中以游泳最省力。这是为什么呢？这是因为动物在水中，身体重量被水支撑住，只需花费很少的能量克服水的阻力就能前行了。如果我们按每千克体重运动1000米距离所消耗的能量来比较，就会发现，游泳动物（如鲑鱼）只需0.39千卡热量（1卡＝4.186焦耳），飞翔动物（如海鸥）需要1.45千卡热量，而陆上步行的动物（如陆地松鼠）就需要5.43千卡热量了。这样，按照顺序排列就是游泳第一，飞翔第二，行走第三。

海洋动物

复杂的生存关系

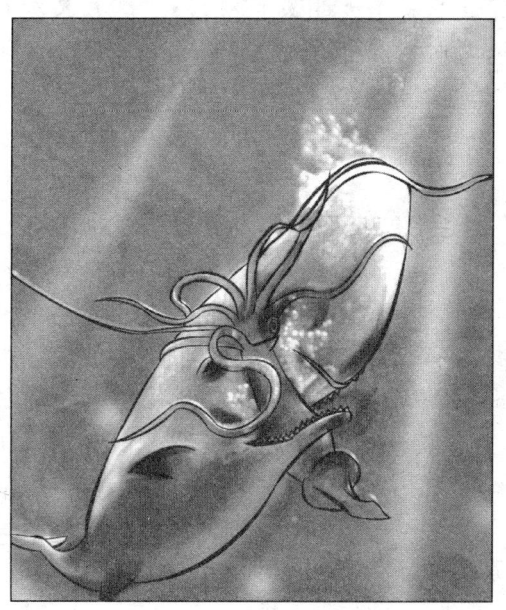

219. 什么叫生物圈？

　　生活在海洋中的生物是不可能各自孤独谋生的。不同的个体、不同的生物之间必须相互依赖、相互影响，形成一个庞杂的大家族。一个一个的生物相聚，而形成了生物的种群。不同种群相聚又形成了生物群落。这些生物群落又和它周围的生活环境相互作用，它们共同生活在这相互连接的同一个海水环境之中，在这里生活、繁殖直至最后死亡。它们彼此之间、本身与环境之间存在着错综复杂的关系，相互依赖，相互制约，互为生存的条件，最终构成了一个完整的海洋生态系统。科学家们把整个海洋形容成是一个大生态系统，而这其中又包括了许许多多的不同水平上的小生态系统。生存在地球表面的所有生物，甚至包括人、微生物和它们的生活环境就构成了大的生物圈。

220. 什么是热水生态系？

　　近些年来，科学家们在深海调查中发现，在数千米深的海底，由于地球表面的板块移动，形成有成带状隆起的火山活动，在那里，滚烫的液体，雾气腾腾地从火山口突突地喷出来，温度高达 300℃～400℃。人们还惊异地发现，火山口周围有浓密的生物群集。附近的岩石上成团成簇地附着有大量的管状蠕虫，无数的螃蟹到处横行，还有舌状帽贝和像白鳗一样的鱼，呈现出一片兴旺繁荣的景象。在那里生活的底栖动物中有海葵，原始的藤壶，巨大的贻贝，各种小虾，各种类型的蟹，多毛类蠕虫，5种鱼类,还有帽贝、蛤及其他珍稀生物。这里的生物相当丰富,外海其他区域的底栖生物量一般是每平方米0.1克～5克,而热水生态系最密的地方每平方米竟有10千克。仅底栖动物种类就有375种之多。那里的管状蠕虫可以长到1.5米。这些海底生物是怎样生活的呢?原来,在热泉水中含有大量的硫化氢、氢和甲烷等还原化学物,它们在氧化过程中就会产生能量。硫化细菌、甲烷细菌等就是利用这些还原化学物质在氧化中产生的能量而产生有机物。这些细菌就叫化学合成细菌。它们在这种适宜的条件下就会大量繁殖。依赖这些细菌而生存的生物群落也随之发展起来。这些细菌就形成了海底食物链的基础。而那些以细菌为食或和这些细菌共生的生物就构成了独特的生态系统,这就叫"热水生态系"。

221. 什么是海洋食物链?

人类社会中流传有这样一句话,叫作"螳螂捕蝉,黄雀在后"。当然,这其中也含有强中自有强中手、能人背后有能人的意思,同时更有弱肉强食的意思。一种动物,一方面以其他动物为食,而另一方面它本身又是其他动物的猎捕对象。在海洋里也是这样,大鱼吃小鱼,小鱼吃虾米,一般动物都存在着吃与被吃的关系。也就是说,我们吃的大鱼是靠吃小鱼长大的,小鱼是靠吃虾米,也就是浮游动物长大的;虾是靠吃更小的浮游动物为生,小的浮游动物则是靠吃浮游植物生活的;这样,大鱼—小鱼—浮游动物—浮游植物连起来,就像一条链,人们就把这种关系,叫作食物链。在这里,浮游植物是这条链的基础,它

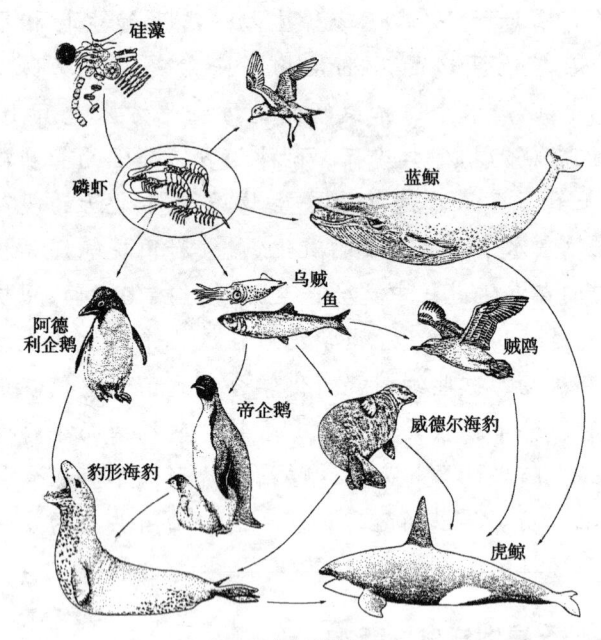

南极食物链简图

是靠吸收阳光,经过光合作用而将水和二氧化碳合成有机物的。无论什么动物死亡后,它的尸体或动物排泄的废物,都能被细菌分解成氮、磷、钾等无机物,又为浮游植物的光合作用提供了营养,结果又形成了物质的另外一种循环。你们知道吗?海洋里存在着至少三种食物链,它们是肉食动物链、寄生动物链和腐生动物链。以动物为食的,是肉食动物链;靠寄生为生的,是寄生动物链;而以动物尸体为食料的,就是腐生食物链了。实际上,海洋里各种动物的食物关系很少有这种简单的链状,它们往往是像网一样的错综复杂,也被称作食物网。

海洋动物

222. 鱼吃多少食物才能长一千克肉？

要讨论这个问题，还得先从陆生生物说起。牛、羊等草食动物，每吃 10 千克草才能长 1 千克肉；而老虎等肉食动物，每吃 10 千克牛羊肉才能长 1 千克老虎肉。也就是说，100 千克草，只能转化成 1 千克的老虎肉，这就叫作生态效率。这种转换效率之所以这么低，就是因为动物吃下去的食物，有一部分没被消化，而被消化了的食物，又大部分在动物的活动中作为能量被消耗掉了，只有很少一部分才转换成动物的肉。在海洋里也是这样，浮游植物转化成浮游动物的比率是 20%，浮游动物转化成小型鱼的比率是 10%，而小型鱼转化成大型鱼的比率有高有低，平均也只是 10%。也就是说，1000 千克的浮游植物，可以转化成 200 千克浮游动物，这些浮游动物只能养活 20 千克小型鱼，这些小鱼再转化成大鱼也就只有 2 千克了。而且，鱼的食性不同，同样多的浮游植物最终转化成鱼的重量是大不一样的。例如，磷虾之类的浮游动物吃浮游植物，鳀鱼类吃浮游动物，鲣鱼等鱼类又吃鳀鱼，而更大型的鱼类及海豚等又吃鲣鱼。所以，200 千克浮游动物可以转化成 20 千克鳀鱼，而转化成鲣鱼时却只有 2 千克，若是更大型的鱼或海豚也就只有 0.2 千克了。

223. 食物链能缩短吗？

我们知道，海产鱼类有相当数量是肉食性的，在食物链上属于三四级，甚至是五级产品。如我国东海、黄海产的四五级鱼类要占渔业总产量的四分之一到三分之一。从以上所述我们知道，若用食物链上较低一级的鱼种，取代上面的高一级产品,就可以多生产90%的鱼。也就是说,生产食物链上五级的鱼类1千克,若换成以小鱼为食的四级品种就可生产10千克,若再换成以浮游动物为食的三级品种,那就能生产100千克了,进而再换成以浮游植物和腐殖质为食的鱼类如鲻鱼、遮目鱼等,就可以生产1000千克了。同一种鱼的食性一般是不会改变的,也就是说,原来爱吃荤的鱼类,不能让它们改成都吃素的。但在同一个海区的鱼类组成是可以改变的,虽然这有些困难,可在国际上确实有不少成功的先例。也就是说,海洋动物的食物链也是可以改变的。

224. 鱼有什么样的捕食口味?

实际上,世界上各种动物的食性都不相同,有的愿吃荤,有的则爱吃素。鱼类也是这样,鱼的种类不同,所吃的食物也不同,捕食方法也各不相同。反过来讲,摄食习

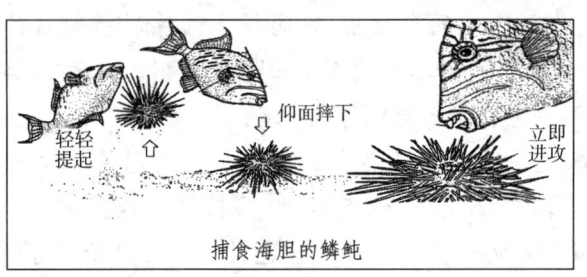

捕食海胆的鳞鲀

性的不同也是鱼类产生多样性的最大影响因素。但大体上说来,鱼类的食性可分为三种情况,即浮游生物型、游泳生物型和底栖生物型。还有的是腐食型、杂食性或以细菌为食。实际上,鱼类多是机会捕食者,它们遇到什么就吃什么,彼此的界限并不是很清楚。同时,鱼的一生

中,从小到大食性也是在不断改变的。

225. 食浮游生物者如何进食?

海洋中有不少动物都以浮游生物为食,这些动物中有的很小,仅有几厘米长,有的则很大,如巨大的鲸鲨等。但是浮游生物个体一般都很小,若一个一个捉着吃,那是很难喂饱肚子的。所以,以浮游生物为食的鱼,它们都有发达的鳃耙。鳃耙是鱼类的一种特殊工具,各种鱼的鳃耙数量和形状都不尽相同。以浮游生物为食的鱼鳃耙的数量就多,如沙丁鱼有40根左右,秋刀鱼约50根,鲦鱼有200根;肉食性鱼类的数量就少,如鲯鳅主要吃沙丁鱼,它只有7根鳃耙;有的鱼还没有鳃耙,如旗鱼、海鳗、鮟鱇

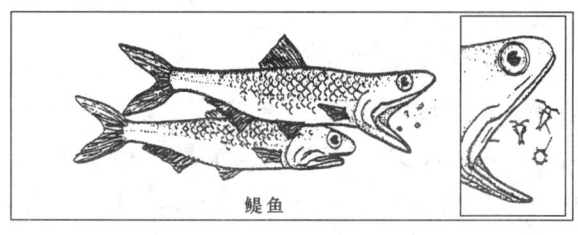

鳀鱼

等。那么,以浮游生物为食的动物又是如何进食的呢?通常是,当水进入它们的口再由鳃出去的过程中,食物就被鳃耙过滤下来,集中在喉部,然后再吞咽下去。当然,浮游生物又分为浮游植物和浮游动物,浮游动物又有大型与小型之分,不能一概而论。不同的鱼有不同的嗜好。鳀鱼是浮游生物食性的一个典型代表,它的身体不大,最长也只有22厘米,口却很大,摄食效率会很高。由于浮游生物是海洋里最主要的食物资源,养活着世界上最大的鱼群,这些鱼又养活着所有大型肉食性鱼类、海鸟、海

豹及一些其他动物,还是渔业上的重要捕捞对象,所以,这些鱼非常重要。著名的如沙丁鱼、鲱鱼、沙脑鱼和秘鲁鳀鱼等都属于这种类型。

226. 肉食性鱼类有什么特点?

多数海洋中的肉食鱼类,它们多是以其他鱼类和较大型的无脊椎动物为食的,也就是人们常说的所谓"大鱼吃小鱼"。这些肉食性鱼一般都个头较大,游速较快,多数还有锋利的锐齿。生活在海洋的中层与

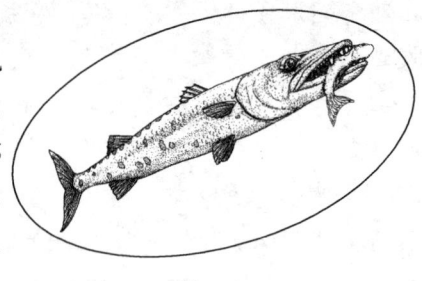

梭子鱼

下层的肉食鱼都比上层鱼身体略小,但头大、口大、牙齿也大,呈现出一副凶神恶煞的样子。肉食性鱼视力很好,能敏锐地发现猎物。还有不少鱼有敏锐的嗅觉,使它们在视力看不到的很远距离内,就能探测出猎物的存在。例如,梭子鱼具有修长的身体,长达3米,还有发达的肌肉、长长的颌、尖尖的牙齿,有些还朝里弯曲;它捕食的策略就是穷追不舍,赶上鱼之后一口咬住,狼吞虎咽而下;它对较大的猎物也可以咬断两三截以后,再逐个吞下去;它那像大镰刀一样的大尾鳍还可以在追捕猎物中加速。还有的鱼如鲫鱼,凭着自己惊人的游速和加速度竟可以虎口拔牙,从正在捕食的鲨鱼嘴里抢出肉来吃。还有些鱼采用守株待兔的策略,坐等猎物游近时,才突然一口吞吃。以贝类为食的鱼,一般都有扁平的排列成铺石状的

牙齿，而且颌的压榨力量很大。有人在一种鳐的腹中发现有重1400克的贝壳，而要把这么大的贝壳捣碎，可能要有450千克的压力。大西洋有一种鱼叫蛙，和鲈鱼很相似，一条鱼重约7千克。它们像是活的切肉机一样，能把鱼切成许多块。它们成群结队的像是一群饿狼，只要出现在它们前面的鱼，都会被它们吃的吃，杀的杀；如果碰到的鱼确实太大，它们吞不下时，就会把尾巴咬掉，其余部分任其漂流或下沉。所以，它们所到之处，水面上到处是其他鱼的残尸碎体，一片狼籍。更可恨的是，它们非常贪吃，即使已经吃饱了，还可以把胃里的食物吐出来，再重新吃新的。

227. 带鱼真的会自相残杀吗？

带鱼，俗称刀鱼，是大家都熟悉的鱼种。看它那凶险的外表就知道它是凶猛的鱼类。但是，谁能知道它不仅捕食其他鱼类，而且还同类相残呢。古书《物鉴》中写道："带鱼形纤长似带，衔尾而行，渔人取其一，则连类而起，不可断绝，至盈月溢载，始举刀割断，舍去其余。"意思是说带鱼一个咬着另一条的尾巴，互相吞食，渔民只要抓到一条，就可以像长绳一样不断地往船上装，待船装满了，才用刀把鱼割断，把装不了的带鱼舍去了。渔民们在用网捕捉带鱼时，确有带鱼吞食同类现象。但是，像上述"不可断绝"的说法，未免言过其实了。带鱼的肉味道鲜美，是我国主要经济鱼类。我国年产20多万吨，东海的产量最高。

228. 什么鱼被称作"挖掘工"？

以海底的底栖动物为食的鱼类，它们往往大头、大嘴，而且眼睛和嘴巴长的方向也都朝上，似乎是专门看着上面掉馅饼一样。它们往往潜藏在海底的礁石缝中，呆在海藻下或海底，待机行事。当猎物靠近它们，就会立即出击，把它歼灭。比目鱼、鳐和大量的鲉科鱼等底栖鱼类，往往比较懒，不大爱活动，代谢率也很低，耗氧量也

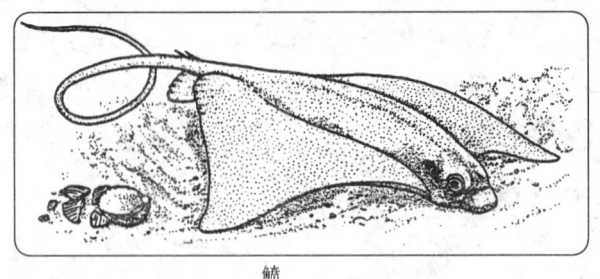

鳐

少。但是，要想不付出代价轻而易举地捕到猎物可没有那么简单。因为许多海洋无脊椎动物包括贝类、甲壳动物等都藏在海底的软泥或沙中，表面根本见不到，如何才能发现它们呢？这就靠各种鱼类八仙过海，各显神通了。人们把捕食海底软泥和沙中动物的鱼称作"挖掘工"，如箱鲀就是精明的挖掘者，它几乎是头朝下垂直地贴海底游动，用嘴喷出水，像水龙头一样把海底上层的泥沙冲走，下边的食物就暴露出来了。大型蝠鲼也是个高效的挖掘者，它的体盘宽有1米多，重达95千克，利用它那像翅膀一样宽大的胸鳍，把表层的泥沙扇走，就可以把它喜欢吃的动物暴露出来，再用粗壮的颌和铺石状的扁平齿把贝壳压碎，再尽情地享用。也有人发现，它能用翼状的

胸鳍做成一个巨大的吸杯,把洞里藏的猎物吸出来吃。

229. 羊鱼下颌的触须有什么用处?

海洋底栖动物中有一种鱼叫作羊鱼,它的下颌下方长有一对长长的触须。这种触须通常也指向下方,还可以弯曲,到处活动。原来,这是一对化学感受器,既灵活,

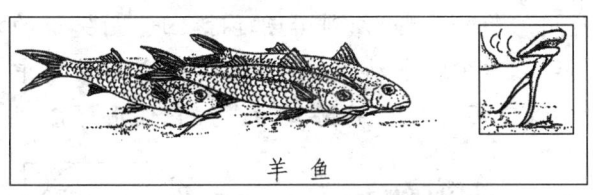

羊鱼

又很灵敏,就像战场上常用的探雷针一样,在海底泥沙表面甚至伸进泥沙里去到处探测。当它发现小型甲壳动物和蠕虫等美食后,就会迅速用朝下方的小口掘出来吃掉。还有些其他鱼类如鳕鱼,也是靠它们那灵敏的鼻子和触须来发掘软体动物和其他无脊椎动物的。

230. 烟管鱼是如何捕食的?

海洋里有一种鱼,它的身体细长,就像过去人们常见的吸烟的烟管一样,所以人们就叫它烟管鱼了。烟管鱼体长18厘米~40厘米不等,身体裸露无鳞。它的尾鳍呈叉形,中间的鳍条延长而成为长丝状。古书上也称它为鮈鱼或马鞭鱼。它的游泳能力很弱,是非常娇气的吸食者。它的头和吻都特别长,但口却很小。它捕食时像用吸管吸水一样,把水和其中的食物一起吸到嘴里,然后再把水吐出来,留下美食,所以,食物的大小很受限制。它经常是用尾部将自己固定在海藻上或其他物体上。它还有特别的地方呢,它的两只眼睛能各自独立活动,就像变

色蜥蜴一样,能扫描附近很广阔的水域,以寻找所要的食物。

231. 什么鱼爱吃珊瑚?

多姿多彩的珊瑚将海底装饰成五彩缤纷的世界,但是珊瑚的天敌也是多种多样的。许多热带珊瑚礁鱼类,通常是用细长的吻部,伸到珊瑚缝隙之间,用尖锐的牙齿去搜捕珊瑚礁中的小动物吃。鹦嘴鱼就是这些鱼中的一种,主要以礁石上生长的海藻为食。它们用那锋利的牙

鹦嘴鱼

齿从石头上刮取藻类吃,自然也不放过吃活的珊瑚虫。实际上它主要摄取与珊瑚虫共生的植物细胞。它的喉部上下都有白齿状的咽喉齿,把吃进的植物和珊瑚虫磨碎,因而,它的捕食活动对珊瑚有极大的破坏力,能使珊瑚礁群沙漠化。仅一条鹦嘴鱼,一年就能将一吨的珊瑚变成沙。还有一种身体只有10厘米～15厘米长的美丽钳嘴蝴蝶鱼,也是用长长的嘴巴、尖尖的颌、锋利的齿从复杂的环境中拣取食物。它喜欢吃管栖多毛类的触须和珊瑚虫等,同样也是珊瑚的天敌。

232. 你知道什么是广盐性鱼类吗?

大家知道,种类不同的鱼生活在不同盐度的水环境中,如海水、淡水或咸淡水中,它们不能随意串门。我国

古代人民早就知道产在咸水中的鱼不能入江,而在淡水中产的也不能入海。就是说多数海产鱼类一生都生活在海水里,不能到江河里走走;而淡水中的鱼终生也不下海。这主要原因是海水和淡水中的盐度不同,水环境一变化鱼就受不了。但有些鱼类对水中含盐的多少似乎满不在乎,既可以以海为家,也能生活在淡水中,还可以呆在咸淡水交界的河口附近呢。一般来说,海水中的盐度是35(一千克海水中含有溶解物质的总量,克/千克)。有些鱼类如许多虾虎鱼,水中的盐度从几乎是淡水到60(几乎是海水盐度的两倍)的巨大变动它都能忍受;再如一种海龙,它能生活在盐度为0.27~38或更高的水中。台湾海峡特产的虱目鱼,成体长可达1米,重3千克,最大可达10千克。相传当年郑成功最喜欢吃这种鱼,所以,台湾人把它叫作"国姓鱼";它就既能生活在海水中,又能在盐度很低的海水甚至淡水中生活。大家熟知的罗非鱼,既可以用淡水养,又可以用海水养。人们把这类鱼就叫作广盐性鱼。与此相对,那些只能生活在盐度一定的水中,若水中的盐度发生变动就容易引起死亡的鱼类就叫狭盐性鱼了,如生活在珊瑚礁中的许多鱼、深海鱼等都是狭盐性鱼类。

233. 鱼"大夫"是如何行医的?

人吃五谷杂粮,总难免会生病,海洋中的鱼也是会生病的。无论是凶猛的鲨鱼,还是温顺的小鱼,总难免有跌打损伤、细菌感染、红肿化脓、小虫寄生等病,它们也需要治疗。那么,谁是海洋里的鱼大夫?它们又是怎样行医的呢？原来,大海里有100多种鱼能为别的鱼清除寄生虫,如裂唇鱼就是专门为鱼看病的大夫,这种鱼有10厘米长,它们服务的对象不限于硬骨鱼,还包括蝠鲼、绿海

鱼"大夫"行医

龟甚至鳄鱼。它们身体的运动比较特殊,并不时的点着头,似乎像医生询问病情一样。无论什么鱼见了它都很客气,温顺地任其调治。它们先把病鱼生病处的腐肉吃掉,再喷上有消毒作用的口水;对受寄生虫危害的鱼,它们会把寄生虫一个一个地吃掉。再凶猛的鱼在捕食时也难免有食物残渣塞在牙缝里,鱼"大夫"就会钻到大鱼嘴里帮助剔除干净,甚至还能巧妙地把大鱼嘴中的鱼钩拔掉,所以深受各种鱼的欢迎。奇怪的是,大鱼们对它极其温顺,只要裂唇鱼碰一碰大鱼的嘴,大鱼就会乖乖地把嘴张开,让它钻进嘴中进行清扫。无论多么凶猛的大鱼也绝不会伤害它,即使钻到嘴里也绝不会把它吞下肚子里,等把病治好了,再让它游出大鱼的嘴巴。其实,裂唇鱼主要以鱼身上的寄生虫和病鱼的腐肉为食,而且它的下颌很特殊,适合于捕捉鱼类皮肤中、嘴中甚至鳃中的寄生虫,所以在行医过程中,它既得到了美味佳肴,又为病鱼

治了病,真可谓互惠互利。据观察,一条鱼"大夫"6个小时竟能治疗300条病鱼。

234. 鲨鱼有什么饮食特性?

鲨鱼都是肉食性鱼类。它们的主要食物是鱼类、软体动物和甲壳动物。一般鲨鱼只吃活食,有时也吃腐肉。但海里的所有动物,从最小的浮游动物到最大的鲸类,都是鲨鱼捕食的对象。贪婪的鲨鱼不仅凶狠残暴,而且有时饥不择食。从鲨鱼胃中不仅发现过海豹、海豚、鲸的残骸,完整的海龟,马牛羊等陆生动物的尸体,而且还有同类

捕食中的双髻鲨

呢。鲨鱼吞下的东西并不是马上消化,往往要在肚子里放几天。鲨鱼的摄食量还是很大的,根据饲养中观察,它每周的摄食量可达身体重的3％～14％,在自然条件下可达10％,所以它对渔业还是有一定影响的。鲨鱼还是一个机会捕食者,它经常把渔民用延绳钓捕到的金枪鱼、旗鱼等趁机掠食而去。它给金枪鱼业造成的损失可达整个

渔获量的 5%～10%。在有些地区,鲨鱼可使渔获量降低 30%。鲨鱼这种机会捕食者,能找到多少食物就能吃掉多少。

235. 大鲨鱼一定最凶猛吗?

鲨鱼多是凶猛残暴的,但有一种鲨鱼例外,它的体魄很大,体长一般 10 米左右,体重一般 10 吨～15 吨,最长的有 20 米,最重的有 30 吨,完全可以和巨鲸相比,因此而得名鲸鲨。鲸鲨的嘴宽而大,位于头的最前端,眼睛却很小,从大小上来说堪称鱼中之王。也许有人会想,若遇到这种鲨鱼,说不定会被它一口吞掉的,必死无疑。谁知恰恰相反,它虽然体魄巨大,气势磅礴,但却性情温顺,从不伤人,甚至连大鱼也不肯吃,而是从海水中滤取浮游生物和小型群游鱼吃。因此,它的上下颌虽有 3000 多枚牙齿,但却小而退化,没有咬和咀嚼的能力,只靠筛子或网一样的鳃耙滤取食物,经常是懒洋洋地在水面上慢慢游动。它一般不会伤害人,1965 年美国有几位潜水员,还在水下骑在它的背上玩耍呢。但是,如果它受到袭击而发怒时也是够厉害的,尾巴一甩,甚至能把小船掀翻。姥鲨也是一种大型鲨鱼,体长可达 12 米,仅次于鲸鲨,也是以浮游生物为食的鲨鱼。据说到了冬季,浮游生物稀少时,姥鲨的鳃耙会脱落,然后再沉到海底冬眠。

236. 鲨鱼为何自相残杀?

若遇有海难,突然有大量"新奇"的食物出现,例如遇到意外爆炸,轮船不幸下沉,或飞机失事人员落水等,鲨鱼就会出现狂暴的捕食行为。特别是当成群鲨鱼蜂拥而

海洋动物

至时,简直会像一群饿狼一样,更加剧了那种疯狂的程度。每当这个时候,它们就行为失常,毫无章法可循。有的直接游到水面,一口咬住任何漂浮的物体,突然下沉。一边疯狂地撕咬所看到的任何东西,一边将吻部向底部猛戳。若突然一声爆炸,炸死了一些鱼,这犹如火上浇油一样,对鲨鱼更是极大的刺激。若某条鲨鱼抓到一条鱼想要拖到珊瑚礁或其他隐蔽处吃掉,被第二条鲨鱼发现时,这第二条鲨鱼就会立即游来,朝第一条鲨鱼的肚子上猛咬下一口,随之盛怒之下的其他鲨鱼也会一拥而上,不要几分钟,它们竟能将这条鲨鱼撕碎吃掉。

237. 什么鱼能置鲨鱼于死地?

鲨鱼,特别是凶猛的鲨鱼,虽然有些不可一世,但它也并不是天下无敌。有一种刺鲀就能置鲨鱼于死地。因为刺鲀浑身长刺,当鲨鱼凶狠地捕食刺鲀时,一口就能把身体不太大的刺鲀吞入口内。但刺鲀受到这一刺激后会立即吸入水和气,使肚子膨胀起来,鼓得圆圆的像个球,全身的刺也都竖起来,当鲨鱼往下吞咽时,刺鲀的整个身体正好堵在鲨鱼的喉咙上,竖起来的刺也就刺入鲨鱼喉咙周围的肌肉中了,使鲨鱼咽也咽不下去,吐又吐不出来,正好阻断了鲨鱼呼吸的路径,使鲨鱼无法换气,时间一久,鲨鱼就窒息而死了。

238. 比目鱼能打败鲨鱼吗?

小小的比目鱼竟敢与猛鲨较量,岂不是"螳臂当车,蚍蜉撼树"吗? 当然,就整体而言,多数比目鱼并不是鲨鱼的对手,但有一种比目鱼即豹鳎,虽然它的身体并不太长,却能使凶猛的鲨鱼望而却步。据观察,当鲨鱼不以为然地捕食豹鲷时,会一口就把猎物咬到嘴里,可一转眼,它又无可奈何地摇着头把它吐出来。你知道这是为什么吗?原来,豹鲷身上能分泌一种高效的麻醉剂。鲨鱼一咬到豹鲷时,它的嘴巴立即被这种麻醉液麻醉得不听使唤,足足需要等10分钟才能恢复过来。如果再咬,还会再次被麻醉。所以,鲨鱼每见到豹鲷就退避三舍,而不再自讨苦吃了。人们倒是可以从豹鲷毒液中提取出高效麻醉剂来,作为麻醉药品使用。

239. 海豚是鲨鱼的天敌吗?

海豚与鲨鱼相遇,一般并不相互厮杀。那么,它们常是在什么时候较劲呢?一般是在雌海豚产仔时,海水中的

海豚攻击鲨鱼

海洋动物

血腥味会把凶猛的鲨鱼招引来。每当这时,在产仔海豚周围护卫的海豚,特别是雄海豚,为保护幼仔就会主动攻击鲨鱼。海豚与鲨鱼相斗,胜败各有千秋,有时海豚得胜,也有时海豚败北。据在水族馆饲养条件下的观察发现,海豚在攻击鲨鱼时,是用它那坚硬的喙,轮番地猛戳鲨鱼柔软的腹部,特别是肝脏所在处和鳃部。如果得手,要不了几分钟,鲨鱼就会因内脏破裂或鳃部破裂无法呼吸而死亡。真可谓"强中自有强中手,行恶多端必自毙"。

240. 鲨鱼的残忍是不是天生的?

鲨鱼的残忍是不是天生的,看看它出生前的经历就会一目了然。有的胎生鲨鱼,小鲨鱼还没出世,就在娘肚子里开始了互相残杀,能吃掉自己的同胞兄弟。如沙虎鲨就是如此,小鲨鱼在胚胎发育期间,每个子宫中有10余个胎儿,其中,发育较快的一个,会将其余的兄弟姐妹一个一个的吃掉,最后每侧子宫中只剩下一个小鲨鱼,因此,就出现了沙虎鲨每次只产两条小鲨鱼的现象。这种鲨鱼在弱肉强食的世界中,能不残忍吗?当然并不是所有鲨鱼都如此残酷。

241. 弹涂鱼如何与敌斗智?

弹涂鱼的天敌很多,如许多肉食性鱼类、海鸟和螃蟹等动物都是。若弹涂鱼单身近敌,孤军奋战时,就往往难以避敌了。但是,为了生存,弹涂鱼也有自己的一套办法,那就是联合起来共同行动,以减少威胁。所以,它们常成群结队生活在一起,大家相互配合,头朝着不同方向,可以观察到所有方向上可能会有的麻烦,使鱼群都能受益。如果一只大螃蟹入侵时,就会被一群弹涂鱼团团围住,群起而攻之,使螃蟹不得已而逃之夭夭。若螃蟹企图挖泥钻洞,就会不断地遭到弹涂鱼的骚扰,最后被迫逃离。当然,若螃蟹钻进弹涂鱼的洞里,那弹涂鱼可就难逃厄运了,它最终会成为螃蟹的钳下之鬼。

242. 你听说过鱼用光自卫的办法吗?

海洋中有些鱼类为了保护自己,采取了用发光迷惑敌人的办法。这里的所谓敌人既包括捕食者,也包括它的捕食对象。灯笼鱼就是这种鱼的一种,它的发光器多位于身体腹面。当它们夜间游到上层捕食浮游生物时,明亮的月光洒在海面上,若从下方往上看,海水有些发亮。一只不发光的鱼在月亮照射的海面背景上,能很清楚地显示出它自己的黑色轮廓,很容易被它下方的捕食者发现,凭敏锐的视觉对其发动攻击。这时候,灯笼鱼腹面的发光器发光,使自己和月光照射下的上部水色相一致,从而消除了本身的黑色轮廓,就不易被捕食者发现了。这种效应人们称作消光效应。许多灯笼鱼尾部的发光器也主要用来逃避捕食者。当被凶猛捕食者追捕或它本身发现有什么不祥之兆时,就用尾部发光器发出明亮的闪光,往往会使捕食者大吃一惊。当敌人迷惑不解地把注意力集中在闪光点上时,就给了它一个逃跑的机会,可以趁机加速游开了。

243. 有发光器的鱼就不会被发现吗?

事物往往是这样的,有矛就有盾。一些鱼可以通过消光效应逃避捕食者,而另有一些鱼则可以利用这种效

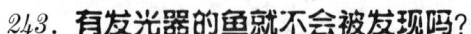

应捕获食物。最典型的要属星光鱼了。它一方面利用身体腹面的发光器产生消光效应,逃避捕食者,同时还有一双特殊的眼睛能识别出正在消光的鱼。它的眼睛方向是朝上的,眼里有一个黄色晶体,这实际上是一种滤光器,能将光波范围很宽的背景光过滤掉,最后识别出光波范围狭窄的有特殊颜色的生物光。当它向上方观察月光照耀下的海水时,一眼就能识别出正在用发光器发光的潜在猎物。这实际上正好是利用了其猎物的防御机制来捕获猎物,它反而成了发光者的克星。

244. 发光鱼是如何用光捕食的?

鱼类发光器发出的光既可以用来照亮自己的视野,又可以用于发现和准确地捕获食物。许多肉食性的鱼如食星鱼、黑巨口鱼和柔骨鱼类等,眼后都有一个大的发光器官,可以发出一束强弱不同的蓝色光束,照亮半米以内的物体。由于鱼的两眼视野在前方有一部分是相重合的,形

发光鱼

成的是立体视野,朝前的光正好可以照亮该视野。黑巨口鱼在眼后颊部也有发光器,发光时也是朝前照亮每个眼的视野,当鱼在有规律地呼吸时,口张大后使颊部的发光器

向外移,这样朝前发出的光刚好集中在头前方的双视野内。食星鱼的躯干部的发光器,是在沿腹侧排有4行,而灯笼鱼的腹侧仅有2行,发出的光方向斜朝外和下方的,正好照亮沿腹侧的下部视野。对这些鱼类来说,发光器就像手电筒一样,既可以帮助它看路,又可以帮助捕食。

245. 鱼是如何用光作为联系信号的?

我们已经知道,许多深海鱼身上都有发光器,可是,它们发光器的数量、位置、大小、排列形式,在不同鱼之间甚至同一种鱼的雌雄之间也是互不相同的。就像浅海鱼的各种体色花纹一样有着重要的生物学意义。当它发光时,同类一眼认出来,这种发光活动可能作为一个刺激信号来召唤同伴集群,特别在繁殖季节更有它的特殊意义。经验丰富的科学家,可以在完全黑暗的房间里,根据鱼的发光信号一眼识别出水族箱中都有什么鱼,有多少条。他们还发现,当有几条鱼在同时游动时,它们那身体侧面的发光器总在发光。这可以使鱼群的每个成员之间保持联络,是在告诉离群成员安全之路。

246. 双锯鱼为什么能和海葵友好相处?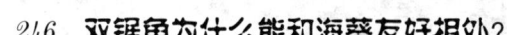

海葵那美丽而饱含杀机的触手是非常厉害的,任何小鱼小虾一碰到它,就会被触手里的刺细胞杀死。但它却以少有的宽容大度,允许一种长仅6厘米～10厘米的小鱼自由出入,并栖身其触手之间。这种鱼就叫双锯鱼,也称小丑鱼。其实,小丑鱼并不丑,橙黄色的身体,背上还有两道宽宽的白色条纹,娇弱、美丽而温顺。它们有的独自栖身于一只海葵中,有的是一个家族共同生活在里

面。双锯鱼以海葵为基地,在周围觅食,一遇险情就立即

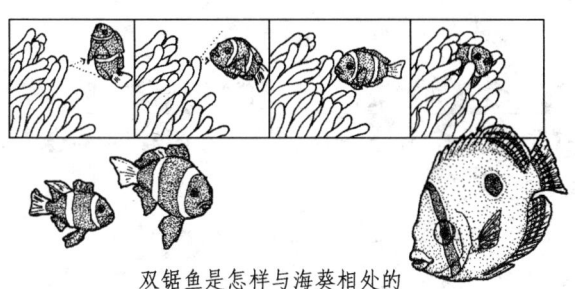

双锯鱼是怎样与海葵相处的

躲进海葵的触手中寻求保护。它们这种关系属于共生关系。海葵保护了双锯鱼,双锯鱼又为海葵引来食物,它们互惠互利,各得其所。双锯鱼为什么不怕海葵的触手呢?其实,这并不是它生来的本事,也是要经历一个驯化过程的。这个过程的时间可长可短,从几分钟到几个小时,主要是根据鱼和海葵的种类不同而异。双锯鱼先是用尾巴或腹面的一部分去碰海葵的触手,被刺一下后就快速离开,然后再回来,将其身体越来越多的部分和触手接触,直到全身都进入触手丛中而没有任何感觉为止。双锯鱼是如何获得对海葵毒素免疫力的呢?一种观点认为,在双锯鱼和海葵的最初接触中,鱼的体外黏膜发生了质变,这种变化改变了海葵刺胞对它的发射能力,所以它们接触中就不会引起海葵毒刺的发射了。另一种认为,在最初的接触中,鱼身上逐渐沾满海葵的黏液,使海葵分辨不出哪里是小鱼,哪是它自己,所以,就不放毒了。有人实验,把双锯鱼身上的黏液全部擦洗干净,再放回去,就失去了对海葵的免疫力。双锯鱼对海葵也有保护作用。据科学家实验,如果把双锯鱼全部取走,海葵的活动能力就

会大大降低,有一些索性停止了活动。除双锯鱼外,与海葵共生的鱼还有十几种。

247. 为什么深海鱼能吞下比自身还大的食物?

在漫漫长夜的深海里,生活着凶猛的肉食动物,但是,由于那里的生物群落稀少,食物匮乏,深海鱼一旦遇到可供充饥之物,就不论其大小,一概吞而食之了。在那里,能吞者就能存活,不能吞者就挨饿待毙,久而久之,深海鱼的体形就发生了古怪的变化。它的口异常巨大,嘴一张开简直就像一个巨大的陷阱一样,如角鮟鱇就是最突出的一种。还有的鱼,它那巨大的口成了它身体的主体,整个身体倒像是口的附属部分,有些喧宾夺主了,

蝰鱼正吞食一条发光灯笼鱼

如巨喉鱼就是这样。多数鱼的牙齿都很大,如蝰鱼的牙齿像可怕的毒牙,下颌前端的一对特别长,就是闭嘴后大牙还要露在外面。当然,口大,能吞进的食物就大,有的一次能吞下比鱼本身大一两倍的食物呢。陆地上的肉食动物,比如说一只狼,一口能吃掉一只鹿,那是难以置信的。因为它的上颌骨牢固地固定在脑颅上,下颌后端与上颌后端是相关联的,口只能张开到有限的程度,所以,

不能吞下比本身大的食物。而深海鱼就不同了,它上颌后端由悬韧带与脑颅相连,上下颌就像是折叠起来的一系列杠杆,它的口一张就可以有头骨的几倍大,所以,就算是比它身体大上几倍的食物也卡不住它。

248. 有能吃下比自身大三倍食物的鱼吗?

深海鱼不仅以嘴大而出名,它还有一绝,那就是它的肚子也大,大到竟能装下比自己大3倍的食物。这实际是它对吞食巨大食物的巧妙适应。一些深海鱼的腹部很薄,而且富有韧性和弹性,它们即使吃了大食物也不会被撑破。如叉齿鱼,它的胃口可大了,占它体积的三

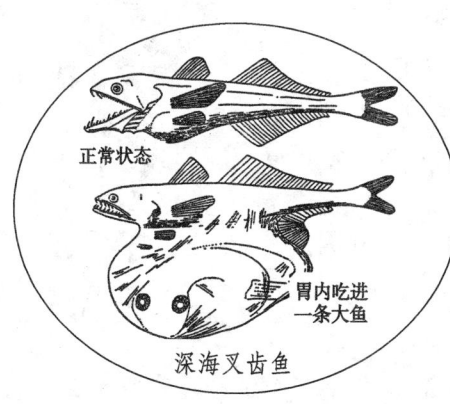

分之一,但奇怪的是,它能伸缩,能吞食比本身大3倍的食物。吃进食物以后,肚子就被撑得鼓鼓的,成了腹部的一个大包袱,腹壁被拉得薄如蜡纸。甚至,透过体壁还能看清所吃食物的形态呢。这样它就可以一连数天都饱食终日了。深海鱼的代谢率很低,这一方面因为深海的食物供应少,另一方面深海动物对食物的需求量也低。深海鱼类体内的蛋白质浓度和含热量随其栖息深度的增加而减少,所以它需求的食物就少。如动作缓慢的深海鼠尾鱼对食物的需求量比上层的鲑鱼少20倍。也可能在深海高压、低温

条件下,酶的活性受到抑制,使它们的消化能力低下所致。

249. 鮟鱇鱼捕食的"三诀"是什么?

鮟鱇鱼是深海鱼的一种,它长得怪模怪样,头特大而平扁,身体自肩部向后细尖呈锥形,看起来样子倒像个癞蛤蟆。全身裸露无鳞,皮肤松软,头上有很多皮瓣。它行动笨拙,不善游泳。为了捕到食物,它倒是有很多诀窍。一是巧妙伪装。它的身体颜色可以变得和周围环境很相似,身上的斑点、条纹和装饰物同一棵红藻差不多,并常将身体埋在海底的泥沙中,不易被发现。只将两只圆圆的眼睛露在外面,窥视着周围的动静。二是

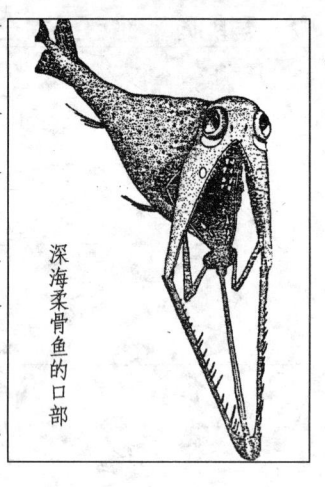

深海柔骨鱼的口部

欺骗和引诱。它的背鳍前端有三枚独立的鳍条长在头顶上,鳍条呈丝状,像是一根根长长的钓竿,钓竿顶上有一个很小的发光器或一块皮膜,钓竿不停地轻轻摆动,发光器一闪一闪的,就宛如一只游动的小虾或小鱼一样;它就是用这种诱饵,来引诱其他动物。三是有高效率的嘴。它的嘴特别大,颌能伸缩,捕食时嘴巴张得有平常的12倍大。两颌长满大大小小的尖牙,而且它们大部分能倒伏下来。鮟鱇鱼经常是潜伏下来,以守株待兔的方式等待前来上钩的食物。许多缺乏经验而又贪吃的小鱼小虾,在看到鮟鱇鱼鳍条上的拟饵时,会误以为这是可口的

美餐，便会纷纷追逐而来，刚要开口，发现上当，再想逃跑为时已晚，早被那张开的巨口囊括而去，一个个都成了鮟鱇鱼的果腹之物了。

250. 海蛇是怎样捕鱼的？

生活在海里的海蛇主要以鱼为食，当它捕捉食物时，先是以毒液将猎物杀死，然后再慢慢吞食。根据在实验室里的观察，若把一条活鱼放进饲养海蛇的水池内，一条海蛇将会立即对它进行跟踪，待接近到一定距离时，猛地一口将鱼咬住。鱼虽拼命挣扎，无奈因注入的毒液给了它致命的打击，使它越挣扎越无力，几分钟以后就瘫痪了。在判断猎物方面，海蛇主要靠振动感觉、嗅觉和味觉，对它来说视觉并不重要。有的海蛇虽然身体又粗又大，但头小脖子细，喜欢捕食鳗鲡。它先把小脑袋钻进鳗鲡隐身的洞穴中，将它咬住后拖出洞来慢慢吞进肚里。它们还捕食几乎与它们身体一样长的海鳝呢！待吞下去后，身体便被撑得拉长变形，几乎游不动了。所有海蛇都能咽下比自己身体粗很多的鱼，所以常发现饱食以后的海蛇的肚子被撑得鼓鼓的。人们还发现，它们吃鱼时总是先吃头，这是为什么呢？原来，这样下咽时不会被鱼刺卡住嗓子，但吞进肚子的鱼刺有时却会将海蛇的体壁刺穿，但对它并没有致命的危险。如，在菲律宾的北萨扬海的海蛇，就专以多刺的鳗尾鲶为食。这种鱼的毒刺相当厉害，能致人重伤，但海蛇却满不在乎。有的海蛇喜欢捕食鱼卵，还有的能袭击其他较大的动物。当然，它们也很耐饿。据饲养记录，刚捕来的海蛇能拒食40天，仍安然无恙。海蛇有时也会成为其他动物的果腹之物。据科学家记载,大西洋的一条食肉鱼,在一个月里吞食了22条海蛇。有的海鸟发现海面游动的海蛇,也会迅疾俯冲下去,将它擒获而去。海蛇一旦离开水就难以自卫了。

251. 为什么说海鸟都是贪食家?

富饶的大海,以它丰富的鱼虾、贝藻为海鸟提供了取之不尽的美味食品。它们在泥泞的海滩,在喧闹的海滨,在波涛滚滚的大洋,在昏暗的水下,不断地追逐快速游泳的鱼,捕捉动作缓慢的贝,征服舞爪弄螯的

海鸟英姿

虾蟹,摄取随波逐流的浮游生物。然而,不同的海鸟在不同的海区捕捉不同的食物时,却都采取不同的捕食方法。真可谓百鸟临海,各显其能。那么,为什么说海鸟都是贪食家呢?这主要是因为在空中飞翔活动剧烈,潜水游泳、搏风击浪时也要比陆上活动消耗能量多,加上它们的体温高,平均42℃,飞翔时体温可升高到45℃。这样,它们的代谢率就高,所需的食物也就多,一只滨鹬一天要吃450个沙蚕螺虫,一只海鸥每天要吃3000多只磷虾。当然不同的海鸟,不同大小的个体的摄食量也各不相同。据调查,小型海鸟一天要消耗35克~65克食物,中型海鸟每天100克~200克食物,如三趾鸥一天吃108克~

140克食物,大型者如大海雀一天要吃200克~300克,南美的鸬鹚一天吃430克~495克鱼。在新地岛上的海鸟,一年要吃掉的鱼就有50万吨呢。

252. 海鸟是如何在飞翔中捕食的?

在海洋上空飞翔的许多海鸟,都有高超的飞翔技巧,在贴近水面快速飞行中,就能将发现的食物摄取上来。如小型鹱、暴风海、贼鸥、海鸥和军舰鸟等都是如此。它们的动作灵活,对很小的食物可以囫囵吞下去。南方暴风海燕还可以用长腿拍着水,用嘴捕起小的食物或吸入浮游生物。有些海鸥是用脚捕捉食物,而另一些海鸟是用嘴捕食,用脚挡风或帮助起飞和加速。南极的鹱被称作"水上飞艇",有时伸开双翅作翼,并用嘴滤取食物。

253. 什么海鸟能耕海谋鱼?

在海洋鸟类中有一种用奇特方式捕食的鸟,它就是剪嘴鸥。这种鸟的身体不太大,体长有52厘米,但翅长可达42厘米,腿很短。唯有它的喙与其他的鸟迥然有别,它的下颌大大长于上颌,闭嘴时下颌的边缘恰好嵌入上颌的沟内,两颌的边缘扁薄得像刀片一样,越靠近根部喙越宽,因此而得名剪嘴鸥。它捕食时是双翅紧贴水面快速飞行,宛如一架水上飞机沿水面低空飞行一

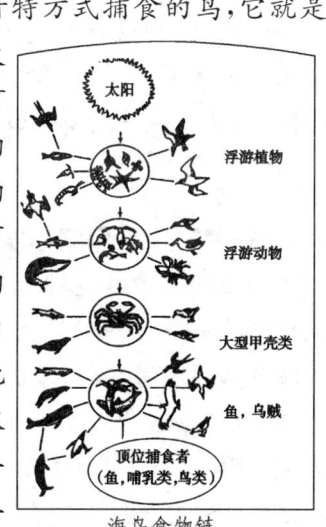

海鸟食物链

样。而它的嘴张开时,长长的下颌斜插入水中,在平静的海面上犁出一道深深的波纹,仿佛是在沃野上耕耘的犁耙一样。耕耘中,它的下颌一旦碰到了鱼,上颌就像陷阱的扳机一样,立即会与下颌合拢,将鱼死死咬住,然后头一抬,将鱼举出水面吞咽入肚。然后,下颌又立即插入水中,迎接下一次的收获。所以,人们也称它为水鸟。它们常是白天休息,早晨、晚上或在有月之夜,趁浮游生物浮上水面时,就开始忙忙碌碌地在海上耕耘了。

254. 海鸟如何在水面游泳时捕食?

人们经常看到的是海鸟在盘旋飞翔中一旦发现食物,就会以迅雷不及掩耳之势猎取食物,而对游泳捕食的就听的不多了。事实上,不仅有会游泳捕食的海鸟,还有会潜水捕鱼的呢。这些海鸟一旦发现猎物后,特别是相对较大的食物,就会降落水中朝猎物游去。如果这些猎物游速较慢,那就难逃海鸟的追逐了。腐食性海鸟也常采用这种方式。许多不能潜水的海鸟如海燕,它的喙上有瓣膜,上下颌一合,犹如网一样,可以在游泳中滤取水中的浮游生物吃。

255. 企鹅为什么喜欢潜水捕食?

许多海鸟喜欢吃的食物都生活在水面以下,如海底的底栖动物中层的鱼和头足类等,水面上根本不露踪影,所以海鸟必须潜游水下,才能捕到食物。但空气和水这两种介质差别很大,海鸟必须都能适应才行。企鹅潜水游泳要比在水面上游泳省力得多。据专家计算,以每小时9千米的速度游泳时,浮在水面上所需的能量是水面以下游时的

海洋动物

2倍,而每小时游18千米时就是5倍,27千米时就是10倍了。企鹅水下潜游时,它肌肉的活动强度可以减少5倍~10倍,这对它水下捕食很有利。企鹅一旦到达可以捕到猎物的水下范围内就猛冲过去,用有力的武器将猎物处死。它的舌上布满钉状的小刺,加上它上下颌强而有力,一旦捕到猎物,无论是被鳞的鱼、有角质壳的节肢动物,还是全身滑溜溜的乌贼,都得俯首就命,休想逃脱。在捕食时,长冠企鹅是先用喙把猎物击昏再吞食,而麦氏环企鹅的V形喙能给任何要猎捕的鱼以致命的打击。有人发现一只巴布亚企鹅胃里有960只磷虾,一只小企鹅胃里有双亲喂的369条乌贼,这足以说明它的食量是很大的。还有人精心统计过,在南极海域以磷虾为主要食物的企鹅,每年要捕食磷虾就达1200万吨。

256. 鸬鹚为何被称作"鸟鬼"?

鸬鹚体长可达80厘米。因为"卢"和"鹚"字都是代表黑色的意思,这种鸟的身体是深黑色,所以取名鸬鹚。鸬鹚也是潜水捕食的高手,但它主要是靠腿和脚游泳。它们的主要食物是鱼和甲壳动物。有时它的身体一部分露在水外,把头钻到水里向前伸着追逐猎物。当它在岩礁或海藻丛生处时,主要是用脚游泳;而在清澈的水域或沙质地水域时,也能脚和翅并用。它在能见度很低的水里时,往往是采用偷偷接近猎物的方式,当到一定距离后,会突然伸长脖子,猛然出击,即使活动再灵敏的猎物,也难以逃脱。它的眼睛非常敏锐,在水下10米以内游动的鱼都逃不掉它的眼睛。人们还惊奇地发现,盲眼的鸬鹚也能生活得很好。这表明,它的听觉在捕食中起到了重要的作用。鸬鹚有一个重要的特点,那就是,它捕到鱼后必须把鱼拖出水面以后再吞咽,所以,我国(还有印度)渔民就是利用这一特点把它们训练成了捕鱼的助手。也就是说,让它下水捕鱼前,在它的脖子上拴上一个皮圈,用以防止它将捕到的鱼咽到肚子里去,只能交给主人。

鸬鹚海中捕食、树上筑巢

古时候称鸬鹚为"鸟鬼",杜甫有一句诗这样写道:"家家养乌鬼,顿顿食黄鱼。"足见它在人民群众中的影响之大了。鸬鹚很贪吃,一昼夜就要吃掉1.5千克的鱼。一只鸬鹚一年可捕鱼500千克以上呢。

257. 鹈鹕是什么样的海鸟?

鹈鹕有8种,这种鸟体魄粗重,1.7米长的身体有7千克重,宽而圆的翅膀展开来将近3米,羽毛洁白而漂亮。它们喜欢成群结队,或姿势优雅地飞于蓝天,或此起彼伏地游于大海,或忙忙碌碌地活跃于繁殖的场地。它们可以飞到3000多米的高空。它那巨大的长喙下方挂着一个巨大的喉囊,长达46厘米,比它的尾巴还要长1倍多,能容纳13.6升水,显得有些头重尾轻。它游泳时,

是伸着长脖子,巨大的喙向前探视着。而飞行时,它的头是缩到肩部,喙就托在脖子的前部。怪模怪样的鹈鹕从一孵化出来就开始互相争夺食物,先出世体魄大的,抢食力强,长得就快;而后出世的经常抢不到食物,有的会活活饿死,每窝只能保证有一只存活。

258. 鹈鹕为什么喜欢从高空俯冲潜水?

有些海鸟先是在空中侦察,一旦发现食物,会立即像高台跳水运动员一样,从高空直插水中,如憨鲣鸟和鲣鸟就是从20米~30米的空中直插水中,可潜到27米深处追逐猎物。这也是鹈鹕常用的方法之一。鹈鹕捕食时是在水面的上空盘旋飞翔,一旦发现水中游泳的鱼,就立即收拢双翅骤然而降,从15米左右的高处像一颗飞弹一样直插水中将鱼捕获。它那溅起的高高浪花和那响亮的溅水声,在500米以外都能听到和看到。一群这样的大鸟在海中捕食,真堪称海上的一大景观。鹈鹕捕到鱼后,它们往往是尾巴先露出来,装进鱼的喙和喉最后才蹒跚而出。在吃鱼时,也是先将鱼存在囊内,待将鱼调整到头朝里时再吞下去,免得刺伤喉部。它也相当贪食,一昼夜要吃掉2千克鱼。它还有另外一种本事,若是在浅水小池中捕食,鹈鹕往往会用它那巨大的喉囊将水淘干,使鱼暴露出来以后再吃。

259. 海鸟也有空中打劫的强盗吗?

有些海鸟虽然贪吃鱼虾的味美,却吝惜下水捕捞的辛苦,它们虽然常在海上转,却从来不湿毛。因为它们的尾脂腺不发达,一旦落入海中毛被浸湿后就飞不起来了,只得浪荡海空,见机行事,有时还不得不干起不光彩的拦路抢劫的勾当。军舰鸟就是最典型的一种。这种鸟身体很轻,翅膀很长,黑色的羽毛闪着绿紫色的金属光泽,是海鸟中最优秀的飞翔能手之一,时速可达 153 千米。在风大浪高的日子里,军舰鸟像箭一样从高空快速降临水面,能嗖嗖地穿过浪谷,靠喙的敏捷动作摄取水面的鲱鱼、鳕鱼、水母及其他可以发现的食物。可你知道吗?它更重要的食物来源于拦路抢劫。当鲣鸟、鸬鹚、海鸥或海燕等海鸟在海里饱餐而归,或携带着食物急切地赶回来喂养饥饿难耐的小宝宝时,一旦被军舰鸟发现,它就会立即追击上去,进行空袭。它们有时是一只鸟单干,有时是雌雄共谋。其他的海鸟很难逃脱这种飞翔快速、动作敏捷者的追击。若不赶快吐出食物,想侥幸逃脱是很困难的,而一旦被军舰鸟追上时,不是叼住尾部拼命地摇晃,就是用带钩的长喙猛地啄击,会使鸟的一个翅膀脱臼,甚至会因此而丧生。每当这时受害者也往往有这样一种习性,通过吐出捕获的食物或排出遗物来减轻体重,增加灵活性以逃脱敌害。所以,这些鸟在被军舰鸟追上之前就会"哇"的一声把食物吐出来,军舰鸟就像技艺高超的杂技演员一样,将其一一攫取,巧妙地接而食之了。

260. 军舰鸟如何巧捕飞鱼？

军舰鸟爱吃飞鱼,鲯鳅和鲷也爱吃飞鱼。它们成了天然的合作者。鲯鳅和鲷是在水里追逐飞鱼群到处游弋,一旦发现就立即进行攻击。飞鱼受到惊扰后会立即张开翼状胸鳍,摆动尾鳍,惊慌失措地跃出水面,在波峰浪谷之间快速地滑翔。此时,军舰鸟便会疾速俯冲下去,准确无误地将飞鱼"口到擒来"。据研究,军舰鸟叼住飞鱼的时刻,正是飞鱼在空中滑翔受地球引力束缚而即将下降的时刻,此时会出现翱翔瞬间的"暂停"。美国导弹专家就是受此启发,把这个机理应用到了研制"爱国者"导弹上,成了空中拦截"飞毛腿"导弹的能手。军舰鸟叼住飞鱼后,立即会飞向高空,它再一松口,将飞鱼扔下;就在飞鱼下落过程中,军舰鸟又快速地降到飞鱼的下方,口一张,那正在下落的飞鱼就会顺着它的食道直接进入腹中了。

军舰鸟拦路截食与求偶

261. 为什么把贼鸥称作"南极之鹰"？

贼鸥身体并不很大,只比一般鸽子略大一些,但它性情凶猛,胆大妄为,嘴是呈钩状的。它是杂食动物,但最喜欢吃肉。海豹产仔时,贼鸥专喜欢吃它的胎盘。一个几千克重的胎盘,不大一会儿就会被它吃得一干二净。有时还未等胎盘完全产出来,它们就迫不及待地争抢起来。有时甚至还袭击小海豹呢。它们还吃腐肉,偷吃企鹅蛋和袭击小企鹅。在企鹅繁殖场上,大企鹅对自己的卵一时看管不好,就会给贼鸥以可乘之机。正在孵卵的企鹅出于母性的本能,会奋力地同来犯的贼鸥搏斗,而且有能力对付一

长尾贼鸥追击鲣鸟

贼鸥捕食

只贼鸥的进攻,也常使贼鸥望而却步。但若一对贼鸥前后夹击,就使它难以招架了。此时是一只贼鸥在前方恐吓,另一只则在背后袭击,使企鹅首尾难顾,迟早会露出破绽。在破绽露出后,一只贼鸥就会趁机冲进去,将卵抢劫而去。在它们袭击小企鹅时,定会受到大企鹅的激烈抵抗,拍打着鳍翅驱赶它,而贼鸥对这一套并不惊慌失措,而是沉着应战,一而再、再而三地对小企鹅发起冲击,一旦小企鹅被吓得跑出窝来,失去了亲体的保护后,就会成为贼鸥的果腹之物了。它还可以一连几天盯住一只生病的个体,因为迟早必能得享一顿美餐。为了争夺食物,它们之间也常会发生"火拼"、"决斗",互相厮杀,只有最后的胜利者才能独享"战利品"。贼鸥每年10月到达南极,2月底离开,可以在零下30℃的环境中生活,而在

40℃的高温环境中它也满不在乎。

262. 鞘嘴鸥是如何趁火打劫的？

鞘嘴鸥样子像白色的鸽子，它也爱偷吃照看不好的企鹅蛋和小企鹅。它还经常打扫成体企鹅不当心撒在地上的磷虾等食物。它最高明的一招莫过于当大企鹅从嗉囊中反吐出食物喂养小企鹅时，在一旁窥测的鞘嘴鸥会突然在两者之间起飞或是飞落在正要接食的小企鹅背上，这势必会使大企鹅吐出的食物撒落在地上，

企鹅大战鞘嘴鸥

于是就被这个无赖一扫而光。靠打劫行为捕食的海鸟还有不少，如海鸥能直接从捕食的鹈鹕嘴里抢鱼。鸥鹱会从正在滤食的须鲸嘴里抢食吃，也常见两只鸟共抢一块食物，而其中一只从另一只嘴里把食物抢过来。在海鸟的繁殖场上，常见海鸥或海燕守候在那里，从捕食回来喂养小鸟的大鸟嘴里抢劫食物吃。

263. 海鸟也能合作捕食吗？

许多海鸟为了捕食成功，常采取联合行动，如鹈鹕捕食时是成群结队排成一行，边游泳边把猎物往前赶，到某

个时候会一起潜水捕食。有些鸬鹚也常排成队游泳驱鱼,并一起潜水捕食。同样,钻水捕食的还常见于一群憨鲣鸟和鹈鹕。更为有趣的是,后者常是有一个成员吹一声短的口哨,就好像是下达命令或信号一样,整群鸟就一起开始潜水,因此鱼等动物是不大容易逃脱这种集体追捕的。海鸟中还有不同种群之间合作捕食的现象,如出现鸬鹚与鹈鹕的合作场面。鹈鹕排成一队在水面把鱼往浅水赶,或堵住海湾的出口,喧嚣着不让鱼逃走;而鸬鹚在其后也排成一条线,潜到水下往前赶。然后,共同在浅水处捕鱼吃。若鸬鹚捕到的鱼很大咽不下去,鹈鹕就会抢而食之。尽管它们会合作捕食,但互相间也充满了"火药"味。

264. 海豚是如何捕捉食物的?

据人们观察,海豚吃食的方式很特别,它是吸取食物的。也就是说,它张口的同时向里收舌,是把小鱼吸入口内的。小鱼从距离海豚嘴巴5厘米～10厘米远的地方,头是朝前游入海豚口中的。海豚有时一下子能吸进2条～3条鱼。这种取食方式使它的吻部不必做急剧的活动,花的时间短,取食效率高。当遇到大鱼群时,这样吃法也不会把鱼群惊散。不仅以鱼为食的海豚类是这种吃法,就连吃乌贼等软体动物的抹香鲸也是这种吃法,它一口能吸入几只头足类动物。海豚围捕鱼群的方法更为巧妙。首先,它们追逐顺着海岸延伸的鱼群,把它们赶到一起,然后突然绕到一侧,迫使鱼群首尾相衔接,这样就形成了一个圆周运动,使长长的鱼群绕圈子旋转起来,等于

海洋动物

海豚捕食

是就地打转,而且圆圈的直径逐渐缩小。这可以使海豚不动地方就能吃很长的时间。此时,海豚是散成一条线,排成弧形,前后游动,不让鱼群跑掉。同时海豚一对一对地轮流向转圈的鱼群最密集的地方飞快地冲去,在鱼群里跳来跳去,吃一会儿后就回到巡逻队里,再换下一对去。它们有时还会排成横队把鱼群赶进狭小的海湾里再慢慢享用。宽吻海豚喜欢把捉到的大鱼向上高高地抛起,自己也跳出水面,在空中把大鱼咬成三段,它把当中一段吃下肚内,而鱼的头和尾巴就留给海鸥分享了。

265. 虎鲸为什么被称作"嗜杀成性"?

虎鲸体长不到 10 米,头的侧面、眼后方各有一个卵形白斑,远看就像一只眼睛。它的背鳍高大,可达 1.8 米,形状好似倒置的戟,因此也叫它逆戟鲸。它的口里长着 40 多枚粗大而尖利的牙齿,既性情凶猛,又残暴贪食。除吃鱼外,它也吃海豚、海狮、海豹等海兽,甚至还袭击大型的须鲸呢。当它们遇到成群的海豚时,会立即将其包围,并逐渐缩小包围圈,然后一头虎鲸带头冲进去,将一头海豚捉住杀而食之,其他虎鲸也随后开始捕食,直到它们吃够了为止。海狮、海豹等遇到虎鲸时往往会掉头鼠窜,有些还会纷纷逃上岸去。但虎鲸往往会穷追不舍,甚至也向岸边追击,它们比其他鲸鱼能游到更浅的地方去,甚至浅到半身都露出水外也不在乎,还真的常常把那些就要逃离虎口的海狮擒而食之呢。大家可能都知道,猫在捕到老鼠后常常不是马上吃掉,而是等把

虎鲸的捕食对象

它嬉耍够了再吃。虎鲸好像也有这种习性。常见它在海里捉到海狮后,用嘴叼着,头一摆,将它远远地甩出去,然后再捉住、再抛,或用它的尾鳍猛地向上一打,就像扔石头一样,将海狮高高的打出水面,又远远落入水中,然后游过去,又是一下、两下……连海象遇到虎鲸也会纷纷逃窜,特别是小海象,常是吓得伏在母海象背上寻求保护。而虎鲸也常常从较深处突然冲上来,将小海象冲掉,然后捕食。有些海豹或海狮爬到海里的浮冰上去躲避风险,但虎鲸也有自己的办法,要么是用身体把冰突然往上顶,将冰弄破,使冰上的海狮落水;要么是用头压在冰的一边,使冰向一侧倾斜,冰上的海狮就会滑落下水。当遇到大型须鲸时,它也不胆虚,会像一群饿狼一样一拥而上,有的咬住大鲸的鳍肢、尾鳍,使它动弹不得,有的用整个

身躯压在巨鲸的鼻孔上使它无法喘气,还有的猛咬住它的下颌、喉咙等部位,等到巨鲸一张嘴,虎鲸会立刻钻进去把它的舌头吃掉。当巨鲸窒息待毙时,虎鲸们就开始撕咬它的皮肉,一顿狼吞虎咽之后就扬长而去了。当然,它袭击的目标多是些体弱多病的个体。至今尚未有虎鲸袭击人的报道。相反,在水族馆的饲养条件下,它还可以与人建立起友谊关系,可以让人骑在它背上作各种表演呢!

266. 抹香鲸为什么与大王乌贼搏斗?

抹香鲸为什么要与大王乌贼搏斗?这主要是抹香鲸爱吃乌贼,尤其喜欢吃深海的大王乌贼。这种乌贼个头很大,目前已发现的个体有20米长、4.4吨重。它的腕就有10多米长,身体周长就有3.5米,需要两个大人联手才抱得过来。它的眼睛大如牛,直径达38厘米,爱在200米~600米深的水层中活动。要降服这么个大家伙也不是件轻而易举的事。

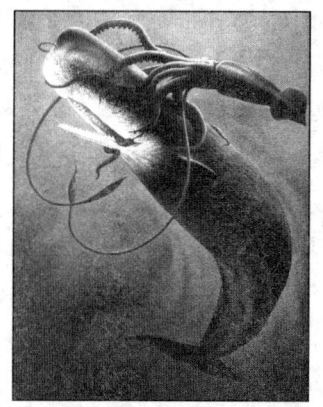

抹香鲸与大王乌贼搏斗

抹香鲸的牙齿很大,足有20厘米长,每侧40枚~50枚,但上颌没有齿,仅下颌有齿,不过也是够厉害的,动物一旦被它咬住就很难逃脱。它一旦发现大王乌贼就会立即追上去死死咬住,乌贼也会进行殊死搏斗。在搏斗中它们一会儿冲出水面,就像耸起的一座小山,一会儿又向一边倒去,发出震天的声响,翻江倒海,地动山摇,那场面真是惊心动魄。一般来说,搏斗到最后的赢家总是抹香鲸,虽然它的身上也难免留下一个个碗口大的伤疤,却可以美美地饱餐一顿。有时抹香鲸也会发生不幸,若乌贼腕上的吸盘刚好吸在抹香鲸的鼻孔上,使它无法喘气,时间一久,也会被憋死的。

267. 北极熊是如何捕捉食物的?

生活在北极的北极熊虽然有一身洁白、漂亮的外表,但也是十分残暴的肉食动物,它主要以海豹、海象等动物为食。它捕食的方法很巧妙,冬季北冰洋上千里冰封,但水中的海豹却必须在冰上破一个呼吸洞口,不时浮出水面换气。聪明的北极熊就耐心地守候在这通气口附近,它可以一连几个小时一动不动。等到海豹一露头,北极熊猛的一掌就会把海豹的头骨打得粉碎,然后擒而食之。它捕捉海象也往往是用智擒的办法。因为海象尤其是大型海象嘴上长着一对长长的尖牙,是相当厉害的武器,特别是遇到雄海象群时,北极熊绝不是它们的对手。所以,北极熊多是瞄准小海象,而且往往是慢慢接近,或躲在冰的后面,寻找机会抓起一块冰将海象砸昏,再捕而食之。对于在雪盖下做窝产仔的海豹,北极熊也能巧妙地找到。它的饭量很大,它的胃能容纳50千克~70千克食物。饥饿的北极熊有时也会自相残杀,公熊会攻击带仔的母熊或体弱的个体。

268. 白狐为什么愿意跟踪北极熊?

大家已经知道,生活在北极的北极白狐是有名的"深

挖洞,广积粮"的专家。那么,它为什么要跟踪北极熊呢?原来,白狐愿意寻找北极熊做靠山。尽管白狐夏天储粮于窝,但是经过长夜漫漫的北极严冬之后,有限的食物也会被消耗殆尽。冬季从不冬眠的白狐,就会饥肠辘辘地跟踪北极熊,以拣食北极熊吃剩的残羹剩饭,这和热带的豺跟踪狮子或其他食肉动物,拣食它们剩下食物的方式很相似。所以,在北极的冬天,每只北极熊身后都会有2只~3只白狐在悄悄地跟踪。到冬末春初,食物极端匮乏,这时的白狐就不到处费劲寻找食物了,因为找也找不到,它的主要目标是寻找北极熊,只要它发现并跟踪上一只北极熊,也就意味着它的食物供应有了保障。因为北极熊很善于捕捉海豹,它能嗅出海豹的味道,即使在雪盖下产仔的海豹,也逃不出北极熊搜捕。当它捕到海豹后,只要不是很饿,就只把脂肪吃掉,余下的肉和内脏,就足够白狐享用的了。若是北极熊非常饥饿,它也会攻击白狐,或者北极熊吃食时白狐有些迫不及待,离北极熊太近,北极熊也会用爪子痛击它。无论如何,从北极熊嘴下争夺食物吃,可是一件冒险的行为,弄不好还要搭上自己的性命。在极端饥饿的情况下,白狐也会自相残杀。

269. 北极狼如何围捕麝牛?

北极有三霸,它们是北极熊、北极狐和北极狼。大家对前两者已经有所了解了,那么,北极狼的霸气显示在什么地方呢? 北极狼主要以北极兔、旅鼠、海豹、驯鹿以及麝牛等动物为食。就麝牛而论,它的体魄很大,雄麝牛体重有300千克,雌麝牛略小,重约200千克。而北极狼体

北极狼

重只有80千克左右,因此猎捕麝牛也绝不是件轻松的事。况且麝牛喜欢成群活动,常集成10余头到30余头的大群。为了保护小麝牛,特别是遇到狼群时,大麝牛常摆成一个半圆形或圆形,将小麝牛围在当中,很不好下手。麝牛也是相当厉害的,头上有朝前弯的尖锐的大角,还有粗大的蹄子,足以置北极狼于死地。所以北极狼常常是靠集体行动才能得手。北极狼是以狼窝为中心向周围扩展。它的嗅觉特别灵敏,猎物在相距几千米远的地方出现,它们就能发现并能准确地找得到它们。据观察,当麝牛群出现时,狼群便已经行动了。它们移动非常小心,以每小时不到10千米的速度前进。当追上麝牛群时,狼群就站住了,从几十米开外望着牛群,不久多数狼躺了下来,麻痹麝牛。牛群则紧张地收拢在一起,面对狼群严阵以待,每个成员都不停地摆动身体后部,与邻居保持接触。灰白色的北极狼会不时地有一两只站起来移动

一下位置以刺激牛群。而牛群则始终以紧张的姿态站着,低着头面对敌手。过不了多久,狼群就会开始在牛的身后巡游活动,似乎对牛缺乏足够的勇气进攻,如果牛和狼发生了冲突,当有的狼受到牛的攻击后,这对狼可是一个极大的刺激。整群狼会开始在愤怒的麝牛之间冲入冲出,寻找机会攻击麝牛。每当这时,牛群和狼群就混战在一起,霎时间尘土飞扬,惊心动魄。要不了多久,麝牛的防御体系瓦解了,牛群被分割开,有的开始落荒而逃,这就给了狼一个可乘之机,它们首先选中小麝牛作为攻击目标。几只狼会一拥而上,一场血腥屠杀,小麝牛成了它们的牺牲品。在消灭掉小麝牛以后,它们有时还不满足,继续杀害大麝牛。在一场恶战并吃饱之后,它们就将剩余部分肢解,各自取一部分挖一个坑埋起来,待饿了再吃。

海洋动物

多彩的情爱生活

270. 什么鱼繁殖时一妻多夫？

在印度洋中有一种小鱼和海葵共生，它们成群的一起生活，每个群中通常只有一条雌鱼，其他成员都是雄鱼。若群中的这条雌鱼死亡，或意外重伤，或离开鱼群远去他处，不能尽雌鱼之责，雌鱼的位置空缺时，群中的一条最大的雄鱼会自动变成雌鱼，接替它的位置。这种鱼就是雀鲷鱼。雀鲷鱼的性别之所以能发生逆转，是因为它的体内有退化的雌性器官，当受到刺激后，神经系统就会发出信息，刺激雌性器官分泌大量雌性激素，促使雌性性腺发育而成了雌鱼。这种性逆转的特点也会给人带来好处，如罗非鱼的雄性都大于雌性，人们养殖时就喂它雄性激素，即饵料中加上微量的甲基睾丸素，使它们都变成雄性，可以大大提高产量。而大麻哈鱼和牙鲆等是雌鱼大于雄鱼，如牙鲆4龄时平均个体重量比雄鱼重50%，我国也在培养全雌牙鲆。

271. 什么鱼一夫多妻？

在海洋中一雄多雌的鱼确实不少，如澳大利亚沿岸的鹦嘴鱼，一条雄鱼和若干条雌鱼结合成一个个的鱼群，一起生活。雄鱼个头最大，也是这个群的首领。当这条雄鱼死亡，或被人捕捉或被其他动物吃掉时，群中最大的一条雌鱼用不了几个小时，就会自动变成雄鱼，来接替已故雄鱼的位置。还有一种裂唇鱼也是一雄多雌，雄鱼好斗，争胜好强，不准其他雄鱼靠近它占有的鱼群。一旦它战死或遇其他不测风云，群中最大的一条雌鱼就会继承"王位"，统帅鱼群，用不了一个月它就变成货真价实的雄鱼了。再如红海的红鲷鱼，全身像火一样红，约20条鱼为一群，只有一条雄鱼，它一旦失踪或死亡，另一条大雌鱼从外形到生殖器官就会发生逆转，变成了雄性，接替统帅位置。

272. 鱼也角斗吗？

有些鱼类中的雄鱼好斗成性。它们在生殖季节，为了争夺雌性，往往要进行激烈的搏斗，以刺鱼、斗鱼最有代表性。斗鱼体色斑斓，有红、白、绿、蓝和青等多种颜色，身体修长，鳍像丝带一般，优雅多姿。到了生殖季节，雄性斗鱼一见面，立即相互搏斗，你来我往，有时两条鱼相互咬住不放，在水中团团打转，可相持20多秒钟，双方经常咬得遍体鳞伤，直到其中一条雄鱼认输，角斗才告结束。每当这时，胜利者会神气十足，围绕雌鱼游来游去，而败者垂头丧气落荒而逃。刺鱼则是用刺作武器，向对方猛刺，直打到最后精疲力尽，其中一条败北，战斗才算结束。人们正是利用斗鱼的这一习性，把它养成观赏鱼，古时甚至用来赌博。当今泰国人仍喜欢斗鱼，或是为了娱乐，或是为了赌博。在夏威夷还有一种锯鳞鱼也很好斗，这正是渔民可以利用的特点。渔民们在捕到雄鱼后会用绳拴着，再放回海里，其他雄鱼就会被吸引过来。这时，渔民们便把预先沉下的网提上来，就会捕到很多的鱼。所以，人们就称它为"诱鱼"。

273. 什么鱼既当爸又当妈？

对于人类来说"既当爸，又当妈"是指他本身是父亲，而又尽到了母亲的责任。但对于海水中的石斑鱼来讲，却完完全全是另一种含意。有一种石斑鱼,生殖时是雌雄结合,先是一方为父,另一方为母。可是,用不了多久,角色发生了互换,雄者变雌,雌者变雄。再过一会儿,还可以再换过来。一天之内可以互换四五次呢。每一条鱼既可履行做父亲的责任,又可以尽尽做母亲的义务。更有意思的是,它们都有雌性生殖器官和雄性生殖器官,但却不能自体授精。当这一条鱼排卵时,另一条鱼就为它授精;反过来,当另一条鱼排卵时,这一条鱼再为它授精。在墨西哥海湾也有一种沙地鲈鱼,它也是雌雄同体,在两鱼相遇时,先是其中一条鱼为雄,扭曲身体主动求爱,并为卵授精;不一会儿,角色互换,又重复起另一个产卵和授精的过程。

274. 什么鱼先做母亲后做父亲?

你能想到吗?在大西洋里竟有一种石板鱼,它刚孵出的小鱼无一例外都是雌性,而当发育成熟第一次产卵后,性别却慢慢地发生了变化,又都逐渐变成了雄性。而更奇怪的是,到了下一个生殖季节时,它们又都当起了父亲。有一种鱼叫黄鳝,它身体细长,样子像蛇,生活在稻田、池塘等淡水中,古时还称它为鲜。这种鱼重的可达1.5千克,是美味食品。它的突出特点是孵化后3年内的小鱼都是雌性。当第一次产卵后,像是完成了一生做母亲的任务一样,性别开始变化,卵巢逐渐萎缩。大约到了6岁,也就是到第二次性成熟时,却全部变成了雄性,又去当父亲了。这就是有名的"性逆转"。隆头鱼的情况也相似,出生的小鱼都是雌性,体色金黄,非常鲜艳漂亮,长大以后就变成雄性了,体色也变为深蓝色。

275. 什么叫"阴阳鱼"?

海洋中有些鱼类如黄鲷、鲱鱼、鳕鱼等,它们体内同时存在雌性和雄性生殖腺,体腔的一边是卵巢,而另一边是精巢,仅一条鱼就可以自体受精,繁殖后代。还有一种鱼叫狭鳕,就是通常人们熟悉的明太鱼,它的每一个生殖腺的上半部是卵巢,而下半部却是精巢。同一条鱼既当爸爸,又可以当妈妈,成了"雌雄同体",也就是人们所说的"阴阳鱼"。在生殖上,性成熟最早的鱼是礁鲈,雌雄鱼一孵化出来就忙着交配了。

276. 什么鱼用嘴孵化小鱼?

动物的嘴主要是用来吃食物的,鱼也不会例外。但是有的鱼可以用嘴孵化小鱼。如有一种美洲海鲇鱼,是把卵含在嘴里孵化的。不仅如此,它还是雄鱼当妈妈呢。当卵受精以后,雄鱼就把40粒~60粒很大的卵含在嘴里,孵化达9周之久。在这期间它不吃也不喝,对它本身消耗也

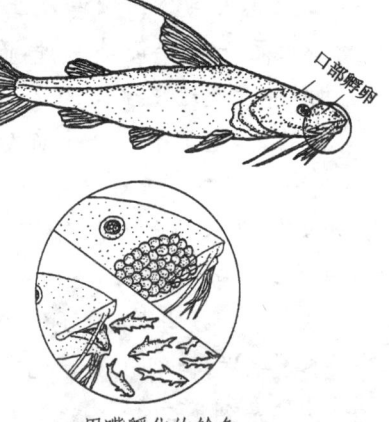

用嘴孵化的鲇鱼

很大。卵孵化出来以后,小鱼还要和大鱼呆在一起一个多月。在这期间一有危险,小鱼就会立即钻到大鱼的嘴

里寻求保护,直到小鱼长大后自动离去,大鱼才得以休养生息。丽鲷也是嘴中孵化的一种。但它可是雌鱼孵卵,是真妈妈。在卵子受精后就被雌鱼吸入嘴里,孵化约10天~12天。仔鱼孵化出来以后,也是在雌丽鲷的口腔内护养的。天竺鲷、罗非鱼也是把卵含在口里孵化。还有一种鲶鱼,雄鱼把卵吞入胃中进行孵化。

277. 什么鱼能在头上生小鱼?

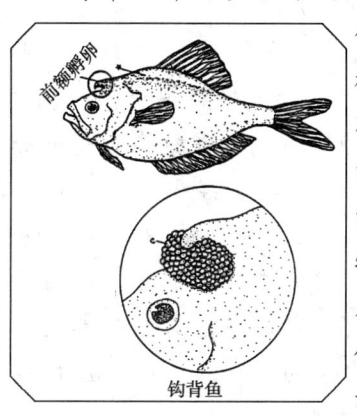

钩背鱼

海洋之所以妙不可测,还在于它物种复杂,千变万化,希奇古怪,同时,也妙趣横生。在印度—太平洋一带有一种鱼叫钩背鱼,它名字的特殊来历就是因为在雄鱼的头部背面的前额上有一个特殊的骨质钩状突起物而得名。这个钩的作用是用来钩住卵块,它们的卵子受精后形成卵块,卵块被分为两个球,两球之间由一线相连,可以用头上的钩钩住,让卵在头上孵化,以便使幼鱼可以受到亲鱼的很好的保护,还不影响成鱼的正常生活。

278. 雄鱼能生小鱼吗?

应该说生儿育女是雌雄双方的事,在鱼类中约有三分之一的种类,雄鱼积极参加育儿,这有利于提高仔鱼的成活率。其中海马、海龙、管鱼类尤其突出,完全是雄鱼尽孵化的义务,但它们的孵化技巧却略高一筹。雄海马腹面有一个育儿专用袋子,是由肛门后面的皮褶愈合而成,育儿袋内壁上密布着许多微血管,与胚胎的血管密切相连,供应着胚胎发育过程中足够的养料。这和澳大利亚袋鼠的育儿袋有些相似。在繁殖季节,雄海马的育儿袋逐渐膨胀,变得又大又厚,雄海马用自己细长

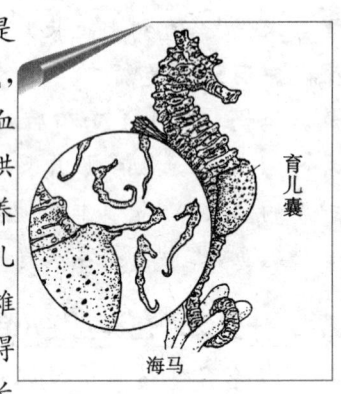

的身躯与雌海马纠缠在一起,时而直立,时而旋转。而雌海马会趁机将自己突出的输卵管插入雄海马的育儿袋中产卵,雄海马同时排出精子,为卵授精。卵就在袋中开始了孵化过程,营养由父亲的血液提供。经10天～20天,卵发育成小海马以后,父亲多是在黎明之前扭动身体,屈伸育儿袋肌肉"产出"小鱼,让它们去独立谋生。而海中的海龙"生产"时是另一种情景,它是当老海龙腹部的育儿袋张开时,小海龙自己游出来的,而在遇到危险时,还可以回到育儿袋中寻求保护。

279. 鱼也能胎生吗?

人们都知道,牛生牛、猪生猪,那么,鱼能不能直接生出小鱼呢?当然,绝大多数鱼类都是卵生的,但是也有少数鱼类可以胎生。胎生就是卵子在母体内发育,母体内有类似胎盘的结构,为在发育过程中的小鱼提供所需要的营养。海鲫就是胎生的鱼类之一。由于海鲫雌雄不在同一时间内成熟,经过复杂的交配过程后,精子是暂存于

雌鱼生殖管道中,要4个月后,卵子成熟后受精,在雌鱼的卵巢内发育,营养是靠母体分泌提供的。胚胎的鳍很大,且血管丰富,就是为了吸收营养。海鲫一般一胎能产10条~30条小鱼,多时可达86条。

280. 鱼类产卵也筑巢吗?

鱼类的繁殖方式是多种多样的。不同的鱼采取不同策略,五花八门,各有技巧。多数鱼在生殖季节,是雌鱼把卵产到水里,雄鱼随之为其授精。受精卵随水飘浮或附着于某些海藻上自然孵化。也有些鱼是建窝孵化,如三棘刺鱼,它是由雄鱼从肾脏中分泌出黏液丝,把水草黏在一起,筑成一个略呈圆形的窝。雌鱼进入窝中产卵后

雀鲷的生殖习性

离去,雄鱼为卵授精后,就昼夜守护在窝边,为时一个月左右,直到小鱼能自由游动它才离去。还有一种雀鲷,它一到繁殖季节,雄鱼都变得体色鲜艳,换上婚姻装,把自己打扮得漂漂亮亮的,并忙忙碌碌地在近岸礁石中用红藻建窝。待窝建好后,便开始摆动它那带白边的尾鳍积极招亲,被吸引而来的雌鱼会把卵产到窝里,同时雄鱼为卵授精,然后雌鱼就离去了,更确切地说,常常是雄鱼把

它赶走的。雄鱼可以独自用几周的时间精心守护着卵的孵化,并不断地用鳍扇动海水,保持着窝内的清洁和食物及氧气供应,以及赶走来犯者,直到小鱼孵化出来为止。

281. 有上陆产卵的鱼吗?

美洲近海有一种鱼叫光颌银汉鱼,它把卵产在岸边的沙子里,靠太阳能进行孵化。到了春、夏季,即每年的3~8月间,在新月、满月的晚上,即在大潮之夜,成千上万的雄雌鱼都趁着岸边最高潮时的波浪,爬上岸去,雌鱼扭动着身体,把尾巴插进沙里,把卵产在一个隧道式的坑里,一条或几条雄鱼疯狂地周旋于雌鱼周围给卵授精,受精过程约30秒钟,然后亲鱼们纷纷乘着下一个大浪游回大海,产卵坑也被海浪冲起的沙子埋好。距下一次大潮有10天~12天的时间,在这期间不会再有海浪冲到产卵窝处,卵在阳光的照射下,在温暖的沙子里慢慢孵化。等下一次高潮到来,海浪又爬到产卵窝的高处时,小鱼正好破壳而出,它们会扭动着身体钻出沙坑,正好乘着海浪游进大海。到第二年长到15厘米长时,小鱼也开始重复其父辈的行动。因此它要获得繁殖上的成功,必须和潮水时间巧妙地配合,产卵的时间不能早,也不能晚,恰好在大潮时才能爬到高潮线以上,卵才不会被浪冲走;卵孵化的时间既不能长,也不能短,正好在下一次大潮到来时,小鱼才能顺利乘海浪而入海。至于它们是如何精确地把握了最高潮位的时间,这可是人们要探索的问题。

282. 为什么不会发生"鱼口"过剩的现象?

鱼的种类不同,甚至同一种鱼的不同个体,产卵的数量都不同。如小黄鱼可产卵20万～30万粒,海鳗100万粒,真鲷200万粒,一尾1.3千克重的鲐鱼产卵260万粒,一尾8.8千克重的比目鱼竟能产卵900多万粒。但是,谁都比不上翻车鱼产卵多,它一次能产卵3亿多粒呢,真称得上是鱼类中的"产卵大户"了。鱼的产卵数量为什么会有这么大的差别?这可能是各种鱼都希望自己能"多子多孙",所以就拼命产很多的卵。但是多数鱼类产完卵后就弃之不管了,任其自生自灭。有些卵可能没有受精,有些卵可能随海流漂向不适于生存的遥远的异国他乡而命丧九泉,有些卵在大风浪中夭折。即使孵化出来的幼鱼,也还会遇到重重灾难,有些仔鱼可能因食物不足,幼鱼生长不良,活不到成体就纷纷夭折;也有些幼鱼成为贪婪的捕食者的美食,有的被疾病和饥饿折磨而死。即使翻车鱼能产3亿粒卵,真正能够发育成成鱼的也寥寥无几。一般一条雌鱼一年要产卵1000粒～1000000粒,其中的99.9%～99.95%会死亡。当然,这也是动物数量的自然调剂,所以不会造成"鱼口"过剩现象。若是鱼产的每一粒卵都发育成成鱼,仅就翻车鱼而言,用不了几年,整个海里就都是翻车鱼了。

283. 什么是浮性卵?

所谓浮性卵是卵的比重比海水轻,能浮在海水的上层,因为那里光线和溶解氧都很充足,水温较高,利于卵子孵化,所以,大洋中的鱼类几乎产的都是这种卵。一般说浮性卵的成活率低,鱼的产卵量大。还有些鱼产的卵比海水比重大,卵结成卵块或黏结在石块或水生植物上,比浮性卵受到的损失要少一些。所以,这种鱼的产卵量要少一些。

284. 鱼类也能杂交吗?

随着科学技术的发展,人们已经发现通过杂交后生产的杂种,大都集中了亲体的长处,其优越性十分突出。例如,在动物杂交中马和驴杂交,产出的杂种后代是骡子。它就集中了马和驴子的优点。那么,鱼是不是也可以杂交呢?人们在这方面也获得了成功,他们在养殖鱼类中,特别在淡水鱼类中,通过杂交培养出许多新品种。我国科学家用人工授精的办法使鳊鱼(为父本)和梭鱼(为母本)杂交,获得成功。第一代杂种形态与鳊鱼相似,生活习性却同梭鱼相似。

285. 鲨鱼是如何交配的?

鲨鱼虽然凶猛残暴,但在繁殖上可是比较先进的,它们是体内受精。那么,鲨鱼是如何交配的呢?过去在这方面有不少议论。因为,雄鲨腹鳍后端衍生出的两条交接器,方向是朝后的,鲨鱼阴道的方向是

海中观鲨

朝前的。经观察,交尾时先是互相追逐,至高潮时,雄鲨像蛇盘树一样将身体缠在雌鲨身上,两个交接器合在一

海洋动物

起插入雌鲨阴道。雄鲨贮精囊内的精液是由泄殖乳突射出,将交接器内侧的沟导入雌鲨阴道,达到交配目的。精子则是在雌鲨鱼体内长至4厘米,然后才与卵子结合。

286. 鱼卵之最是哪种鱼的杰作?

鲨鱼虽然是体内受精,但卵子并不都在体内发育,因鲨鱼的种类不同而异。有一些是把卵产出母体之外,在海水中孵化,如绒毛鲨、猫鲨、锯尾鲨等。它们的产卵量很低,一般只是10枚左右,少的一次仅产1枚~2枚,最多的也只有十几枚,但有的一个卵囊内却有几个胚胎。卵很大,有的直径可达10厘米,更大的达23厘米,比鸡蛋还要大得多。鲸鲨的卵堪称鱼卵之最,如1953年在墨西哥湾发现的鲸鲨卵囊,直径30.5厘米,宽14厘米,高8.9厘米,简直像个大篮球,里面还有36厘米大的胎儿。鲨鱼卵子外面还有一层很厚的卵壳。卵的形状也很特殊,有的为螺旋状,有的呈长方形,它的四角上还有4条长丝,可用来系在海藻等物体上,胚胎发育的营养来自于卵黄。猫鲨的卵则像一个钱包,所以,西方人称它是"美人鱼的钱袋子"。

287. 鲨鱼也有胎生的吗?

鲨鱼有卵生、卵胎生和胎生三种繁殖方式,卵胎生就是胎儿虽在母体内发育,但营养主要靠卵黄囊供应,如锯鲨、皱唇鲨。卵子的数量也很少,有的仅在左右子宫各1枚,多的也只有10枚左右。大部分卵胎生的鲨鱼每年交配一次,然后产卵,经过3个~15个月的时间,胎儿发育到13厘米~30厘米左右,就从母体中生出来了。白斑星鲨是胎生的,受精卵在母体子宫内发育。它的子宫分成若干小室,每个小室内就有一条鲨鱼胎儿,少者1尾～2尾,多者也只20尾左右。胎儿的营养是母体通过脐带和胎盘提供的,这和哺乳动物有些相似,但又有根本的不同。它的胎盘只是卵黄囊的变异,而脐带则是卵黄囊与胎儿连接部分的延长,从母体子宫内壁上吸收营养,或子宫内壁上一些突起,向胎儿口内分泌液体。小型的鲨鱼每年交配一次,但孕期可以从几个月到一年不等,如体长可达1米的斜锯齿鲨孕期10个月～12个月,一胎有1条～7条小鲨鱼。白斑角鲨孕期近两年,一胎产20条小鲨鱼。大型的鲨鱼如大青鲨孕期9个月～12个月,一胎可产100条小鲨鱼。尽管鲨鱼是卵胎生甚至胎生,但小鲨鱼的死亡率也是很高的,有的竟达50%。

288. 鲨鱼什么时候性成熟?

鲨鱼性成熟的时间都相对较晚,当然各种鲨鱼也有不同,如白斑星鲨出生后2～3年性成熟,大青鲨则是5～6年,姥鲨则是6～8年,狗鲨还要20年呢。就是同一种鲨鱼,由于所栖息的海区不同,性成熟的年龄和体长也不一样。比如北方产的白斑角鲨,雌性11岁、体长82厘米,雄的5岁、体长60厘米时性才成熟。而生活在哥伦比亚海域的雌雄白斑角鲨就分别是在23岁和14岁时才性成熟。有些鲨鱼每隔一年就繁殖一次,所以总的来说鲨鱼的繁殖率是较低的。1986年10月,人们在澳大利亚海上捕获一条鲨鱼,是1951年时科学家标志放流的。当时它的体长是135厘米,估计年龄在10岁左右。经过35

海洋动物

年再次捕获它时,它已经45岁了,体长却只有152厘米,在漫长的35年里,它才长了17厘米。这充分反映出鲨鱼的寿命还是较长的,但是,生长速度也确实不够快。

289. 鲸鲨生殖之谜是怎么解开的?

大家已经知道,鲸鲨是海洋中最大的鲨鱼,可是它究竟是如何繁殖呢?学术界也一直有所争议。因为,在20世纪50年代,人们在墨西哥湾发现了鲸鲨的卵,当时人们就认定它是卵生的;后来又有人捕到带脐痕的小鲸鲨,又推测它是卵胎生,所以,一直未有定论。不久前,台湾一渔民捕到一条重达16吨的鲸鲨,这次人们真的亲眼见到它产下了3尾小鲨鱼,解剖时又发现10多尾幼鲨和288个卵,卵内已发育长成达30厘米~60厘米不等的胎儿,从此,人们才解开了鲸鲨生殖之谜。

290. 鳗鲡是不是有雌无雄?

在早期,无论是世界上还是我国都对鳗鲡存在许多误解,如古希腊亚里士多德认为鳗根本无生殖器官,它来源于蚯蚓。甚至有人认为,小鳗是成鳗身体磨掉的碎片产生的。还有人认为鳗鲡是5月清晨的露水产生的呢!我国过去也认为鳗鲡有雌无雄。在18世纪时,意大利有人发现了鳗鲡的卵巢,但却没有发现雄性的鳗鲡,以为它是孤雌生殖。直到19世纪,奥地利科学家真正发现了雄鳗,才最终解除了误解。

291. 鳗鲡究竟在哪里生儿育女?

为探索鳗鲡的生活史,科学家们付出了艰辛的劳动。

每年秋末冬初,性成熟的鳗鲡长得膘肥体壮。随着生殖腺的发育,在性激素的作用下,眼睛变大,吻变尖,消化器官逐渐萎缩,此时便成群结队迫不及待地向它的生身故乡——大海游去。经过几千海里的长途跋涉,而且不吃不喝、日夜兼程的前进,身体疲惫消瘦。但入海以后,它的行动诡秘,不知去向。科学家们发现,不同的鳗鲡产卵的区域不尽相同。当到达目的地后,每尾雌鳗要产下700万~1500万粒卵,雄鳗为卵授精后,双亲就力竭而亡了,把生活空间留给了它们的下一代。卵受精36小时后,就孵化出仔鳗。这些仔鳗长约5毫米,长着大大的牙齿、透明的身体,状如柳叶,人们称它是柳叶鳗。它的游泳能力很差,但仍以顽强的毅力,乘着海流,沿着父辈走过的道路,朝着既定的目的地,一边取食,一边漂泊,大约历时3年时间,征程3000多海里,才能最终到达河口。在这期间,它们的身体已经逐渐长大,至5厘米多时,身体变态,大牙消失,体变细长,就成为白仔鳗。它们在涨潮时,随着潮水进入河川。进入淡水后,它们的身体逐渐变黑,成为黑仔鳗。再经过3~13年的成长发育,终于性腺成熟,又周而复始地开始了它们的降河入海、奔向繁殖地的漫长洄游。过去人们推测,我国的鳗鲡是在北纬20度~28度,水深400米~500米的冲绳岛附近产卵的,而欧洲和美洲鳗鲡均到马尾藻海产卵。但近几年,我国的科学家在太平洋西部海域发现了鳗鱼苗,这显示出,原来鳗鲡是在那一带产卵的。

292. 哪种鱼雄鱼咬住雌鱼一辈子不松口?

许多深海动物的繁殖能力是很低的,甚至与浅海的

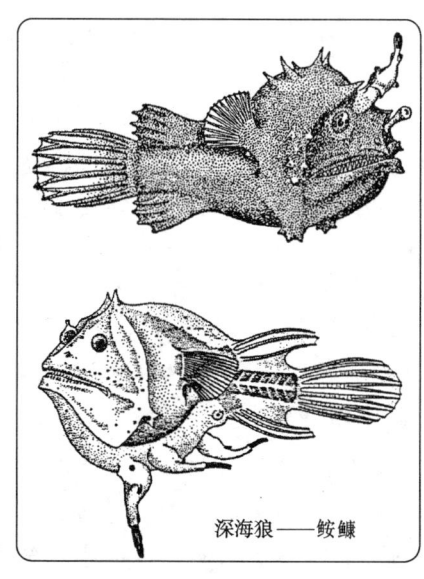

深海狼——鮟鱇

同类相比也要低。这可能和深海动物的个体较小有关系。如一种长仅一毫米的深海小型蛤类，一次只产2个卵，就是较大型的蛤一次也只产几百个卵，而浅水中的蛤类能产几万到几十万粒卵呢。有些深海鱼由于个体少，分布稀疏，到了生殖季节雌雄也难得相遇，可谓是踏破铁鞋无觅处。为了解决它们雄雌难见的困难，不同的鱼也想出了不同的办法。如一种角鮟鱇，生活在大洋中层暗黑的地方，行动迟钝，生活孤独，成熟了的个体找到配偶的机会非常的少。为了克服这种困难，雄鱼索性就寄生在雌鮟鱇鱼身上，结为终生伴侣。当它刚孵化出来后，雌鱼就不时发出清淡而奇异的香味，到处寻找配偶。而雄鱼的嗅觉器官按大小的比例来说比任何脊椎动物都大，在很远的地方就能嗅到这种香味，并根据这种香味找到雌鱼。二者一旦相遇，雄鱼就立刻咬住雌鱼不放。但是，雄鱼固着在雌鱼身体上的地方并不一定，有的是在腹部，有的是在头上、鳃盖棘之下，甚至眼上方等。时间一久，雄鱼的唇和舌就和雌鱼的皮肤连在了一起。以后除生殖器官外，其他所有的器官几乎都退化了。两者的血管也直接连到了一起,全由雌鱼提供营养,成为雌鱼身上的一个突起,其大小仅有雌鱼的十分之一大。刚出生的雄鱼如果找不到雌鱼就会活活地饿死。这种鱼的雌雄关系,不仅在鱼类中非常特殊,就是在所有脊椎动物中也是独一无二的。这种关系是20世纪30年代发现的,这可以说是生物学界的一个奇迹。

293. 海龟在什么地方产卵?

海龟产卵的场地大多分布于热带和亚热带区域。玳瑁就是在热带圈内,特别在珊瑚礁发达的地方产卵,如西印度群岛、澳大利亚北部、印尼内海岛屿上;棱皮龟主要在马来半岛和圭亚那;绿海龟也是在热带海域;蠵龟则在亚热带和温带,如澳大利亚、日本、地中海东部等地。每当到海龟的产卵季节,海龟聚会的时候,可是盛况空前啊!例如在澳大利亚海岸北端的莱因珊瑚岛上,有时晚上上岸产卵的海龟竟多达11467只,在30千米半径范围内多达15万只。再如,中美洲南部哥斯达黎加的海滨城市奥斯契纳尔城,它有一条宽50米、长4千米的沙滩,是世界著名的海龟产卵场之一。每年9月中旬起,几天时间就会有20万只海龟上岸产卵。我国南海诸岛如西沙群岛也是海龟的重要繁殖场。每年洄游到西沙和南沙群岛的海龟也有14000只~40000只,到南海北部的有2500只~5500只,到北部湾的有500只~800只。

294. 海龟何时产卵?

海龟在各地产卵的时间互不相同,以西沙为例,那里的海龟每年4~7月为繁殖旺季,但持续时间很长,甚至

海洋动物

可一直到 12 月。初夏的西沙,由于季风已衰退,台风尚未到来,海面异常平静,非常有利于海龟上岸产卵。雌雄海龟通常是群居在珊瑚岛周围,互相追逐,选择配偶,进行交配。有时雌海龟对求爱的雄海龟看不上,就用头对着雄海龟,不让雄海龟爬上背。一时雌海龟在内,雄海龟在外,像在水面上推磨一样团团转圈。若二者满意,雄海龟爬在雌龟背上,用前肢爪钩住雌龟背甲,长长的尾巴向下往前弯曲,交接器插入雌龟的泄殖腔中,交配的时间可长达 3 小时~4 小时之久。雄海龟的尾巴很长,相当于其体长的二分之一,与雌海龟迥然有别。随着西南来的暖流遨游而来的海龟,它们经过长途跋涉到达那里,趁着万籁俱寂的夜晚,乘着涟漪碧波,随着上涨的潮水,小心翼翼地向岸上爬去。海龟上岸产卵的时间,一般是晚上 10 点以后。它用鳍状的四肢笨拙地向前爬行,每当这时,沙滩上就会留下两条宽宽的与履带痕迹相似的龟道。在这期间,它要爬过大约 50 码的路程,途中要休息 2 次~3 次。当爬到高潮线以上时,在海水淹不到的沙滩处开始寻找产卵地点。

295. 海龟产卵时为什么那么胆小?

上陆产卵时的雌海龟虽然有些迫不及待,但却格外谨慎,略有风吹草动,它们就会立即返回大海。因为,许多猎手和一些野兽往往就在这期间等待捕捉上陆产卵的雌海龟,或挖食它们产下的卵。而且,一旦在陆上被掀得腹面朝天,它们也就只能束手待毙了。所以,此时的海龟警惕性特别高。有人曾调查过上陆的 251 只雌海龟,因为种种原因上岸后就立即返回海水中的就有102只。当然,它们迟早还是要再次上陆的,最短的只隔半个多小时,最长的相隔却有6天之久。如再受到刺激,它们还会再次入海。有的海龟从晚7点到12点共5个小时内,竟4次重复上陆;有的一个晚上在沙滩上竟留下了8条上岸的足迹。只有当它们确认是万无一失时,才开始寻找适宜的产卵地点。

296. 海龟如何选择产卵的地点?

海龟对产卵的时间选择是相当谨慎的,它对产卵的地点选择也相当认真,既要有利于卵的孵化,又要不易被敌害发现和破坏,所以,花的时间也很长。海龟从上陆到返回海洋的整个产卵过程,平均需要95分钟,其中选择适宜地点和清理场地就要占用三分之一的时间。场地选好后,先用

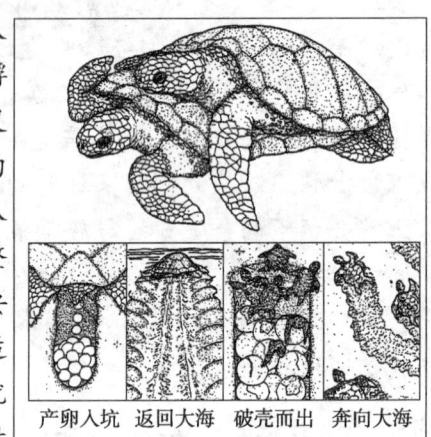

产卵入坑　返回大海　破壳而出　奔向大海

海龟产卵与孵化

巨大的前肢挖出一个宽大的凹坑,坑的深度与龟体高度相当,将整个身体隐伏于坑内,然后再用两个较短的后肢,交替地在生殖孔下方挖一个垂直的卵坑。尽管海龟老态龙钟,行动迟缓,但挖坑时后肢却像人手一样的灵巧,像勺子一样将沙粒舀起,小心翼翼地抬上来再抛出坑外,有时也

抛得很远。当产卵的海龟多时,整个海滩会响起一片"沙沙"的挖沙声。坑有半米多深,边壁垂直,像一口口小井。如果地点适宜用不了10分钟就可以挖好。若遇到塌陷或沙中有瓦砾等杂物,就需要再用很长时间去清理。

297. 海龟产卵要花多长时间?

通常海龟是在挖好卵坑以后,稍作休息,然后便开始产卵。产卵前,它先向尾部拍几下,将粘附的沙粒拍掉,然后向卵坑中排出几滴白色透明的液体。一般约在夜晚10点半左右产出第一颗卵,卵很大,直径41毫米~50毫米,很像一个个白色的乒乓球,卵壳坚硬而富有弹性不易破损。它一旦开始产卵,无论什么强烈的刺激,它都全然不顾了。尽管不少海龟在产卵场上受过一些人的多种折腾,它们被人骑过、翻过个、吼骂过、嘲笑过、亲吻过,但都不在乎,每过二三年它还会再来。产卵速度起初较慢,是一个一个地匀速产入坑中,以后就逐渐加快,每隔4秒~10秒产一次,一般是2个~4个,多数是3个同时落下。整个产卵过程也只有10分钟左右。在这期间,它一直不断地排出黏液,使整个卵坑都被带有黏液的沙粒包裹着。产卵结束后,它就用后肢拨沙将卵坑掩埋起来,然后爬出掩体坑,再用前肢将坑填平。最后,拖着疲惫的身躯慢慢地爬回大海。海龟生存上的致命弱点就是必须上陆繁殖,不仅本身易遭杀害,就是产出的卵也很易遭受破坏。所以,在漫长的历史演变中,它也形成了一种保护后代的习性,即在一个产卵期间分批产卵,一般是2次~5次,每次能产75枚~200枚。孵化期通常是40天~70天。不同的海龟也有不同,玳瑁也是产卵数次,间隔约2周左右,每次产50枚～130枚;棱皮龟产的卵最大,直径50毫米～60毫米,每次产50枚～130枚,孵化期要60天。

298. 小海龟能否出现一色的男儿国或女儿国?

科学家们发现,小海龟的性别与孵化场地沙子的温度有关,环境温度越高,生成的雌龟比例越高。如蠵龟卵在26℃～28℃时孵出的都是雄性,30℃时60%～70%是雌龟,而在32℃～34℃的较高温条件下,孵出的就全部是雌龟了。奇怪的是,不仅海龟是这样,多数其他爬行动物也有这种现象,例如鳄和蜥蜴的性别也和孵化温度有关,不过它们和海龟正好相反,温度高时雄性多,而温度低时雌性多。尽管小海龟的性别与温度有很重要的关系,但海龟却有保证幼龟的性别大致平衡的本事。因为,它们上岸的季节有时早有时晚,因此气温不同,地点选择也有随机性。有的朝阳,有的背阴,被阳光照射的程度不同。当卵产到坑里,有的在坑底,有的在坑上。埋的沙也有的深,有的浅,使每个卵所受的温度影响不同,因此,就使孵化出的小海龟雌雄比例保持正常,大家也就不必担心海龟会形成一色的女儿国或男儿国了。

299. 海鸟是如何给它们的宝宝喂食的?

有些鸟,在小鸟一孵化出来后就跟随大鸟到处活动,无须大鸟喂养就能独立生活,自己找食吃,这类鸟就叫早成雏,如人们熟悉的鸭和鹅等。还有一些鸟在小鸟孵化出来以后全身裸露无毛,甚至连眼睛都不睁,必须靠亲鸟喂养才能慢慢长大,这类鸟就叫晚成鸟。海鸟大多属于

海洋动物

海鸟喂食

晚成鸟。喂养小鸟是件非常辛苦的事,需要靠雌雄亲鸟共同努力才行。各种海鸟喂养小鸟的期限有长有短。长的如大型管鼻鹱需要将近360个日日夜夜的忙碌喂养,小鸟才慢腾腾地长大;军舰鸟略短,也要喂养6个月;许多沿岸性海鸟如燕鸥类虽说育雏时间较短,也要近1个月才行。各种海鸟给小鸟喂食的方法也不尽相同,其中如信天翁为了尽可能长距离的并尽可能多的捕获食物,它先把在海上捕到的食物吞下去,在胃里经过初步消化,把食物变成油状物,回来以后吐到下颌的沟里,小鸟把嘴伸进去吃。这样所带食物的重量就会大大减轻,远距离飞行消耗的能量也少,是一种很巧妙的适应。银鸥的下颌有一个红斑,小银鸥一饿了就用喙啄这块红斑,大银鸥就立即把食物吐出来,小银鸥从大银鸥的嘴里去吃,或等把食物吐到地上,从地上拣起来吃。燕鸥则是直接喂捕捉到的小鱼,而鲣鸟的小鸟是直接从大鸟的咽喉深处取食吃。

300. 海蛇能在海里生小海蛇吗?

每当生殖季节,海洋中的海蛇往往会聚拢在一起,甚至会形成百里长蛇阵。有的港口有时会因海蛇群而使整个港口沸腾起来。陆生蛇多是卵生,而两栖性海蛇也多是卵生的。每到生殖季节,海蛇们会成群结队游出海来,把卵产在海边的沙滩里,依靠太阳的照射孵化。例如,菲律宾的加托岛就是海蛇群去产卵的海岛之一。但多数海蛇却不能上陆,生儿育女同样也离不开水,从而适应了卵胎生。它们的卵在母海蛇体内发育成小海蛇,一生下来就能到处活动。若打开海蛇的腹腔就能发现会有3条~7条小海蛇胎儿,每个胎儿都被一层膜包着。如成体长90厘米的平颌海蛇,它们的胎儿发育到25厘米~30厘米时就破膜而出。生殖时期的海蛇攻击性特别强,稍有触动就会发怒咬人,这期间对人也有更大的危险性。

301. 企鹅是怎样找到配偶的?

企鹅经过千辛万苦的漫长旅途,最终才能到达繁殖场。第一个到达的肯定是雄性,因为它们必须赶去准备新房,以恭候雌性的到来,从而获得雌性的信任和满意。一到目的地,大家便纷纷割疆而治,争先恐后地占据地盘,作

巴布亚企鹅

为筑巢的场所。遇有外来侵犯者,领地的占有者往往一边发出短促、沙哑、刺耳的咆哮声,一边用喙去狠啄来犯者。

当雌性到达时,所有的雄性都会在自己的巢地上炫耀似的手舞足蹈,发出狂喜的呼叫,好像在说:"我是某某企鹅,已有房子,并具备了生育条件,现公开求婚。"让雌性任意挑选。雌企鹅此时往往不紧不慢,用挑剔的眼光绕着雄企鹅逐个打量,一个不中意就换下一个,最终能找到一个满意的"郎君",便与之配对成亲,建立起新的家庭。对于它们选择对象的确切标准是什么,目前尚不清楚。但帝企鹅配对之前往往先要经过一番斗争才行。有意思的是,它们是雌企鹅之间争风吃醋、相互厮打,为争夺雄企鹅往往势不两立,而雄企鹅却常保持中立,站在一旁静观成败。最后获胜的企鹅如愿以偿,和雄企鹅终成眷属。

302. 企鹅夫妻彼此是否忠心?

企鹅在繁殖上一般是一雌一雄配对。科学家有目的地对282对阿德利企鹅进行监视,看看每一对雌雄企鹅是在一个生殖季节的临时结合呢,还是终生配偶?观察的结果发现,它们中的139对几年里是在老巢里重新结合,有4对乔迁新居,有29对的婚姻瓦解了,有100对因其中的一方没有按时返回而不得不另寻新欢。但如果发现原配偶还在附近的话,它们又会破镜重圆,丢掉新的对象,与老配偶重新结合。这样算起来,有83%的成对企鹅在以后的生殖季节里又重新结合在一起,离婚率只占17%。而有趣的是,阿德利企鹅中破裂的一对多是雌性对雄企鹅不忠、见异思迁的。据观察,一对企鹅中若雄企鹅在生殖季节迟到了,雌企鹅往往会迫不及待地另行婚配,但若老配偶几天内又来到了,它们很快与老配偶旧梦重圆。再如黄眼企鹅,有58%的配偶关系能维持一年,39%能维持2～6年,3%能维持7～13年。而其他的海鸟中有84%有婚外恋,黑鸦为92%,黑鹬鸟竟达到了100%。据说,这有利于提高下一代遗传的多样性,还有利于调动雄鸟共同抚育雏鸟的积极性。

303. 帝企鹅是怎样孵化小企鹅的？

企鹅在孵化幼仔时也是很艰苦的,尤其以帝企鹅最突出。它们的繁殖场就在冰上,当雌企鹅产下一枚重400克～500克的大卵时,等在一旁的雄企鹅就会立即小心翼翼地快速用嘴巴将卵拨到自己的双脚上,用腹部的皮褶将卵盖起来,由雄企鹅开始了漫长的孵化过程,而雌企鹅又返回大海觅食。通常那里的气候非常恶劣,有时气温达到零下40℃,甚至零下60℃,还常吹着凛冽的寒风,风速有时达100千米/小时,吹得连眼睛都睁不开。但是,雄企鹅就这么

帝企鹅

站着,忍饥挨饿,顶风冒雪,整日昏昏欲睡,每移动一步都格外小心。一直要经过60天～65天漫长的孵化以后,小企鹅才能破壳而出。这时,雌企鹅也刚好装满3千克的鱼虾等食物,赶回来开始喂养小企鹅了。算起来,从求偶到孵化完成,雄企鹅不吃不喝,忍饥挨饿达4个多月,此

海洋动物

时的它，还必须拖着疲惫不堪的身体跋涉 100 海里～200 海里到大海里去为小企鹅采集食物。

304. 为什么小企鹅要进幼儿园?

刚刚孵化出来的小企鹅，一直躲在父母的卵翼之下，受到了很好的保护。随着逐渐成长，慢慢也变得好动起来，它们会从双亲的卵翼下钻出来，集成小群，组成一个个所谓的幼儿园。科学家们研究认为，这是一种根据集体安全原则建立起来的反捕食者的做法。处在幼儿园阶段的小企鹅，在失去双亲的保护后，是生命周期中最脆弱的阶段，很容易遭贼鸥、大海燕和各种海鸥的攻击。但这些猛禽一般不进入幼儿园捕食。当有贼鸥接近时，幼儿园里的小企鹅就会团结在一起，挤成一团慢慢移动。捕食者一旦看到追逐的猎物团结在一起，似有老虎啃天不知如何下口之势，也就失去了兴趣，怏怏而去。另外，小企鹅在恶劣天气聚在一起，也有互相保暖的作用。

305. 雄海鸟为什么要向雌海鸟进贡?

在海鸟中的奇闻轶事是层出不穷的，许多海鸟如鹈鹕、海鸥等在生殖期间，雄鸟要主动向雌鸟喂食以吸引它们，以便建立配偶关系。海鸥是雄鸟将反刍出来的食物喂给雌鸟吃。喂食也可以诱导交配行为的发生。有些海鸟是交配前喂食，而鹈鹕是交配后喂食。有人对海鸟的喂食作用进行了研究，其实，求偶喂食也并不仅仅是建立配偶关系，对雌鸟产卵还有直接的影响呢。它是影响雌鸟产卵数量和产卵大小的一个决定性因素。研究的结果还表明，以鹈鹕为例，雄鸟喂给雌鸟的食物越多，雌鹈鹕

亲密的海鸟

产卵的时间越早、卵也越大,每窝产卵数也越多。

306. 雄军舰鸟的红色大喉囊有什么用处?

军舰鸟在繁殖季节里,雄鸟的喉部都有一个红色大喉囊,膨胀得大大的,非常醒目。它站在要建巢的地方,拼命抖动翅膀,亮出红色的大喉囊,其目的是为了吸引雌性。当有雌鸟飞来,它就会用各种声音和动作,以引起对方注意。当雌鸟接受以后,二者便情投意合地配对结合了。它们会共同建巢筑窝,繁殖后代。有人做过一个调皮的实验,选择已配对结合的一对军舰鸟,趁雄鸟外出之际,将雌鸟捉来,在她的喉部贴上一块大红纸,看上去就像是雄鸟的大喉囊,再把它放进去,看雄鸟有什么反应。不料,当雄鸟回来后,竟不问青红皂白地拼命啄她,向外驱赶她,就是不让她再进窝,把雌鸟搞得莫名其妙。眼看着夫妻关系就要破裂,人们实在不忍心,赶紧将雌鸟的红纸去掉,结果它们又重归于好了。显然,雄鸟误把它当成入侵的其他雄鸟了。这个实验说明,喉囊是它们的第二性征,雄鸟只认喉囊不认妻子。

307. 什么是生殖群?

生殖群是海兽在生殖季节的一种特殊组合形式。它们多是一雄多雌的多配偶动物,用人类社会的术语,就叫"一夫多妻"。它们在繁殖场上往往是由一头壮年雄兽和若干头雌兽组成一个个的群体。雌兽的数目往往由动物种类不同和雄兽个体的强弱不同而异。一般是雌雄性之间的大小差别越大的品种,每头雄兽占有的雌兽数量就越多,少则2头~3头,多则百余头,一般10头左右。如海兽中的海狗,它平均20头~50头一个生殖群,最多的有108头。雌兽在产后不久就会交尾,而受孕后离群,后到的雌兽又会不断地补充。在这种群体中,雄兽间要不停地进行争雌搏斗,为时约一个月左右,待繁殖期末,生殖群就要拆散,动物们又纷纷入海觅食了。

308. 海狮的繁殖场上为什么总是吵吵嚷嚷的?

每到生殖季节,年当力壮的雄海狮们会首先到达繁殖场,划疆而治,各自控制一块地盘,不准其他雄海狮侵入。大约一周后,就要临产的雌海狮会陆续到达繁殖场,分别进入雄海狮控制的势力圈。这些雌海狮上岸后一两天就会产仔,一般是一胎一仔。然后再下海觅食,4天~5天后上岸哺乳一次,以后每隔几天上岸一次。由于它的奶汁中含脂量很高,所以小海狮长得很快。雄海狮每天忙于争夺雌海狮和进行交配活动,要持续2个月之久,但它从不下海觅食,不吃也不喝,就靠平时体内积累的皮下脂肪来维持它的巨大消耗。这样,在繁殖场上势必会有大量过剩的雄海狮被排斥在生殖群之外。它们也不会甘于寂寞,尽量寻找可乘之机,身体强壮者便会冲入生殖群中与占有雌海狮的雄海狮进行搏斗,夺取占有权。实际上,生殖群中的雄性是经常处在不安定的更迭之中的,屡屡被更强者所取代。

海狮

像海狮中的一种,即海狗,它的雄性在5岁时就性成熟了,但直到9岁时才有能力参与生殖活动。这种长期选择的结果,使它们雄雌两性间在年龄、身体大小上差别很大,雄性可长达2.5米、重300千克,而雌性也不过1.5米、重63千克。有的差别还要大,达6倍～10倍。这是在短时间内提高雌性受孕率的一种适应。在繁殖场上,有母子间的呼唤声、雄海狮间的威胁恫吓声,整日吵吵闹闹、熙熙攘攘,一片嘈杂景象。海狮的繁殖季节也往往是人们捕杀海狮的大好时机,人们往往瞄准了繁殖场上的过剩雄兽下手。他们先将它们1000头左右为一批赶进屠宰场,然后再分割成20头～50头的小群,乱棍打死,就地屠杀。捕杀后取它的皮,还要取它的生殖系统,主要是雄性生殖系统,也就是俗称的海狗肾,据说有明显的壮阳补肾作用。

309. 海豚怎么生宝宝?

怀孕的雌海豚,随着产期的临近,便离开大群,单独活动,往往游得很慢,不断的弯腰摆尾。临产时,其他雌

海豚常络绎前来,像保姆或接生员一样围着产仔的雌海豚,情绪激动,左右服侍,也保护出生的仔海豚免受鲨鱼

母海豚将小海豚托出水面

的袭击。海豚产程较短,可持续15分钟到2小时,在这期间,小海豚的尾巴可能出来进去好几次。小海豚出生时,尾鳍卷成筒状,背鳍贴在身上,但一活动,尾鳍就会伸展开。一般不需任何帮助,它会慢慢向水面游去,以尽快吸入第一口气,这样,它就不会出现在水中的窒息现象了。有时母海豚用头部或背鳍前方的部分,将小海豚托出水面。以后,小海豚就跟随母海豚一起游泳,出生几小时后它就用嘴巴去母海豚身上找奶吃。若不幸夭折,母海豚可以一连几天用头托着小海豚的尸体不放,若小海豚滑落下来,母海豚赶紧再把它拖上来,直到幼仔腐烂才肯罢休。

310. 海豚出生时是先出头还是先出尾?

海豚是哺乳动物,仔海豚是在母体内发育完成后才产出体外。牛和马等大型哺乳动物,产仔时都是先产头,若先产尾就是难产的预兆了。因为一次只产一胎的单胎性

动物,仔体一般都比较大,分娩花的时间也长。动物出生后,由于脐动脉血流中断,母体外的空气既干燥又寒冷,可能都是一些刺激因素,会刺激幼仔进行最初的呼吸。假如牛马等动物先产尾,头还未出来,身体受到上述条件的刺激,产生最初的呼吸活动,这时,头还在母体内,就有可能把母体的血液、黏液和羊水等吸入器官,造成幼仔窒息而死。若先产头,鼻孔很早就会露出母体以外,受到外界的刺激进行呼吸时就可避免上述的不幸了。可你知道海豚的幼仔出生时是怎么样的吗?海豚等鲸类幼仔产出后,是鼻孔先突出水面接触到空气,也只有这样才会产生最初的呼吸。所以,海豚在生产时是先产尾,后产头。

311. 海豚是个好妈妈吗?

经过近一年的孕期以后,产出小海豚后的母海豚一直是个好妈妈。它除了及时给小海豚喂奶以外,在哺乳期间,还精心照料,同小海豚形影不离,不让小海豚远离自己,不让它和别的海豚打交道。到两周大小以后,小海豚就敢离开母亲自己活动了。但一遇到危险它就会发出求救信号,母海豚会立即奔过去救助,它们还要教导子女猎捕食物的方法。对于不听话的调皮小海豚,母海豚也有办法惩治它,它会游到小海豚的上方,冷不防地用吻部把它摁压到水底去,停半分钟后再把它放开。但雄海豚却不大照顾小海豚。

312. 海豚也给宝宝喂奶吗?

海豚既然属于哺乳动物,当然要给宝宝吃奶了。雌海豚产仔后,在初期每隔10分钟~30分钟喂奶一次。头两周,母海豚喂奶时是侧着身子,便于小海豚叼住乳头。乳腺的肌肉收缩,把奶汁喷入小海豚口里。海豚的奶汁含的脂肪比牛奶高 12 倍,含的蛋白质比牛奶高 3 倍。所以,小海豚生长很快。海豚的哺乳期约 1 年,与其他动物相比哺乳期是很长的。宽吻海豚的宝宝出生 3 个半月后即开始吃鱼了。

313. 儒艮是如何喂奶的?

大家都知道,儒艮就是传说中的美人鱼。它一生都生活在海洋里,生儿育女也离不开水。当雌性发情时,数头雄性会追逐嬉戏,求爱争斗,至高潮时先后与之交配。儒艮的孕期可能为 1 年。刚出生的儒艮尾巴是向前卷曲的,游泳力很弱,母亲常把它托出水面吸入第一口空气。儒艮的乳腺位于胸部鳍肢之后,与人的乳房位置相似,这或许是它被称为美人鱼的最大原因吧。甚至有人说,它是用前肢抱仔半身露出水外喂奶的,其形状就更像人了。其实,它是水平地浮在水面上,身体侧斜,小儒艮与母亲的身体倾斜成一个角度,用嘴吸在母亲的乳头上吃奶的。

314. 白狐为什么要控制产仔数量?

北极的白狐繁殖力很强,但是它能根据食物的多寡来调节产仔的数量。当食物少时,它一次只生 4 只左右的狐仔;而食物供应情况好时,可以生到 8 只~15 只;若食物丰富,如旅鼠数量多时,它一次可以生到 22 只呢。它每年有两个繁殖期,第一个繁殖期是每年的 3~4 月份,雌雄白狐经过发情、求爱、交配,受孕后,6 周就能产下一只只重 60 克~90 克的狐仔。刚出生的狐仔不睁眼睛,全身长着天鹅绒般的暗黑色短毛,能发出小狗一样的叫声。雌雄白狐是共同照顾狐仔的,哺乳期为1.5个月~2个月,到了7月份幼狐就可以随母亲外出狩猎了。母狐产仔数周后再行交配,7个月~8个月第二次产仔,到了秋季,家庭就瓦解了。幼狐出生后8个月~9个月开始自己挖窝,9个月~10个月性成熟,就有能力繁殖下一代了。在饲养条件下,白狐能活14年之久。

315. 北极熊是怎样生儿育女的?

　　北极地区冬季生活条件相当艰苦,多数北极熊都要冬眠。它们是在夏天、秋天拼命地吃食物。每年11月份到来年7月份的9个月里是北极熊的黄金季节,个个养得膘肥体胖,到了冬季,就钻进窝里,不吃不喝,长睡不起。但若食物丰富时,它们也可以不冬眠。怀孕的母熊一般不冬眠。到了秋天,它们就进入窝内,12月中旬产仔。北极熊每胎一般产1仔,少数也有产2仔的。刚产出的幼仔就像老鼠大小,毛很稀疏,既听不见,也看不见,全靠母亲哺育。尽管外面寒风凛冽,但窝内的温度却高于零度。因为,它们在洞口筑有一堵雪墙挡风,加上母熊巨大躯体能放出很多热量,使窝内很暖和。小熊在母亲的照料下慢慢成长,到了3~4月份,它们才随母亲走出洞口。小熊满2岁时就开始独立谋生,4岁~5岁就可以成家立业了。它一般都能活30~40年。

海洋动物

狰狞的危险动物

316. 鲨鱼人臂谋杀案是怎么回事？

那是60多年前的事，即1935年，澳大利亚一位渔民捕到一条活虎鲨，送到水族馆展出。谁知8天之后，它竟然吐出一只人的胳膊来，而且，这只人的胳膊还不是被鲨鱼咬下来的，竟是被人用刀砍掉的。这件事为当局正在追查的一件人员失踪案提供了线索。原来，在鲨鱼被捕捉的前两周，一位拳师突然不见了。后来发现他加入了一个集团，想通过破坏一艘游艇而谋取巨款。但事情暴露之后，他却被同谋者杀害了，尸体被塞进一个箱子里沉入大海，以毁尸灭证。但是，这只箱子又太小，有一只胳膊塞不进去，结果就被砍下来扔进海里了。碰巧，这只胳膊被那只虎鲨吞下去，还未来得及消化就被捕获了。就凭这只胳膊提供的线索，这个案子最终被破获。此事轰动一时，此案也被称作"鲨鱼人臂谋杀案"。

317. 鲨鱼真的吃人吗？

据研究，在数百种鲨鱼中，只有32种鲨鱼能攻击人或船。这些鲨鱼有3个特点，即它们都以鱼或其他海洋哺乳动物为食，它们的个头都长得很大，它们都喜欢在温暖海域沿岸活动，在那里游泳的人多。如在澳大利亚南部，有一位叫施瑞利的妇女领着4个孩子在海滩上玩，当她下海游泳时，遭到噬人鲨袭击，一口将人撕成两半。一位试图营救的人只听见那条鲨鱼咬得人骨头格嘣格嘣响。一眨眼功夫，鲨鱼走了，只留下一片血染的海水和岸上的4个孩子。据报道，在悉尼举办的第27届奥运会期

海洋动物

鲨鱼牙齿

间,有两名冲浪运动员在澳大利亚南部海域被鲨鱼吃掉了。这些骇人听闻的事件,给不少人带来精神上的威胁,一提鲨鱼就像对毒蛇与猛兽一样望而生畏。据美国科学家统计,最近全世界1000例鲨鱼攻击人的事件显示,50%以上的攻击和捕食无关。

318. 鲨鱼攻击人之前是什么样子的?

鲨鱼在袭击目标之前,往往先是来回游动,胸鳍朝下指,背弓起,整个身体呈僵直状态,头像尾鳍一样左右摆来摆去,这称作好斗姿态。发起进攻时,它朝向目标猛咬一口或猛烈地一撞,甚至有时将受害者完全撞出水外。鲨鱼是否攻击人很难预测,有时在拥挤的游泳人群中,它专选某个人如受伤流血者攻击,甚至一而再地攻击同一个人,对其他人包括前去营救的人它可以置之不理。有时它似毫无兴趣地游近一个潜水员,或到一个闯入者附近看一眼,然后平静地游开了。但若激怒了它,如用刀砍或用枪刺它、用手抓它的尾巴、喂它鱼吃、挡住它的去路或其他令它讨厌的事,都易招致鲨鱼的攻击。而实际上这些行为是可以避免的,必须记住,鲨鱼是游泳迅速而又强有力的动物,一旦发起怒来,很容易致人以重伤。一群小型鲨鱼比单独一条大鲨鱼伤害性大。但据统计，86%的攻击事件并非在鲨鱼被激怒的情况下发生的。鲨鱼还容易被鲜艳的色彩、闪亮的金属物体、水中的血、死鱼等食物、低频振动和爆炸以及被杀的鱼的垂死挣扎所吸引，而对人发起进攻。

319. 什么鲨鱼最凶猛？

最凶猛、最危险的要算是噬人鲨了。它纺锤形的身体有9米多长，发达的肌肉、宽大的尾鳍使它游泳迅速、行动敏捷，活跃在全世界温暖海洋的中、上层。它的吻部尖如圆锥，宽大的口裂里长着几排又尖又大的三角形牙齿，边缘上还带锯齿。落水之人若遭遇到它的袭击是很难幸免的。它不仅捕食鱼类，而且还袭击大型鲸类、海豹，甚至攻击渔船。在西非近海，有人目睹噬人鲨攻击并吃掉一只大象。据观察，当它发现猎物时，行动异常迅速，往往是猎物还没有反应过来，它已经出现在猎物面前。它往往是从后方和下方游向猎物，靠突然偷袭的方式攻击猎物。当它咬到猎物后，会松口，暂时游开，待猎物鲜血直流，然后才吃第二口、第三口，直到猎物因流血过多而不能动弹时再慢慢吞食。此时若附近有救援者，许多被伤害的人是可以逃脱的。噬人鲨还非常狡猾，常是漫不经心地游向猎物，然后像是毫无兴趣地离开，待猎物放松警惕后，它又迅速回来，给猎物一个措手不及。鼬鲨也很厉害，它身长不过4米～5米，但能爬到水深仅30厘米的浅滩里捕食。所以，在它的肚子里不仅发现过马和羊等陆生动物的尸体，而且还发现过雨衣和啤酒瓶之类的东西。能攻击人的鲨鱼还有体长达7米的灰青鲨和双髻鲨。

320. 为什么称双髻鲨是鲨鱼王国的美妇?

在鲨鱼中有一种长相很怪的鲨鱼,它头上的额骨是向左右两侧扩展的,形成锤状的突出,将圆形的眼也推到侧突的两端,使头像个丁字形,又像个锤子,所以人们常称它为锤头鲨。实际上,它叫双髻鲨。这是因为它的头向两侧突出的部分,看起来就像古代妇女头上的发髻,因此而得名。它的身体庞大,体长一般有4米以上,口宽大,呈弧形,每侧有15枚～16枚大牙,非常厉害,几乎什么鱼都吃,人们还从它的胃里发现过有毒的赤魟。它们常成群的出没,有时候一群双髻鲨数量竟多达数百尾。它的头就像飞机的两翼,可以使它毫不费力地像潜水艇那样在海底游弋。它的眼睛位于头的最前方,视觉特别好,加上敏锐的嗅觉和遍布全身、能探测其他动物肌肉活动所产生电波的微型"传感器",使它能发现眼睛所看不到的东西。它也是少数吃人的鲨鱼中最为凶猛的杀手之一。但是,奇怪的是,它却害怕潜水员潜水时冒出的气泡,所以,有人若和双髻鲨遭遇时,拼命吐气,弄出很多气泡来,或许就能使它望而却步了。

321. 鲨鱼在何处攻击人最多?

全世界多数海洋都发现有危险的噬人鲨,然而多数攻击事例却发生在南纬47度至北纬46度之间。最北的记录是上亚得里亚海,最南的是新西兰南岛。54%的攻击事例发生在赤道以南,南、北极海域还尚无记录。这就使人产生了一种结论,鲨鱼攻击人也和水温有关,20℃～

21℃时是最危险的温度。如赤道海域即南纬21度至北纬21度之间,水温在23℃左右,终年都会有这类事例。在较高纬度区,这种事件多发生在夏季,如北纬21度~42度之间以5~10月、南纬21度~42度之间以11月至翌年4月噬人鲨袭击人最多。但在低温下,鲨鱼也是可以伤人的。有人认为水温高低可能使鲨鱼情绪不好而伤人,也有人提出了不同的看法。

322. 鲨鱼在什么天气最爱攻击人?

为了研究鲨鱼攻击人的原因,可花费了不少科学家的苦心。据他们对631起事件统计,有69%发生在风平浪静的情况下,19%与拍岸浪有关,只有少数发生在波浪滔滔的情况下。就天气好坏而论,在292起事件中,60%发生在晴天,32%是阴天,而极少数发生在雨天。

水下探鱼

就白天和黑夜的情况看,据700多个事例统计显示,91.8%发生在白天,而傍晚只占3.8%,夜间极少。实际上,鲨鱼在夜间更活跃,在近岸海域数量也最多,最有危险性。鲨鱼伤人之所以多发生在白天,那只不过是因为白天下海的人多罢了。

海洋动物

323. 哪些鲨鱼最厉害？

一提起鲨鱼，人们首先想到的往往是它能吃人，其实，并不是所有的鲨鱼都袭击人。据统计，全世界也仅有32种鲨鱼对人有威胁，其中可能还有一些属于同物异名呢，真正能袭击人的鲨鱼全世界也不过10多种，即噬人鲨、居氏鼬鲨、无沟双髻鲨、短吻柠檬鲨、白边真鲨、乌翅真鲨、大青鲨、灰真鲨、尖吻鲭鲨、太平洋真鲨和澳洲真鲨。就真正臭名昭著的噬人鲨而言，也未必是一见了人就袭击。这种鲨的数量还是相当多的，但它一般并不找人的麻烦。它每年可能有上百万次机会袭击人，但真正发生了的全世界也不过数十次。有确切记录的，平均每年不到30起，最高时达到了56起。据1990～1996年统计，鲨鱼袭击过344人，杀死44人，平均每年死亡6人。

324. 鲨鱼何时最危险？

实际上，鲨鱼的凶猛程度也不是一成不变的。有些也可以因季节和海域的不同而发生变化。如锥齿鲨，春季怀胎期间很凶猛，容易发怒，但到了夏季产仔后就变得很温和，甚至较胆小，不会袭击人。即使同一种鲨鱼，在这一海区可能会袭击人，而在另一个海区也可能是温和的。据

人与鲨鱼

统计,人死于火灾的可能性是二百万分之一,死于蜂蛰的可能性是五百五十万分之一,而遭鲨鱼袭击的可能性仅为三亿分之一。所以,鲨鱼对人的危险程度多半是经过传播者扩大化了。

325. 在海上遭遇鲨鱼怎么办?

下海的人都不愿意遭遇鲨鱼,所以,要尽量不在能见度低而又有鲨鱼活动的浑暗水域活动。河口往往是垃圾成堆的水域,而垃圾对鲨鱼最有吸引力,所以要避免在河口处游泳。傍晚或夜间在适合鲨鱼捕食的水域游泳要格外小心。若万一遇到了鲨鱼,要镇定自若,慢慢游开。若突然出现一条好奇的大鲨鱼,要尽可能逃出水外,万不可惊慌,同时,始终用眼盯着它,切不可将背朝着它。牢记在水面上是最容易受伤的。如果带有水下呼吸器,要潜下水去隐身于一个珊瑚礁之后,或石缝间,或用一个什么坚硬的物体放在你的背部。面对鲨鱼,要尽可能保持安静,遭攻击时,要用能得到的工具猛敲鲨鱼的鼻子或刺它的眼,这对击退鲨鱼很有用。鲨鱼最喜欢血腥味,所以,千万不可把刺伤流血的鱼带在身上,要尽量将其送上船或系在远离你游泳的地方。鲨鱼的皮肤覆以盾鳞,很容易将人的皮肤擦伤,一出血就很容易刺激鲨鱼产生疯狂行为,并能把更多的鲨鱼吸引过来。所以,身体受伤流血者一定不要呆在水里,处在月经期间的妇女也不要进入鲨鱼活动猖獗的水域。另外,要注意的是永远不要一个人单独潜水。在海狮、海豹等海洋哺乳动物多的水域,要尽量离它们远一些。因为噬人鲨等鲨鱼喜欢吃海豹等动

物,人浮在水面上游泳时,侧面看起来很像只海豹,鲨鱼难以区分,容易把人误当成海豹进行攻击。

326. 人吃了哪些鱼会中毒?

多数鱼类是人类的美味佳肴,但是也有少数鱼能给人带来危险,甚至危及生命。鱼类中已知约有600种人食用后会引起中毒,我国有170余种。当然,各种鱼的毒性不同,有些鱼仅仅是某些器官有毒,而有的是全身有毒;有的仅在一定季节特别是生殖时期有剧毒,而有的终年都有毒;有的幼体时有毒,到了成体就没有毒。如鲨鱼、鲅鱼、旗鱼、金枪鱼等的肝脏有毒,人吃了6小时～8小时以后,会出现眩晕、头痛、呕吐、恶寒发热等症状。鲅鱼等的鱼肝引起的中毒还会让人脱发。卫生防疫部门规定,5千克以上的大鱼的肝脏必须摘除,不可食用。有70多种鱼的卵有毒,如线鳚等,人吃后1小时～2小时会出现恶心、呕吐、腹泻、昏迷等症状。鳗鲡、海鳝等的血液有毒,误食后严重的可导致呼吸困难而死亡。各种鱼所引起的中毒症状也不同。吃后引起肠胃症状的鱼类约有300多种,我国约有20多种。其中有身体细长如蛇的海鳝,鳞上长刺的鳞鲀,颌如鹦鹉喙的鹦嘴鱼,体裸尾细的刺鱼,嘴能伸缩的笛鲷类,体色漂亮的蝴蝶鱼,体呈方形的隆头鱼等。

327. 吃鱼中毒是什么滋味?

人如果不慎误吃了有毒的鱼类,通常是在1小时～6小时后感到口、舌、唇及食道刺痛,有的会上吐下泻、寒颤发热、不能步行、感觉颠倒。也就是说,分明是热的东西反会感觉冷,而对冷的东西反会感觉像触电、火烧一样烫,随后就会抽搐昏迷,呼吸困难而死亡。幸存者的身体恢复也极为缓慢,往往需要几个月的时间。其实,有些鱼本身并没有毒腺,是吃了有毒的藻类后,把毒素贮存在肝脏、生殖腺和肠胃中,人吃了这些以后才引起中毒,多数鱼的鱼肉没有毒素。

328. 河鲀鱼的毒性有多大?

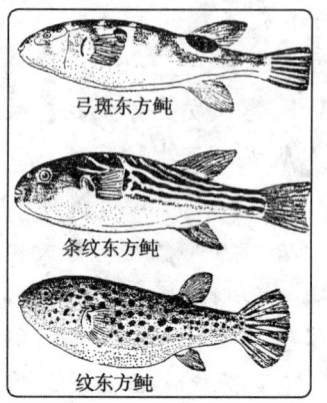

弓斑东方鲀

条纹东方鲀

纹东方鲀

可能有许多人都知道河鲀鱼有毒,那么,这些毒产生在哪些部位?它们的毒性到底有多大呢?实际上,许多河鲀鱼的内脏、血液特别是肝脏和生殖腺有毒,尤其是产卵前毒性最强,肾脏、眼、鳃和皮肤也有毒。河鲀鱼身上的毒素叫作河鲀毒素。从化学性质上讲是一种氨基全氢喹化合物,容易溶解于水,是神经毒,对几乎所有脊椎动物都能显毒性。它的毒性是马钱子的25倍,是氰化物的13倍,一条暗纹东方鲀的毒素能毒死33个人之多。但有趣的是,对软体动物、环节动物、棘皮动物和腔肠动物这些较低等的动物它却毫无作用。但是,河鲀毒素在医药上用处却很大,它能降低血压,抗心律失常,缓解痉挛。它有镇痛作用,可取代吗啡、杜冷丁、阿托品等用于治疗神经痛,缓解麻风病痛。对肉瘤和肝癌实体均有近40%的抑制率,可用来治疗鼻咽癌、食道癌、胃癌、结肠癌等,还可用于癌症止痛、外科手术后镇痛和胃溃疡引起的疼痛等。它是理想的麻醉剂,其麻醉强度为普鲁卡因的3398倍。据报道,它对于解毒有神奇的作用,注射30分钟后,原有的各种中毒综合征会逐渐消失,且没有副作用。它还有壮阳、性兴奋的功效。

329. 吃河鲀中毒是什么感觉?

河鲀毒素是一种神经毒素,它主要对人的神经和肌肉传导有阻碍作用,促使神经末梢和神经中枢麻痹。如果人误食了它,不过半小时就会头昏眼花,脸色苍白,四肢无力,唇、舌以及食道感觉异常;严重者会全身麻木、头重脚轻,呼吸循环衰竭,4小时~6小时,最多不超过8个小时人就会死亡。但是,如果中毒者能闯过8个小时就有可能治愈。大家都知道,日本人爱吃河鲀鱼,日本的统计结果表明,因为误食河鲀而死亡的,平均每年有100多人,占吃毒鱼而致死人数的61.5%。据侥幸存活的人说,当时的感觉就是突然感到全身麻木颤抖、四肢乏力,身体不时像冻僵的手突然碰到了火一样,手掂不出物体的重量,一桶水和一根羽毛一样重;而嘴上想说什么,就是说不出来,呼吸也越来越急促。因此,不论中毒以后是什么感觉,希望大家都不要轻易去尝试它。

330. 治疗河鲀鱼中毒的妙方是什么?

根据经验,对误食河鲀中毒者的抢救一般是早期催吐、洗胃并吞服0.2%的活性炭导泻,再用10%葡萄糖维持,加注呼吸兴奋剂,人工呼吸4小时~8小时,吸氧,升血压。中药则用橄榄、鱼茗木、芦根乌根煎服,所以民间流传有"拼死吃河鲀,要拼命吃芦根"的说法。在1984年山东长岛县的人民医院,接受了数名因食用河鲀内脏而中毒的患者,在使用中、西医解毒方法均未见效的情况下,他们根据海岛渔民的流传和蜀葵叶的中药性能,熬制了葵叶汤,并佐以芦根、青黛,大胆给患者服用,结果这些患者很快转危为安,4天后痊愈出院了。他们先后又对因其他因素而引起中毒的十几名患者服用此药,有效率也高达99%以上。因此证明,蜀葵叶确有明显的解毒效果。

331. 河鲀有毒还能吃吗?

了解了河鲀鱼的毒性后,真有一点"谈鲀色变"的感觉,谁还敢去食用它呀!其实,河鲀虽然有剧毒,但河鲀肉经处理后不仅可以食用,而且细嫩鲜美,堪称鱼肉佳品呢,素有"不吃河鲀焉知鱼,吃了河鲀百无味"的说法。苏东坡就有一诗写道:"竹外桃花三两枝,春江水暖鸭先知。蒌蒿满地芦芽短,正是河鲀欲上时。"意思是说:在竹绿桃红、春水荡鸭、蒌蒿已绿、芦芽尚短,正是河鲀上市的季节。日本人吃河鲀的风俗是世界闻名的,一条河鲀在日本餐馆能卖到200多美元。当然,他们对河鲀的处理是比较严格的。在处理时,先去鳍、后挖眼、再剥皮、除内脏等,要经过30多道工序呢!我国有些地区也有吃河鲀的习惯。过去在江苏一带春季会客,若没有河鲀鱼,宴会就不上档次。据传苏东坡吃过河鲀后,有人问他味道怎么样,他竟说:"食河鲀值得一死。"据说,有一位外国海洋考察人员在品尝了自己做的河鲀肉后,称"味道美极了",鱼肉入口即化,只是舌头上有一种轻微的被蜇了一下的感觉,但只是一瞬间而已;一刻钟以后,感到体内异常松快,头脑里有一种一瞬即逝的令人舒心的微醉的感觉;随后,就变得心情格外愉快、精力充沛。一般说来,只要把新鲜河鲀的内脏、头及血液等去掉,并剥去皮,把肉在清水里泡一段时间,再经 120℃ 高温煮沸一小时后再食用,就不会中毒了。但一定要向有经验的人请教,绝不可贸然"拼死吃河鲀"。

332. 什么是刺毒鱼类?

有不少鱼类身上长刺,而且刺上还带有剧毒,就宛如一把毒剑。这类鱼就叫作刺毒鱼类。目前,世界上已知的刺毒鱼类有 500 多种,仅我国就有 100 多种,其中生活在海洋中的这种鱼类就占 65%,如软骨鱼的虎鲨、角鲨、银鲛以及硬骨鱼的毒鲉等。魟类中的毒棘还可以分几种类型,燕魟类的毒棘要小,位于短尾巴的基部;鲼的棘要大,也位于鞭状长尾巴的基部。它们那圆扁的尾巴短而发达,肌肉又多,受这种带毒棘的尾巴鞭打后会引起严重损伤。魟的种类很多,小的体盘约 10 厘米,大的长可达 4 米。它们身体扁平,平时喜欢埋在海底的泥沙之中。若人潜水或涉水时无意中踩到它,就容易被刺伤。此外,角鲨、虎鲨和银鲛等,鳍上也都有这种射毒器官。硬骨鱼类中有毒腺的也很多。龙䲢鱼类身体不太大,长 15 厘米~45 厘米,它的背部有 5 枚~8 枚毒棘,鳃盖边缘上也有毒棘。每个棘都包有薄的皮肤鞘,只有针状的尖露在外面。当剥开皮肤以后就可以发现,在接近每个棘尖的沟里,就露出一条细长的淡白色毒腺组织来。这是它的防御武器,人若不慎被刺,毒素便可注入伤口,引起烧伤般的剧痛;这种剧痛可持续24小时之久,并会不断向四肢扩散,有时还会产生晕厥、心跳、发烧、精神错乱等症状,甚至会引起心脏衰弱症。有些被刺的人,由于痛得太厉害,竟宁愿跳海自杀,以求速死。

333. 鱼身上的毒刺能刺死人吗?

凡见过赤魟鱼的人都知道,在它鞭状的长尾基部,斜竖着一枚刺棘,长度可达4厘米~30厘米。这是个毒棘,坚硬如铁,能像箭一样贯穿铠甲,若刺在树根上,还能使树枯萎呢!若人不慎踩上它,它会立即举起尾部将毒棘刺入人体。棘的后部就连着毒腺,毒腺里的白色毒液就沿着棘的沟注入伤口,使人疼痛难熬,有的会当场晕倒,数分钟就不省人事了,有的会剧烈痉挛而死。又由于棘的两侧有锯齿状的倒钩,造成的伤口也就特别大,可长达15厘米,约14%的受害者必须经手术治疗;手术后剧痛还可长达6小时~48小时,并会出现虚弱无力、恶心和不安等症状。在美国,每年约有1800个遭其刺伤的事例,死亡率约为1‰。即使受难者侥幸生存了下来,也如患了一场大病一样,很久才能走路。

334. 鲉科鱼类都有毒吗?

鲉科的鱼种类很多,大约有300种,其中有80种是能对人造成伤害的。根据它有毒器官的差异将其分为三群,即蓑鲉、鲉和毒鲉。这些毒鱼非常可怕,它们的毒棘粗壮、坚硬而锋利,足可以刺穿皮革。每个刺上有沟,刺沟与毒腺相连。它一旦刺上敌手,毒腺的腺细胞膜破裂,

海洋动物

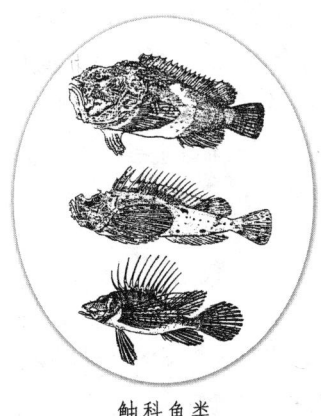

鲉科鱼类

毒液就顺着毒刺沟注入对方。这种毒液的毒性很强,常可以置对方于死地。蓑鲉是珊瑚礁鱼类及鲉科鱼类中最漂亮的一种,长约20厘米。由于它常展开巨大的扇形胸鳍和镶嵌着美丽花边的背鳍慢慢地游动,形状好似伸展羽毛的火鸡,国外也往往称它火鸡鱼。它的有毒器官是13根较长的背鳍棘和3个臀鳍棘。鲉类都有12根较短的背鳍棘,毒鲉的毒棘短而粗,棘上端三分之一明显变粗,这里就是毒腺了。

335. 什么是海蝎子?

说起蝎子许多人都知道,用油炸好的毒蝎子,吃起来很香,可活的蝎子就没几个人敢动了。可你知道吗?海洋鱼类中的毒鲉的剧毒就跟蝎子一样,俗称海蝎子。它们虽然形象丑陋,面目可憎,但颜色鲜艳,而且能随环境而改变。这是它对环境的适应,也是一种伪装。它们生活在潮间带至90米深的浅水海湾或近岸处,不大活泼。当它潜伏于岩石缝隙间、珊瑚礁、海藻场中时,看上去就像是一块岩石或一簇杂藻,不大引人注意。只有无意中摸着或踩上它们而被刺伤后才会发现它们。若把它从水里取出来,它会立即把背鳍棘高高竖起,张开带棘的鳃盖,展开胸鳍、腹鳍和臀鳍,样子吓人,不过它的胸鳍棘无毒。它的毒性剧烈,人被刺伤后,厉害的还能引起心脏衰弱,在3小时～24小时内甚至会引起死亡。仅美国每年被刺伤的人就有300多。这些毒素多是由一些对热很敏感的蛋白质形成的,很容易在高温条件下被破坏。所以,被刺后一个简便易行的急救办法,是尽快将伤口处放在45℃以上热水中浸泡30分钟～90分钟,可以缓解疼痛,然后再尽快就医或作其他处理。

336. 吃草的鱼类也能伤人吗?

通常草食性鱼类一般是比较温顺的,不会主动伤人。但有一种鱼叫颊纹鼻鱼,它的体长15厘米～60厘米,生活在珊瑚礁中。它是用前端的小嘴吃海藻的叶子,漂亮

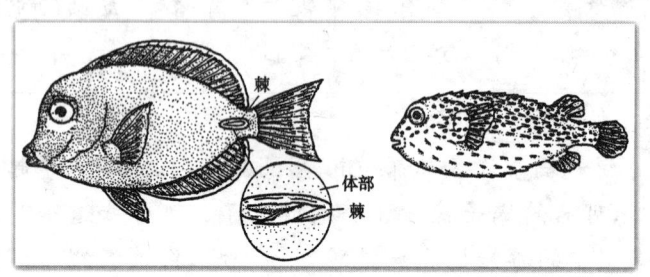

颊纹鼻鱼

而温顺。但它的尾部两侧却各有一枚矛状的棘,是由两片鳞演变而成的,平时是收拢在沟里,当受到惊扰时会竖立起来。棘的后端固定在沟内,尖锐锋利的内缘就朝向前方就像剃须刀一样锋利,常常给那些大意的渔民造成严重的伤害。这种鱼本身可以用这个棘刺杀其他鱼类,但该鱼是草食性的,所以,它的棘更可能只是摆摆样子,做做姿态,起到威慑作用。许多颊纹鼻鱼的棘周围还用显眼的颜色标志出它的轮廓呢。所以,它常用尾巴警告似的一摆,颜色一闪,棘一竖,就能吓跑敢于来犯者了。

337. 海蛇都是毒蛇吗？

海蛇都是毒蛇吗？在这里可以肯定地告诉大家,所有海蛇无一例外的都是毒蛇。当然,毒性的剧烈程度是有所不同的。因此,所有海蛇的嘴里都有锋利的毒牙和与之相连的毒腺。但毒牙并不太大,不像眼镜蛇的毒牙那样明显,如黄腹海蛇的毒牙长仅有1.5毫米,隐藏在牙龈的黏膜褶内,表面上几乎观察不出来。当它咬住人或其他动物时,牙就会伸出来,凶相毕露,刺入受害者的肌肉之中。它的毒液都是由毒腺分泌的。毒腺位于眼的后下方,有长管道通至毒牙根部。毒液就是经毒腺管和牙前的沟注入被咬者的肌肉内的。它的毒牙坚固,但较脆弱,很容易断留在被咬者的伤口处。海蛇的毒液几乎是白色的黏性液体。蛇的种类不同,毒液的量也不一样,最少者不到1毫克(干重),如小头海蛇不多于0.5毫克,多的可超过50毫克,一般是10毫克~20毫克。若把100微克(干重)的平颌海蛇毒液注射到兔子身上,经过20分钟的潜伏期(此期间兔子表现正常)后,兔子颈部肌肉开始麻痹,头逐渐垂下来,以后四肢瘫痪,胸部贴在地上,最后因呼吸困难而致死。

338. 人被海蛇咬伤有什么反应？

人若被海蛇咬过,初期局部症状往往不明显,既不痛、不肿、无异常出血,蛇咬的牙痕也不明显。若在混浊的水域里,蛇咬一口后便会立即隐藏在水下,受害者往往误认为是被鱼或其他动物的刺刺了一下。但在经过几分钟到8个小时的潜伏期后,伤者会开始出现被咬症状。

最重要的一个症状是牙关紧闭,被咬的人张嘴、说话、吞咽越来越困难,眼睑下垂,眼睛紧闭,昏昏欲睡,运动失调,肌肉无力,活动困难,四肢、躯干至颈部瘫痪,脉搏微弱不规律,3个~6个小时内出现红色尿,最后脸色发青,皮肤湿冷,抽风,呼吸虚脱,不省人事以致死亡。被咬者的危险期一般在12小时~24小时之内,快者8小时之内即可死亡,若能坚持到第二天,被救活的可能性就增加了。被海蛇咬的人死亡率一般占其总数的20%。所以,一旦发现被海蛇咬伤,绝不可以麻痹大意,否则,后果不堪设想。

339. 海蛇毒的毒性有多厉害?

海蛇的毒也像眼镜蛇毒一样是神经毒,但奇怪的是,它主要作用于横纹肌,所以,又叫肌肉毒。它是一种复杂的蛋白混合物,真正使人致死的物质是其中分子量较低的非酵素蛋白。每一种蛇毒中可含5种~15种酶、3种~13种非酵素蛋白、多肽类及大约6种其他物质。由于海蛇毒的成分复杂,因而,大多数受海蛇毒伤害人的每一个器官,甚至对每一个细胞都可能有影响。对心血管系统、呼吸及神经系统都有危害。因此,有人认为它的毒性为眼镜蛇毒的50倍,是氰化钠毒性的80倍。有人估计,3.5毫克(干重)长吻海蛇毒液就足以使一个成年人丧命,这只是眼镜蛇毒致死剂量的五分之一,而这种海蛇的毒在海蛇中还不是最毒的。因此,多数海蛇当毒腺里充满毒液时,它的量可以使几个受害人死亡。一滴海蛇毒液就足以使3个成年人丧命,有的海蛇咬一下就能注入8

滴毒液。但它一旦咬过一个目标(人或鱼),毒液就被放空,需几天时间才能补充起来,所以同一条海蛇不可能连续使几个受害人死亡。若在咬人之前曾经咬过鱼,对人的危害就小了;若是被饥饿的蛇咬伤那危害可就大了。海蛇一般并不主动攻击人,据对120起被海蛇咬伤的例子分析,主要是当渔民在提网、拣鱼、涉水或潜水作业时被它所咬。所以,在人口密度大、海蛇多的地方,特别是河口附近,水质混浊的地方,海蛇会对人构成很大的威胁。泰国、越南和印度沿海地区就常有人被海蛇咬伤或咬死。

340. 鳄鱼曾如何教训了日本侵略者?

鳄鱼的上下颌非常有力,上颌每侧有齿16枚~21枚,下颌每侧14枚~15枚,上、下颌第五齿最强大,咬合时上下颌齿交错互出,即使牙齿掉了,用不了多久又会再生。它闭口时的咬合力达到每平方厘米40吨,能把人畜铡为两段。它们常潜伏在水面以下,或者埋伏在水边的草丛中或沙滩上,当鹿群安闲地从岸上经过时,鳄鱼群常是一起怪声吼叫,张开血盆大口,一哄而上,三下五除二,将鹿吃个精光。据报道,伦敦动物园水族馆从非洲的冈比亚捉到一条鳄鱼,在它的肚子里竟发现有8串珍珠、其他首饰和果酱瓶等物,这是当地一位失踪妇人身上的装饰物,显然是被它吃掉了。鳄鱼吃人最残暴的一次记录发生在第二次世界大战期间:1945年2月19日,1000多名日本侵略军被英军围困在孟加拉湾兰里岛的沼泽地里。那里是鳄鱼的巢穴,深夜里,鳄鱼出动,齐声吼叫,

"右江西绕特磨来,鳄鱼夜吼声如雷",将这些鬼子兵咬得鬼哭狼嚎,一个个侵略者成了鳄鱼的果腹之物,得到了应有的下场,最后只有20个人死里逃生。

海洋动物

友善的人类朋友

341. 文昌鱼属名贵海味吗?

文昌鱼喜欢生活在浅海疏松的含有贝壳碎片或棘皮动物碎片的沙滩里,有很强的钻沙本领。它平时也喜欢把身体的后部插在沙中,仅将前部露出沙外。它的嘴像斗笠一样,周围长有40多条须,动作十分灵活,用来收集硅藻等食物。它白天安静地躲在沙里,夜间比较活跃。有时从沙里出来,不断扭动着身体和尾巴前进。每到一个新地方,很快又会钻入沙中。我国厦门的刘五店是一个自然海湾,它的自然条件很适宜文昌鱼生活,所以这里的文昌鱼也最多,它是世界历史上唯一盛产文昌鱼的海区。在1956年以前,这里文昌鱼的最高年产量高达280吨,每年的农历7—12月都是捕鱼的旺季。当地渔民捕捞的方法也很简单,先用铲子将海底的沙土挖到船上,再用海水淘洗,将文昌鱼滤出来,一条船一天可捕获5千克~15千克。但到了20世纪60年代,文昌鱼的产量仅为25吨~35吨,而到了20世纪70年代以来,那里已形不成渔业了。文昌鱼产量的巨跌是一件非常令人痛心的事情,因为文昌鱼不仅有重要的学术研究价值,而且也是一种营养丰富的美味食品,属于名贵海味,它的蛋白质含量高达70%。

342. 什么鱼被乾隆皇帝称作"天下第一鱼"?

由于松江鲈鱼肉嫩洁白,味道珍美,无论是生炒、红烧,还是烟熏味道都极佳。因此,它驰名中外,颇受人们的赏识,早在魏晋时代就已经名扬四海了。宋代杨万里

海洋动物

在《松江鲈鱼》诗中写到:"鲈出鲈乡芦叶前,垂虹亭下不论钱。买来玉尺如何短,铸出银梭直是圆。白质黑文三四,细鳞巨口一双鲜,春风已有真风味,想待秋风更迥然。"隋炀帝在游江南时,吴郡献上了松江鲈,他吃后大加赞扬。在《烟花记》里曾有记载:"吴都献松江鲈鱼,炀帝曰:'所谓金韭玉脍,东南之佳味也。'"这里的金韭玉脍指的是用金黄色的韭黄脍洁白的鲈鱼丝,色香味俱全。清代的康熙皇帝和乾隆皇帝在南巡时也都称它为"天下第一鱼"。时至今日,就连美国前总统尼克松在1972年访华时,到了上海也没有忘记品尝松江鲈鱼之美。

343. 什么鱼让人着迷得弃官不做?

在中国古时候有这样一个故事,说晋代有一个文学家,是苏州人,名字叫张翰。他在《思吴江歌》中写到:"秋风起兮木叶飞,吴江水兮鲈鱼肥。三千里兮家未归,恨难禁兮仰天悲。"他竟因为思念故乡产的松江鲈鱼而弃官不做,驾车从河南洛阳回到了家乡。从此,"莼鲈之思"也就成为人们的思乡之情的代表了。当然,松江鲈鱼并不仅限于松江才有,它分布于东海、黄海沿岸,也进入内陆水域。亚洲的日本、朝鲜也有。但长江三角洲是其主要的分布区。鱼虽是色香味美,但捕捉它并不是一件容易的事。宋代的范仲淹有诗这样写道:"江上往来人,但爱鲈鱼美。君看一叶舟,出没风波里。"尽管如此,但经不起大家都要去品尝,使它的数量锐减。现在,它已经被国家列为二级保护动物了。

344. 加吉鱼是唐朝皇帝命名的吗？

加吉鱼一称究竟是借嘉鱼的谐音，加上人们的美好愿望发展而来，还是传说由皇帝所赐，不得而知。但确实相传唐朝皇帝李世民在东征时到了蓬莱，选了一个良辰吉日好天气，去海上仙山，即现在的长岛游览。当吃到味道鲜美的鱼时，随口问道："这是什么鱼？"属下忙答道："请皇上赏个名吧。"李世民当时心情也特别好，竟觉得此鱼也来助兴，于是脱口而出："加吉鱼，加吉鱼！"从此这种鱼就叫加吉鱼了。人们总希望这种鱼能给人带来吉祥，古时为官的人还叫它加"级"鱼呢，意思是说，吃了这种鱼可以官升一级。所以，每逢佳节团聚，或婚宴喜庆、生儿育女、生日庆寿之时，总少不了加吉鱼，因此，它是待客的名菜佳肴。有的钓鱼人若钓到一条加吉鱼，就会高兴地认为是吉利的征兆。

345. 为什么称鲨鱼是"癌症的克星"？

科学家已经从鲨鱼身上发现，它的免疫系统很特别，从来不患任何癌症或传染性疾病。有人还用高浓度的致癌物质黄曲霉素喂鲨鱼，但长达8年之久，未见一条鲨鱼长出肿瘤来。科学家们还将体外培养的癌细胞接种在鲨鱼的体内，可惊人的是，过了不多久，这些癌细胞就消失了。这引起了人们极大的兴趣，有人认为鲨鱼的软骨里含有极高效的阻止肿瘤新生血管生长物质；还有人认为鲨鱼肝脏富含抑制脑肿瘤的物质。经研究结果表明，从鲨鱼身上提取的一种细胞组织，能有效抵抗癌症。它能阻止血液对肿瘤部位的供应，防止肿瘤细胞继续增殖。

这种细胞就是鲨鱼肝脏中的一种有免疫功能的细胞,对黑色素瘤、脑肿瘤、乳腺肿瘤和肺部肿瘤都具有治疗作用。他们还从鲨鱼肝脏中发现了帮助治疗艾滋病的细胞组织。鲨鱼软骨也有抗癌物质,如墨西哥选出了8名子宫癌、腹膜癌患者,而且已是晚期病人,让她们只服用鲨鱼软骨,11个星期后,其中竟有7名病人的实体肿瘤萎缩达30％～100％,痛楚减轻或完全消失。所以,鲨鱼被人称作"癌症的克星"。

346. 鲨鱼也需要保护吗?

人们通常因为鲨鱼伤人名声欠佳而厌恶它,或受经济利益驱动而捕杀它,可鲨鱼的确是很有价值的海洋动物。过去,到远东做鱼翅生意的贩子们,许多都已经成了百万富翁。这大大刺激了人们对鲨鱼的猎捕。有些人捕到了鲨鱼后,只取用它的肝和鳍,更有甚者只将鳍割下后,将半死不活的鲨鱼扔回大海。这些失去了鳍的鲨鱼终归由于不能游泳而死于海底。据估计,它身体的大部分即89％被白白扔掉了。这是对资源的极大浪费。有的人还用鲨鱼的上下颌赚大钱,据说一条5.2米长的噬人鲨,仅它的上下颌就能赚到上千美元。人类对鲨鱼的捕杀强度远比鲨鱼对人的伤害严重得多,也有人估计每年竟有3千万到1亿条鲨鱼被捕杀。据报道,美国加里福尼亚近海的长尾鲨几乎被捕杀一空,佛罗里达近海的柠檬鲨也已难见踪迹,哥斯达黎加的双髻鲨也濒临灭绝,就连凶猛的噬人鲨也有种族灭绝的危险。也有些鲨鱼遭无端杀害,当年英国首相丘吉尔就曾下令捕杀鲨鱼,我国秦朝也有类似事件。据《史记》记载："秦始皇本纪三十七年，方士徐市等，入海求神药。数岁不得，费多恐谴，乃诈曰：蓬莱药可得，然常为大鲛鱼所苦，故不得至。愿求善射与俱，见则以连弩射之。"科学家们提出，应该让人们知道，鲨鱼是大自然留给人类的宝贵遗产，是人类的朋友，要建立鲨鱼保护区。若捕杀过度，打破了生态平衡，人类就要承担严重的后果。

347. 鲥鱼的历史身价有多高？

鲥鱼身被大而薄的圆鳞，它非常爱惜自己的鳞片，只要有东西稍微碰着它，它就不动了。所以，渔人们为了捕捉它，总是选择适宜的流水处下网，只要鲥鱼随水流游入鱼网后就不动了，人们自然会大有收获。鲥鱼的味道甘美，而美就美在鳞上。鲥鱼过去一直是皇宫贵族的高级食品。明代何景明在《鲥鱼诗》中写到："五月鲥鱼已至燕，荔枝庐橘未应先。"意思是指五月荔枝枇杷还未上市，鲥鱼便已送到京城了。明代于慎行在《赐鲜鲥鱼》中写到："六月鲥鱼带雪寒，三千里路到长安。"六月里的鲥鱼，打上来时还带着霜雪的寒意，经过三千里路的长途跋涉，被送到了京城长安。但由于它太娇气，出水就烂，不能久存。为了及时送到京城，人们采取陆路驿传鲥鱼的办法，马不停蹄，日夜兼程。清代诗人沈名荪为此写道："百千中能选几尾，每尾鱼装银色铝，钲声远来尘飞扬，行人惊避下道旁，县官骑马鞠躬立，打迭蛋酒俱冰汤。"意思是说，从千百条鲥鱼中选不出几尾，还要将选中的每条鲥鱼装入银色的铝制容器中。在运送途中钲声阵阵、马蹄飞扬,路边的行人惊恐躲避道旁,连县官也骑马鞠躬而立,还要准备酒菜和冰汤伺候。这里生动地写出了给京城送鲥鱼时的劳民扰民的景象。明代彭大翼在《山堂肆考》中也写道:"鲥鱼味美在皮鳞之交,故食不去鳞,而出富阳者尤美。此东坡有鲥鱼多骨之恨也。"也就是说,鲥鱼虽然鳞白如银,其味甘美,但是它肉中细刺如毛,这就是它的美中不足了。

348. 香鱼与王昭君有什么历史渊源?

我国的湖北省兴山县是王昭君的故乡,那里流传着一个人与鱼的传说。说是当年王昭君在香溪河边洗衣服时,忽然得到一条鱼,赶紧拿回家做给母亲吃,但是,因为家中贫寒缺少佐料,结果母亲吃后叹道:"龙泉清又香,因何鱼无味?"王昭君听后,赶紧又找来猪油、葱蒜等,将鱼裹上,投入香溪河中,口中念念有词:"溪万里,生贵鱼,济贫穷,上宴席。"从此,香溪河中就有了香鱼了。关于香鱼的来历,在台湾还流传着另一个传说,当年郑成功率兵抗击荷兰人时,顺便将香鱼苗从福建带到了台湾新店溪养殖,使它在那里繁衍生息。后人为了怀念这位民族英雄,就称香鱼为国姓鱼。

349. 如何巧捕弹涂鱼?

弹涂鱼能弹跳,遇到人时就惊跳不已,这是它的长处,使它能迅速脱离危险;但有时又成了它的短处,人们正是利用它的这一特点扑捉它们。宋代罗浚在《四明志》一书中说:"弹涂鱼……有斑点,簇簇如星。潮退数千百万跳踯泥涂中。海妇挟箸之如拾芥,名曰胡兰。"指在退潮后，成群的弹涂鱼就在滩涂上跳跃，海边妇女用筷子拣拾时就像捡蛤一样。唐代刘恂在《岭表录异》书中也说："捕鱼者中春于高处卓望，鱼儿来如阵云，阔二三百步，厚亦相似者。既见，报鱼师，遂将舡争前而迎之。卫鱼阵，不施罟网，但鱼儿自惊跳入船，逡巡而满。"就是说，在仲春季节，人们先在远处登高眺望，见到成群而来的弹涂鱼，犹如随风而至的浮云，立即发出信号，捕鱼手迅速驾船迎头而上。弹涂鱼受惊后，往往急不择路，纷纷跳进船舱里去。这样，不用渔网鱼钩，来回几趟，渔船就可以满载而归了。弹涂鱼肉鲜美细嫩，营养丰富，福建人用它煨汤，小孩多吃它可以增强腿力，早日学会走路。台湾人还将大弹涂鱼视为名菜。若是用火将它烤熟，再晒成乌黑锃亮的弹涂干，那就更别具一番风味了。

350. 什么时候能捕到凤尾鱼？

凤尾鱼也叫刀鲚鱼，它是洄游性鱼类，平时生活在海里，分布于渤海、黄海和东海一带，以鱼虾等为食。每年的2～3月间溯河进行生殖洄游。俗话说："河豚来看灯，刀鲚来踏青。"这就说明，刀鲚鱼是在河豚之后溯河的。其实，早在宋代，人们对刀鲚鱼的洄游规律就有所了解。元代贡师泰《送东流叶县尹》的诗中写到："荻笋洲青鸥鸟狎，杨花浪白鲚鱼鲜。"即在荻笋发芽，沙洲变青，杨树开花，风吹浪白时，鲚鱼正鲜。进入长江的刀鲚鱼还可以上溯达洞庭湖一带，距离海水约有1400千米呢。它此时不摄食或很少摄食，到3—5月为鱼汛期，这时以刺网、围网、张网、曹网等都可以捕到它们。晋代郭璞在《江赋》中写到:"介鲸乘涛以出入,鳠鲎顺时而往返。""鳠"即石首鱼,就是说石首鱼和刀鲚鱼都是按照一定的季节准时而往返的。例如瓯江,每逢春末夏初,梅雨细细,薄雾蒙蒙,刀鲚鱼就群集于瓯江下游的江心孤屿四周产卵繁殖,便形成一年一度的凤尾鱼渔讯。所以,温州历代相传有"雁荡美酒茶山梅,江心寺后凤尾鱼"之说。而鱼汛的特点是早期鱼群雄性多,个体大,脂肪厚,以3龄～4龄鱼为主;鱼群的后期是雌鱼多,个体瘦小,脂肪量下降。刀鲚鱼所产的卵古时称为"螳螂子",也是美味上品。

351. 为什么刀鲚鱼被称作"江南珍品"?

刀鲚鱼的肉厚细嫩,含有丰富的蛋白质及脂肪。吃时无须刮鳞,只从鱼口中掏出内脏,洗净晾干,放在油里炸,吃时连骨刺一起嚼碎,酥脆可口,香味扑鼻,属于江南的鱼类佳品。过去有一句谚语说:"宁去累世宅,不弃鲚鱼额",也就是说,宁可不要房子和土地,也不能不要刀鲚鱼的头,这足以说明它有多么好吃了。明代陶宗仪在《辍耕录·食品有名》中写到:"鲚鱼子名螳螂子,及松江之上海,杭州之海宁,人皆喜食。"除鲜食外,鲚鱼还常被用于制作罐头,俗称"银鱼柳"。实际上,除食用外,据现代药理研究,刀鲚鱼还有补气活血、泻火解毒的功效,对慢性胃肠功能紊乱、消化不良均有一定疗效。

352. 什么鱼用锯当武器?

你听说过嘴上长着锯的鱼吗?鱼类万万千,实在是无奇不有。海水中有一种鱼叫锯鳐,扁扁的身体有四五米长,足足有两吨重。它的吻部向前突出,形成一条长长的利剑,剑的两侧长满20多个锋利的牙齿,宛如一个长长的锯条,因此人们叫它锯鳐。这条长锯很长,一条5米长的锯鳐鱼,锯长就有2米多,锯宽30多厘米,每个锯齿有4厘米长、1.5厘米宽,都深深地埋在颌骨内。这条长锯就是锯鳐的武器,它捕食时是冲进鱼群之中,左右横扫,上下砍杀,将鱼杀死后,就慢慢享用了。遇到比它大的鱼时,就用它的长锯把大鱼砍断。若它爱吃的食物是埋在海底的沙子里的,它就会用它的长锯把沙土翻开,将沙中的动物找出来吃掉。锯鳐对于人也是很危险的,人们下海时务必要对它有所提防。

353. 鳗鲡鱼名是怎么来的?

鳗鲡,这种长可达60厘米,细长如蛇的鱼类,不仅营养丰富,味道鲜美,甚至还有很高的药用价值,因而备受世人关注,使它的身价很高,竟有水中软黄金之称呢!而且,还因为它海里生、河里长,还为它那鲜为人知的漫长而艰苦的特殊生活征程蒙上了几分神秘色彩,曾经引起不少科学家的浓厚兴趣。鳗鲡在全世界有19种,分布面很广,我国有中华鳗、日本鳗、花鳗3种。早在公元初期的东汉时代,许慎就在《说文解字》一书中称:"鳗,鳗鱼也,从鱼曼声。鲡、鲡鱼也,从鱼丽声。"而后人段玉裁注解说:"此即今人谓鳗为鳗鲡之字也。"这实际上就是鳗鲡一称的来源了,直到今天人们仍在沿袭应用它。

354. 什么鱼能将死人变成活人?

历史上有这样一个故事。说是有一个渔民,他的妻子得了痨病,而且传染,已死亡很多人。有一天听人家说,如果把一个病人,活着就钉在棺材中扔掉,这种病才会根除。说也凑巧,没有多久,他的女儿也得上了这种病,他一狠心竟把女儿活着钉在棺材中,扔到江里。而棺材随江水漂到金山(即今之镇江),有个打鱼人见了很觉奇怪,就将它拖到岸边,打开一看,只见女子还活着,就将她接到渔舍中,天天给她吃鳗鱼,结果不久,病却全好了,后来,他们就结成了夫妻。这个故事主要说明鳗鱼肉的药用价值绝不可小视。鳗鲡肉质细嫩,营养价值很高,除含有丰富的蛋白、脂肪、钙、磷、铁和人体必须的氨基酸外,还有维生素A、B和C,素有"水中人参"之称。不仅是美味食品,无论炖、炒、焖、炸皆是佳肴,而且还能治疗风湿、肺结核、赤白带下、体虚等病,对妇女产后康复有奇效。日本人嗜鳗如命,认为它有壮阳滋阴、生精造血的功效。在日本,每年7月20日至8月1日为"鳗鲡节",家家都吃鳗鲡。欧洲人在每年圣诞节前也都要吃鳗鲡,全世界每年要消耗12万吨。由于人们需求量大,酷渔滥捕,已使资源锐减。不少国家都已经先后兴起了鳗鲡养殖业。

355. 吃海鳗能治什么病?

海鳗有圆柱状的身体,长的有80厘米,重15千克~20千克。它那大大的嘴里长着强大而锐利的牙齿,以捕食虾、蟹及其他鱼类为生。它的身体无鳞,而游泳速度特别快。它生活在水深50米~80米的泥沙底海区,6~7月生殖,怀卵量多达120万粒。海鳗是我国古时候就使用较多的海生药物。它的脑、卵及脊髓可用来防治脂肪肝,治疗面部神经麻痹、疖肿、胃病、气管炎、关节肿痛等疾病。它的肉质细嫩鲜美,含脂量高,是上等的食用鱼。浙江人制作的风干海鳗久负盛名。据近代研究,海鳗对化疗期、放疗期的癌肿病人有保护白细胞,减轻呕吐、头痛等副作用的效果,还可治疗肺结核、肠结核、慢性溃疡等疾病呢!

356. 黄花鱼的用处有多少?

石首鱼一直是我国渔业重要的捕捞对象。尤其石首鱼中的大黄鱼和小黄鱼,均属我国海产四大家鱼之列。黄花鱼古时亦称"郎君"、"黄衫",广东称大鲜、金龙、黄花等,福建称黄瓜鱼,浙江称桂花黄等。大黄鱼金光灿灿,体长可达76厘米,重3.8千克。它头大口宽,喜欢群游,以小型鱼和甲壳动物为食,东海春季、南海秋季产卵。年产量10万~18万吨。古代的大、小黄鱼的渔场与渔期与现代的情形基本相似。黄花鱼除了肉质鲜美可口以外,它的鳔可制食用的筒胶、片胶和工业用长胶,鱼子可制鱼子干,鳞可制鱼鳞胶和盐酸鸟粪素,鱼肉可制鱼松和罐头等。不仅如此,它的耳石、鳔、肉、胆、精巢均可入药。而且,它在现代医学中的应用仍然十分广泛。

357. 为什么说鲳鱼不娼?

鲳鱼,地方称昌鱼、白鲳、车片鱼、镜鱼等。它的身体侧扁而锐,近似于菱形。它的口小吻突,头小、眼也小,体色银白,但味道甘美。它在春晚最肥,长的有40厘米,重的有1.7千克,分布在近海的中上层。银鲳为名贵鱼类,产量亦大,其肉厚白如鳜,肉味鲜美,营养丰富。据分析,

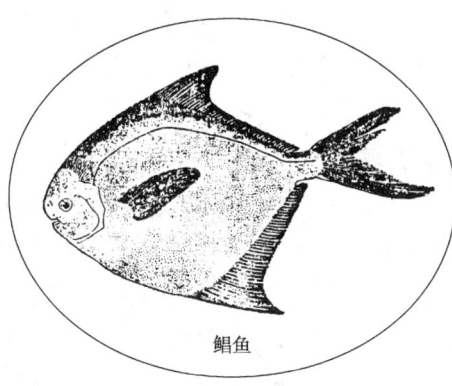

鲳鱼

它可食部分每百克含蛋白质 11.8 克,脂肪 6.9 克,碳水化合物 7.5 克,水 72 克,还有钙、磷、铁等成分,是宴宾佳品。有趣的是不知为什么,古代竟有人认为它有雌无雄,与其他的鱼乱交配,类似于娼妓,所以取名为鲳鱼。实际上,鲳鱼既有雌也有雄,有自己正常的"婚姻和爱情",把鲳鱼说成"鲳鱼为众鱼所淫"纯属误解,应给予正名。

358. 为什么翻车鱼会让新娘流泪?

翻车鱼古时候称为镜鱼,台湾省称它干贝鱼、鹦哥鱼。又因为它爱晒太阳,美国人叫它太阳鱼。它的身体侧扁而短,有头没尾,又没有尾鳍,所以在德文中的绰号叫游泳的头。大型的个体可达 5.5 米,重 1400 千克。它的身体背面是灰褐色,腹面是白色。翻

翻车鱼

车鱼在热带海洋里很常见,它的名字最早出现在三国时期。它的口小,最爱吃的食物是月形水母,也吃小鱼、甲壳动物、浮游生物和海藻。为了追逐食物它可以深潜,有人在巴哈马540米深处发现了翻车鱼。它的皮肤特别的厚,可达15毫米。翻车鱼的特点之一是身体上的骨多肉少,剥皮后鱼肉约为体重的十分之一,但其肉质鲜美,色白,营养价值高,蛋白质含量比著名的鲳鱼和带鱼还高。翻车鱼的肠子也很昂贵,台湾有道名菜"妙龙汤"就是以此作为主料。而它的肉含水量又特别的多,一大块肉待烹调好后就缩得很小了。古书上还说过,新娘子在做这种鱼时,怕大家嗔怪她偷吃,还经常暗暗流泪叫苦呢。所以,也有人叫它"新妇啼"。

359. 鱼发光对人有什么用处?

大家已经知道,在海洋中有许多鱼会发光,这对渔民来说是非常有利的。他们可以利用海火去寻找鱼群,识别暗礁、浅滩、沙洲和冰山等。重要的是人们还可以根据海火的强弱来判断海洋生物的多寡,以确定海水的肥瘦,选择合适场地建立海上牧场,开展水产养殖呢。在军事上,发光生物就常引起误会,如1967年阿以战争期间,以色列士兵晚上发现珊瑚礁那边有绿色荧光,误以为阿拉伯蛙人登陆,当即发起攻击,一阵手榴弹后,却发现空无一人,只有一些被炸死的仍在发着光的黑色小鱼。军事上,潜艇之间及潜艇与卫星之间的激光通讯所用的波长,与海洋生物所发的光相似,因此,也很容易受到干扰。在发光生物密集的海区,潜艇后方所拖的发光尾迹也容易暴露目标。人们已经发现,由于生物发光不产生电流,因此不会产生磁场,人们可以利用这种光来消除磁性水雷等。生物发的光都是冷光,没有热辐射,所以效率高。研究生物发光,用以改进人造光,将会节省大量能源。利用海火为人类造福,也是科学家们要研究的课题之一。

360. 矛尾鱼是如何被发现的?

在1938年的12月20日,南非"涅尼雷"号渔船在马达加斯加附近的科莫罗斯群岛甲鲁麻河入海处捕到一条奇特的鱼。人们将它放在甲板上,4个小时毫无异样,但用手一动,它竟愤怒地把牙咬得喀嚓作响,样子有些吓人。当船靠码头后,南非东伦敦博物馆的年轻主持人娜丁梅·拉蒂迈女士,在注视捕鱼人勒林卸鱼时,发现了这条奇怪的鱼,于是将这条怪鱼运回了博物馆,并给它拍照、绘图,将它制成了标本,它有57千克重。然后,她把这种鱼的简图附在信中寄给了当时南非负有盛名的鱼类学家史密斯教授。起初,史密斯教授不相信真会有这样的鱼,后来当他亲眼见到这条鱼时,竟惊得目瞪口呆。用他自己的话说,有点像疾风震撼的感觉,使人颤栗不安,兴奋之情不可言表:这不就是出现在3亿年前并已灭绝了的总鳍鱼吗? 真是难以置信。为了纪念发现者的功绩,将这种鱼命名为拉蒂迈鱼,由于它的尾鳍形状像矛,所以又叫它矛尾鱼。这种鱼的价值当然不在于"物以稀为贵",而在于它给人们提供了一个活的见证,让人们看到了在动物进化过程中,从鱼到两栖类,从水生到陆生,鱼的鳍是如何变为陆生动物的四肢的,所以它被称作活化石。

361. 什么是环境荷尔蒙？

学过生物课程以后,同学们对什么是荷尔蒙已经有了一些了解。所谓荷尔蒙就是人体或动物体内的某些器官如脑垂体、甲状腺、精巢或卵巢、胰脏及副肾等分泌的一些物质,也叫激素。这些物质对人或动物的生长、发育、生殖及生命活动至关重要,虽然数量不多,但不可缺少,数量过多或过少都不行。如脑垂体分泌的一种激素叫生长素,若数量多了人就会长得像巨人,若少了就长成侏儒了;甲状腺分泌的甲状腺素,数量过多人就患甲亢,过少就得痴呆症等。人或动物在健康状况下,本身有自我调节能力,使这些器官分泌的激素数量保持正常的稳定状态,不多也不少,从而保持着人或动物体的健康和正常的生命活性。但是,有些化学物质能引起上述器官分泌机能的障碍,对各种激素的合成、储存、体内运输、结合及排泄等能产生阻碍作用,这些物质就叫作内分泌的干扰物质,也称为"环境荷尔蒙"。据日本环境厅1998年5月公布的资料说,这些物质有67种,可分为4类,一是农药、除草剂、杀虫剂、防腐剂、船底涂料、鱼网防腐剂等48种;二是电器绝缘油、医药品合成原料、芳香剂、难燃剂等共10种;三是塑料制品添加剂,如树脂原料、可塑剂等共7种;四是燃烧时生成物、农药等的副产物2种。人们已经知道,这些物质已经对海洋哺乳动物及鸟类产生了很大的影响。如海狮出现早产、内分泌发生障碍、免疫力降低、个体数量减少;象海豹患皮肤角化病、皮下脂肪萎缩;

海洋动物

条纹原海豚大量死亡；斑海豹患子宫狭窄、子宫闭塞、肠溃疡、副肾皮质增生、动脉硬化、肾小球病、不孕等。所以，为了海洋动物永不消亡和人类的健康，必须保护海洋环境。

362. 海龟也需要保护吗？

海龟的全身都是宝。一只116千克重的海龟可得肉32千克、骨6千克、龟板22.7千克、肝2.3千克、血7千克，还有相当数量的内脏及皮等产品。它的肉可以食用，味道鲜美，营养丰富，是上等佳肴，还可制成烤肉干、肉饼、香肠、肉松等食品呢。绿海龟和蠵龟的甲即甲板，可制成骨胶板，是较高级的营养补剂，滋阴补阳，对肾亏精冷、健忘失眠、胃出血、肺病、高血压、肝硬化等多种疾病都有一定疗效。龟掌也有润肺、健胃、柔肝、补肾、去火明目的功能。龟油、龟血可治疗哮喘、气管炎。龟蛋煮粥可治小孩痢疾。龟胆汁还对肉瘤有抑制作用。也正因为海龟全身都是宝，所以，被捕的数量也颇多，全世界每年有上百万只海龟被杀，仅玳瑁就有十几万只被杀。有的人为了赚钱，甚至残酷地活剥玳瑁壳，再将它放回大海，以为它的壳能够再生，可以多次捕获剥壳，使大量玳瑁死于海底。人类的这些残酷活动致使海龟数量急速减少。为了保护海龟资源，不少国家和地区都采取了一些保护措施，如禁挖龟卵、保护幼龟、设立保护区、禁捕产卵龟，开展人工孵化、饲养、放流稚龟等。如我国从1986年起就在南海惠东县港口设立了海龟自然保护区，几年时间就保护海龟上岸418只次，产卵268窝，孵出稚龟放回大海

24209只。

363. 海龟也能救人吗?

在近代,海龟与人类之间传有不少佳话。据报道,菲律宾"阿罗哈"号客轮失火沉没时,有一位52岁妇女就被海龟所救。当她落水以后,在海中漂了12小时,已经精疲力尽了,就在这时,竟来了两只海龟用背把她托出水面,又漂流了48小时才被船救起。她被救起以后,海龟也自己游走了。利比亚有一艘商船在尼加拉瓜沿海遇到风暴,一位掉进大海的船员也是被海龟驮着才游到了海岸。在1999年1月7日,南非有两名女青年在海里游泳,巨浪把她们卷入深水,其中一名被人救起,另一个却去向不明。就在人们感到无望之际,直升机在距岸2000米的深海处,发现她正在一只海龟背上招手求救呢。日本摄影家在马来西亚东部25米深的海底洞窟内发现了一个海龟的墓地,那里有30多只大海龟的骨架。据推测,海龟到了垂暮之年,也和陆上的大象一样会寻找自己的墓地安乐地死去。我国古代也有一些类似的故事。据战国时期的《竹书记年》中记载:"周穆王(即西周国王姬满)三十七年,大起九师,东至于九江,架鼋鼍(鼍即扬子鳄)以为梁,遂伐越至于纡。"此即"鼋鼍为梁"成语的典故。就是说,周穆王帅大军到了九江,由于水大流急,人马过不去,正在一筹莫展之际,忽见水中出现异常,鼋鼍鳞次栉比,架成一道桥梁,大军顺利通过,大败敌军。《明史》中也记载,公元1363年,朱元璋在鄱阳湖与陈友谅大战36天,朱曾遇难,幸被大鼋所救。《西游记》中也说,唐僧西天取经,路过通天河时,被滔滔河水阻拦,于是一只大鼋驮着他安然过河。"鼋"就是大鳖。这说明,无论海龟还是淡水龟类都有某些相似之处和许多救人的美好传说。

364. 海蛇能做药用吗?

大家已经知道,所有的海蛇都有毒。但是,海蛇虽然有伤人的一面,却也有有用的一面。它除了肉味鲜美以外,还可以药用。《本草纲目》中记载:海蛇"主治白毒痢,五野鸡病,恶疫"。炖食鲜长吻海蛇肉可以治小儿营养不良症。用来泡酒服用或擦身,可治疗风湿性关节痛、腰骨痛、肌肤麻木、妇女产后风等症。海蛇胆可以药用,进口的蛇胆还有数千元1千克的呢。利用价值最大的还是海蛇毒,它能制成抗蛇毒血清,治疗毒蛇咬伤。它的镇痛效力极强,能医治坐骨神经痛、癌症疼痛等,而且没有副作用。一些蛇毒酶还用在核酸结构的分析及生物膜的研究上,所以价格昂贵。陆上蛇毒有液体黄金之称,而海蛇毒比黄金要贵得多,如青环海蛇的蛇毒干粉每克要上万美元呢。

365. 我国的湾鳄是谁消灭的?

过去,我国南方鳄鱼数量很多,常危害人畜。到了唐代,鳄鱼危害非常厉害,尤其是潮安东北的一条小河,因鳄鱼多,人们把那条河叫作鳄溪,又因鳄鱼常吞食人和牛羊等牲畜,人们又把那条河改名叫恶溪。公元819年即唐元和十四年,唐朝一个大官,也是有名的文学家叫韩愈,被贬到潮州(即广东)当刺史,当他得知鳄鱼对当地人民的生命和财产危害很大时,便写下有名的《祭鳄鱼文》,

命令湾鳄迁走,并让他的部下往河里投放猪羊等,让鳄鱼吃了好赶快离去。据说,当天晚上,河里刮起暴风,而且电闪雷鸣,往西刮了六十里。从那天起,潮州就再没有了鳄鱼。为了纪念韩愈的"德政",原来那条被人气愤地称作鳄溪或恶溪的河也改名叫韩江。但实际上鳄鱼并未迁走,甚至更加繁多。因为过了20年,又有一名太尉宰相叫李德裕的也被贬到潮州,他在经过鳄鱼滩时,乘的船突然破了,他平生收藏的宝物、古书字画都散落到地上。他命令船员去捡回来,船员见鳄鱼极多,不敢靠近,眼看着那些东西白白的丢失了。到了明朝的永乐年间,夏元吉侍郎到了潮州,他让人乘船将生石灰倒入江里毒杀鳄鱼,霎时间河水翻滚,鳄鱼被烧得面目全非了。据传从此以后,潮州的鳄鱼才真正灭绝。但实际上,南宋以后,我国南方就无鳄鱼的明确记录,此夏元吉灭鳄之说可能有虚夸之处。鳄在广西钦州也有分布记录。据考,13世纪前华北气候暖和,黄河以北竹子繁殖,故鳄甚多。以后气候变冷,西伯利亚寒流侵袭华中、华南,甚至海南岛,迫使湾鳄南迁,宋以后两广杳无鳄迹。但据报道,近来我国已成功地人工孵化鳄鱼,湾鳄又将在我国出现。

366. 为什么把鲣鸟称为"导航鸟"?

鲣鸟,有着大而呈圆锥状的嘴、发达的脚蹼,陆上行走困难,似乎笨手笨脚,所以英文名叫它笨家伙。我国美丽的西沙群岛上有褐鲣鸟和红脚鲣鸟,数量很多,红脚鲣鸟的全身雪白,羽毛柔软,在海滩上,在10多米高的避霜花树上到处可见。它们密密麻麻地栖息在树枝上,远远望去,

鲣鸟捕食

像万丛绿中镶嵌着点点碎玉一般。若稍有惊动,群鸟飞舞,漫天皆白,蔚为壮观。它们活动很有规律,清晨飞向大海捕食,月落又返回岛上休息。鲣鸟能从60米~100米的高空像炮弹一样直插水中,它是潜水能手,能下潜30米~40米深。它向下俯冲的力量是很大的,有人发现它偶尔可以把海雀撞穿。在热带海域,它也是捕捉飞鱼的能手。它们有很好的识别方向的能力,无论离巢多远,都能准确地飞回来。在导航设备落后的过去,渔民出海捕鱼时,可以根据它们的飞行动向和集结情况寻找鱼群;傍晚又可以顺着它们飞行的方向返航,所以称它是"导航鸟"。它的生命力极强,不吃不喝能活半个月。它每年可以繁殖3次。

367. 海鸥为什么被称作"清道夫"?

海鸥是最常见的海鸟,甚至人们一提起海鸟,往往首先想到的就是海鸥。海鸥科种类很多,有45种,我国就有30多种,如常见的银鸥、灰背鸥、燕鸥、红嘴鸥、凤头鸥等。但它们彼此大致相似,只是体色、大小等略有不同。

在港口、河口、海岸等都很常见，也最为人们熟悉，早有"泛泛江上鸥，毛衣皓于雪"的说法。海鸥对环境有非凡的适应能力，当然，大部分海鸥多出现在温带和亚温带地区，生活在近海岸。它们也可以在极端恶劣的环境中生存，如生活在寒冷的北极和南极，干热的南美沙漠、北美大陆中部和亚洲大平原中部。北半球的品种多于

海鸥

南半球，它们都不在中太平洋繁殖，这反映出它们喜欢温带水域。它们的食物极为广泛，可以吃鱼、乌贼、软体动物。在盛产鱼虾的渔场上，成群的海鸥会欢腾雀跃。同时也告诉了人们，哪里有海鸥，哪里就会有鱼；哪里撒网捕鱼，哪里就会有成群的海鸥光顾。当然，它们的食物还是随遇而择的，也可以吃鸟兽尸体，还爱吃人们丢弃的断鱼残虾。连轮船上丢弃的残羹剩饭和垃圾，都可以成为它们的美味食品，所以海鸥又有"清洁工"的雅号。它的这一特点也被人们所利用。据报道，第二次世界大战期间，英军经常受德军潜艇的威胁，而又苦于无法发现它们。一位英军潜艇司令根据海鸥贪吃的习性，先从自己的潜艇上不断向海面施放食物，吸引海鸥来吃。最后，竟使它们形成了条件反射，一见水面上有黑影，就纷纷飞来等食吃。随后，英军就在海上建立了不少观察哨，一旦发现有成群的海鸥低空盘旋时，就断定那里一定有德军潜

海洋动物

艇在水下活动,如果马上有的放矢地实施攻击,也就会屡屡得手。

368. 信天翁也能吃人吗?

人们都熟悉老虎狮子能吃人,从未听说过信天翁也吃人。信天翁平时是不会吃人的,如果人在海上遇难,掉进海里就很容易遭受信天翁的袭击了。据报道,有一年,苏联的一艘运输船的一名船员不慎落水,由于风浪太大,人们费了很大劲也未能找到他。就在人们心急如焚之时,忽见一只信天翁由天而降,人们便跟踪追去,看到它就落在那位已经昏迷的船员背上,正准备享受一顿美餐呢。幸好那位船员被及时救了起来,才幸免于难。这也正是人们掌握了它的这一习性,才能找到那位落水人员。所以,掉进海里的遇难人员,除和风浪搏击外,还要抵挡信天翁的袭击。但它平时的捕食往往不是主动追捕猎物,而是以守株待兔的方式被动捕食,似乎听天由命,所以取名信天翁,过去也称它信天公、信天缘。

369. 为什么说鲸是价值连城的重要资源?

鲸的周身都是宝。皮可以制革,用鲸皮做的皮鞋、皮包、皮衣等,质地柔软,花纹美观,不亚于牛皮。鲸的皮下脂肪层很厚,可达十几至几十厘米,可以炼油、食用或做其他化工原料。一头蓝鲸可产油30多吨,相当于1700头猪或8000只羊的脂肪总量。肉可以食用,尤其是须鲸的肉,味道很美,无论煮、炖、烧、烤皆可,还可加工成罐头香肠、冷冻品、火腿、熏肉干,或制成饲料粉、肥料等。它的背鳍和尾鳍可做凉菜,营养丰富。骨骼可做骨粉,用于制造含氮、磷的肥料。它的肝可制维生素制剂,胰脏、甲状腺、肾脏、睾丸、消化道、卵巢、胎盘、脑下垂体等器官可制造多种营养剂、消化剂、胰岛素和多种激素制剂。鲸须可制成各种工艺品,牙齿可用于雕刻等。一头巨鲸可称得上价值连城。所以,世界上不少国家如日本、挪威等国竞相猎捕,使不少鲸濒于灭绝。这真是"万状千形皆得意,长鲸独自转身难。"所以,国际捕鲸委员会不得不决定停止商业捕鲸行为。

370. 海豚能帮助治疗儿童自闭症吗?

有的家庭中有这样的孩子,患有一种病不愿意说话,也不愿意和外界交往,整天生活在自己的精神世界里,有的长到了好几岁一句话也不会说,医学上把这种病叫作儿童自闭症。这种病用药不太好治,但人们发现海豚却能帮助治疗这种病。因为,海豚很聪明,它的大脑相当发达,平均重1.6千克,而人脑是1.5千克。但人脑重占体重的2.1%,而海豚的只占1.17%,而且海豚脑的沟回很发达,外观与人脑相似。所以它智力发达,头脑聪明,学习速度快,不仅能学会表演许多节目,如钻圈、顶球、跳绳、与人握手、拉船等,而且能为潜水人员担任联络员、海底救生、为船导航等。海豚因此被当作治疗儿童自闭症的医生。如墨西哥南部德尔费那里奥就有一家康复医院,养有3头海豚,对患病儿童进行"耐心温柔"的治疗,效果出奇的好。90%的儿童经过短短几次治疗病情就有明显的减轻。例如,一位名叫雷易斯的7岁小孩,一直不会说话,和海豚戏耍时却开始说话了。这样的医院绝不仅此一家,在美国也有儿童海豚治疗中心。究竟它的治疗机理是什么尚不清楚,或许是海豚发出的高频率声音发挥了很大作用。

371. 海豚也能服兵役吗?

参军打仗是人类的事,服兵役是爱国青年报效祖国应尽的义务。难道海豚也能参军打仗吗?美国的海军正在训练海豚去执行特种军事任务呢!海豚可以执行的军事任务种类很多,如打捞海底遗物如火箭、水雷及深水炸弹,进行军事侦察巡逻,搜集海洋学资料,甚至监视桥梁、护送袖珍潜艇及蛙人、水下救助、通讯传递、警戒搜索等。早在1972年越南战争期间,美国就派出了6头海豚在越南湾执行警戒任务。一旦发现"入侵者",它们就飞快地追上去,把嘴上套的类似注射针的尖管插入对方身体内,随即放出高压二氧化碳。气体源源注入,使被刺中的人皮下肌肉破绽,结肠、直肠从肛门冲出,胃被挤向上方,从口腔喷出,尸体随后浮上水面。这种警戒效果十分明显。美国中央情报局还专门训练海豚,游向苏联港内停泊的核动力船,把携带的仪器放置在船体外壳上,船上的

执行任务中的海狮

资料就全部被美国窃取到了。据报道,在海湾战争期间,美国又使用了十几只海豚巡逻,它们可以找出伊拉克水雷的位置,至少有3次使美军军舰免触水雷。他们还在海豚的鼻子上配备了一种0.45口径的手枪,碰上企图在美舰下安装炸弹的伊拉克蛙人就射击。他们也训练海豚在水下搜寻试验用的反潜火箭弹头、失落的核弹头、水雷,从300米水下打捞海底遗物,为海底建筑设施运送器材,为水下试验人员递送邮件和货物等。他们还选择那些识别能力强、嗅觉最灵敏的海豚,在它们背上绑上烈性炸药,去寻找敌方的航空母舰,一旦发现目标,便用嘴咬动开关引爆,与敌舰同归于尽。还准备训练它推着鱼雷攻击对方固定的后勤供应点等目标,充当活鱼雷;或将遥控炸弹安装在敌舰上,待海豚返回后,由人控制引爆。由此看来,海豚当兵的前途还是大有作为的呢!不仅海豚能服兵役,海狮也是服兵役的能手。

372. 海豚是人类的远亲吗?

人是由类人猿演变来的,但有的科学家认为,人与黑猩猩有许多差异,这些差异还多半与水有关。如类人猿不喜欢水,但刚出生的婴儿都能在水中游泳;类人猿不会流泪,而海豚及其他海兽会流泪;人奶与海豚奶汁相似而与类人猿的奶汁不同;人有潜水反应且食鱼,类人猿则不会;人和海豚皮下有脂肪层,而类人猿没有;人与海豚相似,全身光滑,仅游泳时露出水外的头部才长头发,人有弯曲自如的脊柱,适于水中游泳;海豚和人一样是面对面交配,而类人猿则是从后面与雌类人猿交配;海豚像人一

海洋动物

样产仔时有"助产士"帮助接生,类人猿则没有这种行为;海豚和人一样相互间用声音交流信息;等等。所以,有的科学家推测,人类的祖先在史前的某个时期,不是生活在陆地上,而是生活在海洋里,曾经历过一个海猿阶段。那时的人类为了躲避猛兽的袭击,或因海水大面积上涨,被迫整天泡在水里。为了适应海洋生活,身上的毛退化了,以减少游泳中的阻力,皮下脂肪增厚了,以保持体温。女性为了水中育儿方便,乳房变大了。几百万年以后,海水退却,海猿重返陆地。所以,海豚才是人类的远亲。

373. 海豚也攻击人吗?

海豚天生有一幅和善的面孔,看上去它似乎总是面带笑容,像是对人微笑。当然它并不是真的会笑,只是长着一副笑容可掬的样子。一般来说海豚对人是友好的,世界上流传着许多海豚救人和助人的动人故事。但是据训练海豚的人员讲,海豚也会攻击人。若是不小心得罪了海豚,许多海豚如宽吻海豚、侏虎鲸、领航鲸及许多其他海豚都呈现出攻击性。海豚攻击人时,往往张着嘴朝人游去,有时用吻去撞人,用鳍肢扇打人,或用尾柄打。有时向人游去,张嘴甩尾,以示威胁。有时又偷偷潜游到人的身旁,猛一转身用鳍肢去打人的胸部,有时用尾巴打水把人打倒。它们打人打得很疼,甚至会把人打晕过去,有时不止一次地用牙咬人。所以接近海豚时也要注意。

374. 海豚为什么救人?

历史上有这样一个故事,说的是古希腊有一位诗人,他叫阿里翁,善于唱歌和演奏竖琴。一天,他带着大量财物乘船回科林顿,他哪里知道,这条船上的船员都是海盗,途中想抢他的钱财,还要把他扔进海里。他知道后,便把全部财物都交了出来,只求免他一死。但海盗不答应,怕饶了他以后回去会报告国王。于是强迫他死,要么投海,要么自杀。无奈之下阿里翁要求死之前再唱最后一个曲子,海盗也难以拒绝。于是,阿里翁换上演出时的盛装,唱了一曲音调急促的神话歌,然后就投身入海。谁知,海豚被他的歌声所吸引,一头海豚竟驮上他从近路先返回了希腊。他立即把情况报告了国王。待这条船入港后,船员们立即被传入宫询问阿里翁的事情。起初,他们都不承认,但当见到阿里翁出现在他们面前时,一个个都惊呆了,全部罪恶都暴露无遗。时至近代,海豚救人的事更是时有发生。如1981年有一条船叫"潭布马斯2号",不幸着火沉没,船上有三个小孩被他们的父亲抛下海去,让他们逃生。可他们刚刚入水,就立即来了一群海豚,这些海豚用吻将他们托出水面往前游去,后来又被救生艇所救,他们的父亲却不幸遇难。海豚确实能救出遇难的人们,难道它真的是有意在救人吗?科学家根据研究发现,无论海面上有什么漂浮物体,海豚总是喜欢把它托出水面玩耍。人要是落水后,海豚可能也把人当成漂浮的物体了。实际上,这是海豚的一种本能的反应。

375. 海豚能做领航员吗?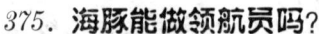

据说有这样一个故事,新西兰的科克海峡,暗礁密布,像一座座锋利的刀山,人们称这里是航海家的坟墓。在百年前,有一天,一艘帆船途经此处,因为大雾弥漫,船被困了一天也无法脱险。就在绝望中,他们突然发现了一头海豚,船长立即下令船跟随海豚前进,谁知经过了七转八拐竟开出了这个恐怖地带。从此,这头海豚就天天在此处为过往的船只领航。在20多年里,它一直带领着无数条船只绕暗礁、躲险滩,充当了一名出色的领航员。谁知有一天,一条叫作"企鹅"号的船上的一名醉汉竟开枪将它击伤了。从此以后,它再也不愿为这条船领航了,结果这条船最终在迷雾中触礁沉没了,那个醉汉也得到了应有的惩罚。

376. 海豚也喜欢交际吗?

1956年夏季,在新西兰的海滨城市奥波伦尼发生过一件有趣的故事。一头温顺可爱的海豚经常游到海边与游泳的人们玩耍,尤其喜欢和一名叫贝克尔的13岁小女孩一起游泳。它还常常游到她的腿下,把她驮起来到海里游玩一阵后才放下她。起初,它不让人用手碰它,一碰它,它就游开了。可是,后来知道人们并不会伤害它,就允许贝克尔抚摸它了,还让她把其他小朋友放在它的背上玩耍。当时,这头奇怪的海豚竟成为一条特殊的新闻迅速地传播开来,人们奔走相告,纷纷前来欣赏这罕见的一幕。可是,突然有一天,人们却发现它静静地死在海滩上。这一不幸的消息使整个城市都非常悲痛,所有商店都关门,并下半旗致哀,还给它树立了一个纪念碑,以纪念它对人类的友善。

377. 海豚能爬上房顶为人辟火减灾吗?

海豚是海之骄子,它栖息大海,劈波戏浪,四海遨游。

然而，在我国古代人们却把它的形象移到房屋上面，充当了镇灾之神。实际上，在我国古代建造的房屋上，屋脊的两端装有叫作鸱（chī）吻的陶冶装饰物，就是根据海豚的尾部形状设计的。例如，大雄宝殿屋顶上就装有10个，正中脊的两端各装1个，垂脊上装4个，岔脊上装4个。就连天安门城楼屋顶正脊的两端，也装有一对。古代称它为"大吻"或"正吻"。在古代的《青箱杂记》中说："海有鱼，虬（qiū）尾似鸱，用以喷浪则降雨。汉柏梁台灾，越巫上厌胜之法。乃大起建章宫，遂设鸱鱼之像于屋脊，以厌火灾，即今世之鸱吻是也。"柏梁台是汉武帝元鼎二年（公元前115年）建的皇宫，梁是柏木的，所以称它为柏梁台。后来，因为大火而付之一炬。在武帝太初二年（公元前103年）时，又在长安郊外修建了一座豪华的皇宫，取名叫建章宫。在建章宫修建时，广东的巫师又献上厌胜之法，说海里有一种鱼，名字叫虬，尾巴像鸱，它用尾巴激浪时天就要下雨。如果把它的像安放在屋顶上，就能起到辟火灾的作用。这就是屋脊上的鸱吻。所谓的"厌胜法"是古代方士的一种巫术，传说是能以诅咒制服人或物。"虬"是古代传说中长角的小龙。"鸱"古书中指的是鹞鹰。"龙"实际上是不存在的，古书上说它就是海兽，即海豚。

编后记

世界的未来是青少年的，而世界未来的希望在海洋。21世纪的今天，世界已经进入全面开发和利用海洋的新时代。

在我国青少年中全面、系统地开展海洋知识的普及教育，以适应国际形势变化的需要和未来人类社会发展的需要，是我们当代海洋科技教育工作者的责任和义务。有感于此，我们来自国家机关、高等院校、科研院所、军事机构等40多位海洋科技工作者，花费了三年多时间，精心策划并编撰完成了我国有史以来第一部海洋知识体系最完备、内容最全面的科普图书。

《海洋小百科全书》共20分册，300余万字，110个知识大类，总7000余个知识问答，几乎涵盖了海洋自然科学、海洋人文科学、海洋军事科学的全部基本内容。本书第一版由中国少年儿童出版社于2002年5月出版，2003年9月荣获由中共中央宣传部等国家7个部门联合颁布的"第五届全国优秀科普作品奖科普图书类三等奖"。本书于2007年10月修订再版，现再次修订，由中山大学出版社出版。本次修订在保持原有知识体系和编写风格基本不变的情况下，除进行必要的知识内容更新外，又新增加了《海洋经济》分册，使《海洋小百科全书》的知识体系进一步完备，知识内容更加丰富。

本书自2002年5月出版至今，一直得到社会的普遍关注和广大读者的厚爱，在此，一并向曾经对本书编撰、出版、发行、修订等作出过贡献的人们表示衷心的谢意。

由于本书涵盖的知识内容宽泛，编写任务十分繁重，难免有知识遗漏和编写不当之处，欢迎广大读者提出宝贵的意见和建议。

《海洋小百科全书》主编：关庆利
2010年9月24日

《海洋小百科全书》分类目录
（20分册·110类）

1 海洋地理
　海洋地理大观
　世界海岛揽胜
　海洋地理趣闻
　奇妙海底世界
　海洋地质灾害
　神奇中国岛岸

2 海洋水文
　多姿多彩的海洋
　海水的自然神韵
　海洋与人类互动
　探测海洋的波脉

3 海洋气象
　走近海洋风暴
　探寻海洋天气
　感受海洋冷暖
　变换海洋风雨
　领悟沧海桑田
　俯观海气轮回

4 海洋探险
　古代海洋探险
　近代海洋探险
　现代极地探险
　环球海洋风采

5 海洋航运
　船舶千秋史话
　航海妙趣万千
　惊涛铸造奇闻
　中国航运今昔
　船运业务趣谈

6 极地科考
　挑战人类的环境
　不可争夺的领土
　南极人的生活
　南极生物奇趣
　揭开奥秘的考察
　北极世界的探索

7 海洋生物
　无限生机的海洋
　迷人的海洋奇葩
　璀璨的贝类明星
　威武的虾兵蟹将

微小的海洋居民
　　多彩的海洋植物
8　海洋动物
　　奇妙的动物家族
　　高超的生存技巧
　　神秘的自然之谜
　　复杂的生存关系
　　多彩的情爱生活
　　狰狞的危险动物
　　友善的人类朋友
9　海洋渔业
　　千姿百态捕鱼技术
　　海洋渔业发展史话
　　名贵海产品趣味谈
　　海产品美食与营养
　　海产品保健与药用
10　海洋化学
　　海水的趣味故事
　　海水的化学秘密
　　海水的化学资源
　　无尽的海底宝藏
　　流泪的海洋环境
11　海洋物理
　　妙趣横生海洋物理
　　威力无比海洋声学

　　奇光异彩海洋光学
　　探索海洋高新技术
　　四通八达海底电缆
　　准确无误导航技术
12　海洋工程
　　人类水下生活
　　探索海底世界
　　雄伟近岸工程
　　海上铸造希望
　　港口飞架彩虹
　　旅游方兴未艾
　　无尽海洋能源
13　海洋科教
　　著名的海洋科学家
　　世界海洋科技之最
　　重大海洋科学考察
　　世界海洋科研教育
14　海洋权益
　　蓝色的海洋国土
　　繁杂的海域划分
　　激烈的海洋争斗
　　独特的海运规则
　　严格的船舶管理
　　复杂的海事纠纷
　　神圣的海洋权益

15　海洋经济
　　海商奠基帝国兴起
　　追寻民族海商踪迹
　　当代海洋经济概览
　　日新月异朝阳产业
　　夯实蓝色经济基石
16　海洋文学
　　中国古代海洋文学
　　中国现代海洋文学
　　外国古代海洋文学
　　外国现代海洋文学
　　中外海洋影视文学
17　海洋文化
　　海洋神化故事
　　海洋语言文字
　　海洋绘画名作
　　海洋雕塑艺术
　　海洋音乐经典
　　海洋民俗风情

　　海洋著作学说
18　海军兵器
　　凶悍的汪洋猛鲨
　　奇妙的掠波剑鱼
　　神秘的龙宫巨鲸
　　无敌的长空雄鹰
　　未来的海战新秀
　　难忘的千年风流
19　古今海战
　　古代海战追踪
　　近代海战掠影
　　"一战"群雄争霸
　　"二战"邪灭正兴
　　现代海战大观
20　海洋军事
　　海军兵力纵横
　　海军礼仪风采
　　海军名人传奇
　　海军趣闻轶事